无人飞行器智能控制丛书

多无人机协同编队跟踪控制
技术与应用

韩 亮 李晓多 董希旺 任 章 著

科学出版社

北 京

内 容 简 介

编队跟踪控制是无人机集群领域的重要研究方向,在民用和军用领域得到了广泛的应用,并展现出广阔的发展前景。本书分为 9 章,内容涵盖绪论、基础知识、系统建模、理论方法与仿真实验等,依托作者团队多年来在编队跟踪控制领域所取得的研究成果,总结编队跟踪控制的国内外研究现状,介绍在通信受限、网络攻击、切换拓扑等典型约束下的编队跟踪控制架构、协议设计与稳定性分析等内容,给出编队跟踪控制技术的应用案例。

本书可供对多无人机编队跟踪控制技术感兴趣的读者参考,适合自动化、航空航天与人工智能相关专业的学生作为学习用书,也适合无人机协同控制领域的研究人员、工程技术人员作为参考用书。

图书在版编目(CIP)数据

多无人机协同编队跟踪控制技术与应用 / 韩亮等著.
北京 : 科学出版社,2025.4. -- (无人飞行器智能控制丛书). -- ISBN 978 - 7 - 03 - 081242 - 1

Ⅰ. V279

中国国家版本馆 CIP 数据核字第 202533NU69 号

责任编辑:胡文治 霍明亮 / 责任校对:谭宏宇
责任印制:黄晓鸣 / 封面设计:殷 靓

科学出版社 出版
北京东黄城根北街 16 号
邮政编码:100717
http://www.sciencep.com

南京展望文化发展有限公司排版
广东虎彩云印刷有限公司印刷
科学出版社发行 各地新华书店经销

*

2025 年 4 月第 一 版 开本:B5(720×1000)
2025 年 10 月第三次印刷 印张:12
字数:240 000

定价:**110.00 元**
(如有印装质量问题,我社负责调换)

前言 | Preface

多无人机集群作战是现代战争中的重要形式。作为集群作战中的关键技术，协同控制有着广泛的应用，如多无人机编队飞行、协同侦察、协同突防与集群打击等。通过协同控制技术，群系统中的各架无人机以相互协作的方式共同完成任务，充分地利用每架无人机的资源，发挥整体作战能力。编队跟踪控制是协同控制领域近年发展起来的重要研究分支。通过编队跟踪控制技术，多无人机既能有效地发挥时变编队优势，又能保持对目标轨迹稳定连续的跟踪，为协同作战任务的有效开展提供保障。因此，围绕多无人机编队跟踪控制涉及的关键科学问题开展理论与应用研究对支撑多无人机集群作战具有重要的意义。

本书以团队部分研究成果为基础，同时参考大量的国内外文献资料，重点介绍多约束下的多无人机编队跟踪控制理论与方法，给出编队跟踪控制技术在仿真与实验中的应用案例。本书共包含 9 章内容。第 1 章介绍多无人机编队跟踪控制的研究意义与研究现状。第 2 章介绍基本概念和符号、图论、矩阵理论、向量及矩阵不等式、线性系统理论等相关基本知识与概念。第 3 章建立多无人机群系统模型与多无人机协同控制体系结构。第 4 章介绍状态时延下的编队跟踪控制技术等内容。第 5 章介绍通信受限下的编队跟踪控制技术等内容。第 6 章介绍有限时间下的编队跟踪控制技术等内容。第 7 章介绍网络攻击下的编队跟踪控制技术等内容。第 8 章介绍多无人机编队跟踪控制仿真验证等内容。第 9 章介绍多无人机编队跟踪控制实验验证等内容。

在本书的撰写过程中，作者参考和引用了国内外众多学者的研究成果，在此向这些学者表示衷心的感谢。在本书撰写的过程中得到了课题组曹慧、严紫薇、王建华、廖睿雯、谢雨欣、马文宗、王越、于浩洋、郝鹏坤、梁鸿雅、王迎佳、朱浩楠等研究生的大力支持，他们参与了部分章节内容的文字录入和全书的整理校核工作。在此一并对他们表示感谢。本书受北京航空航天大学教材建设项目资助,在此深表感谢。由于作者水平有限,书中难免存在不足之处,敬请广大读者批评指正。

作者

2024 年 5 月

目录 | Contents

第1章

绪　论

1.1　研究背景

　　无人机通常指能够完成一定程度自主飞行的不载人飞行器。与载人飞行器相比,无人机具有以下优势:第一,避免飞行员在危险环境下执行任务;第二,无须考虑飞行机动过程对飞行员的影响,可进一步提高机动能力,从而降低被攻击和探测的可能性;第三,其维护与使用的成本大大低于载人飞行器。无人机在军事领域的优势引起各国的高度重视。经过数十年的研究,无人机相关技术已经取得令人瞩目的进展,功能也越来越丰富,已经开始逐步替代了载人飞行器。在军事领域中,美国、俄罗斯等国家应用无人机技术,在冲突战争中成功执行了空中巡逻、对地打击、侦察跟踪等多种作战任务。此外,无人机在航拍摄影[1]、物流运输[2]及疫情防控[3]等众多民用领域也取得了不错的成果。例如,利用无人机航拍巡逻可完成环境监测、林业巡查等任务。在疫情期间,无人机被广泛地应用于疫情监测、物资投放等工作中,使疫情防控取得了显著成效。因此,无人机在军民多种应用场景下都备受关注,是颇具潜力的研究领域。

　　然而,面对日益复杂的使用环境与多任务需求,单架无人机的任务执行能力显示出了一定的局限性,具体包括:由于机载传感器与通信设备的限制,单架无人机对任务环境的感知能力是有限的;受自身的燃料限制,飞行时间有限,不具备高强度持续作战能力;单无人机一旦受到故障影响,任务执行效率将大幅度地下降,甚至导致任务终止。为提高无人机的任务执行效率,美国空军在《2016~2036年小型无人机系统飞行规划》中提出了无人机应当采取集群作战的模式,提高作战行动的灵活性,降低损耗[4]。美国国防部高级研究计划局(Defense Advanced Research Projects Agency)计划研究用于电子战的无人机群系统[5],在敌方防御体系外进行组网通信,针对指定目标执行协同探测、协同攻击等作战任务。与单架无人机相比,多无人机群系统具有诸多优势。例如,可以通过多个低成本、异构的无人机来代替功能完备的单无人机,从而达到降低成本,提高任务执行效率的目的;多无机相互协作完成对任务环境的感知,通过自组网技术实现多无人机之间信息的快速共享,完成对任务区域的大范围探测;多无人机群系统不依赖于单独的个体,当部分个体出现故障时,整个群系统仍具有一定的完整性,可继续执行任务等。到目前为止,多无人机群系统在通信[6]、搜索[7]、巡逻[8]等领域有着一定的应用,例如,多个携带通信中继设备的无人机在指定空域上形成编队并传输无线网络信号,为地面上的信息传输提供网络支持,解决卫星通信受限问题[9]。总之,多无人机群系统既能充分地发挥无人机的优势,又能避免单架无人机自身故障而导致的任务执行受限问题,是未来无人机技术的重要发展方向之一。

　　近年来,无人机群系统研究领域已经产生了很多紧密相关的研究分支,包括协同控制[10]、协同感知[11]和协同制导[12]等。在协作过程中,多无人机之间需要通过相应的协同控制方法来共同实现指定的全局目标。根据任务的不同,协同控制方法可以分为一致性控制[13]、编队控制[14]、合围控制[15]和跟踪控制[16]等。其中,编队控制用于保证多无人机形成期望的编队来完成指定任务。这里编队的形式主要有两类:一种是固定编队,如三角形编队、菱形编队等;另一种是时变编队,即无人机之间的编队队形是时变的。在这些经典协同控制方法的基础上,各种改进的协同控制方法,如分组一致性控制[17]、分组编队控制[18]、编队合围控制[19]、编队跟踪控制[20]、事件触发控制[21]等方法也逐渐成为研究的热点。其中,作为协同控制领域的重要研究分支,编队跟踪控制不仅要求多无人机在目标外部形成指定的编队,同时要求多无人机能够时刻保持对目标轨迹的跟踪。在编队跟踪控制作用下,多无人机既能有效地发挥时变编队的优势,又能保持对目标轨迹的稳定跟踪,为协同作战任务的开展提供保障。

　　到目前为止,编队跟踪控制方法虽然在理论研究上有着丰富的成果,但面向无人机群系统的编队跟踪控制方法很少考虑各类约束的影响,一般都假设无人机之间的通信是无时延的,且所有无人机的状态信息都可以精确地获得。然而,在多无人机集群作战过程中,战场环境信息未知,作战任务复杂多变,作战区域干扰强烈,多种约束因素影响着集群作战的效率,给多无人机编队跟踪控制技术提出了新的挑战:

　　(1)通信时延,即无人机之间的通信信息传输过程会发生时延。在集群作战过程中,无人机之间一般是通过无线通信的方式进行信息传输的。由于传输距离和电磁信号的影响,一般会存在通信时延导致的信息传输滞后,从而影响协同控制的实现。这种通信时延会随着数据量的大小及通信带宽的大小而改变,即通信时延是时变的。

　　(2)切换拓扑,即无人机之间的通信拓扑会随时间发生变化。由于无人机的位置变化、通信设备故障等,多无人机群系统的通信拓扑会发生改变,并且由于无人机之间通信信道是有限的,无人机之间的通信连接有时是中断的。

（3）噪声干扰，即无人机系统内部受到噪声的影响。由于战场环境干扰强烈，无人机机载传感器易受影响，无人机自身状态信息无法精确地获得，由此导致无人机之间的相对状态信息偏差会影响最终的协同控制效果。

（4）未知输入，即无人机的控制输入信息无法直接获得。在一般情况下，无人机之间只传输位置信息与速度信息，但在实际的协同跟踪任务中，领导者控制输入信息的获取是受限的，问题研究的难度在于如何获得领导者的未知控制输入信息，才能保证跟随者能跟踪上领导者的运动轨迹。

（5）局部信息，即无人机仅与局部的邻居进行信息交互。由于各无人机之间的通信距离限制，无人机很难获得全局的状态信息，在有限的局部状态信息条件下完成相应的协同控制是面临的主要问题之一。

综上所述，如果在无人机群系统中忽视上述几个典型约束，那么很难实现期望的编队跟踪控制效果，也不能够发挥多无人机群系统在集群作战中的任务执行效能。因此，需要对存在多约束影响的编队跟踪控制方法进行深入的研究。本书主要研究多约束下的多无人机编队跟踪控制方法，其中，主要解决存在通信时延、切换拓扑和噪声干扰等约束下的编队跟踪控制问题。通过引入连续系统、离散系统、切换系统和时延系统的相关理论，本书给出无人机群系统在多约束影响下实现编队跟踪控制的判据及相关控制协议的设计方法。本书的研究成果不仅可以用于解决实际多无人机编队跟踪控制问题，而且对丰富协同控制理论的研究具有重要的意义。

1.2 国内外研究现状

在多无人机协同控制领域内，编队控制与跟踪控制之间存在着非常紧密的联系。在多无人机集群作战过程中，一般需要保持合理的队形。一方面，无人机之间需要保持合适的距离以避免碰撞或者防止个体脱离群体的情况；另一方面，在一些协同任务中，无人机之间需要形成特定的队形，如编队合围、编队跟踪等。因此，编队控制是多无人机群系统协同控制研究的基础。此外，离散时间下的编队跟踪控制问题研究具有重要的工程应用价值，近年来也受到了广泛的关注。本书主要围绕上述几个方向进行研究，下面将对各分支的研究现状进行介绍。

1.2.1 协同编队控制研究现状

近年来，随着一致性理论的发展，基于一致性的编队控制方法逐渐引起研究人员的重视。基于一致性的编队控制方法的基本思路为群系统中所有无人机的状态相对同一个编队参考保持特定的向量偏差。通过局部的协同作用后，所有无人机的状态与编队参考的向量偏差趋于一致,最终实现了指定的编队。在基于一致性的编队控制问题中,一般会通过状态变换或矩阵分解的方法将问题转化成一致性问题,然后再选择合适的一致性理论来进行问题的分析。一致性控制问题作为上述编队控制方法的研究基础,已经有了丰富的研究成果。一致性控制问题的研究起源于 20 世纪 90 年代,进入 21 世纪,Vicsek 等[22]提出了用于模拟粒子群运动的 Vicsek 模型。模型中的每个粒子的运动方向由自身及邻居在上一时刻运动方向的平均值来决定。数值仿真结果显示了所有粒子的最终运动方向达到了一致。Olfati-Saber 和 Murray[23]研究了一阶群系统的一致性问题。其中,一阶群系统的模型一般可以用一阶积分器来描述。文献[24]~[30]分别研究了存在外部扰动、切换拓扑、通信时延、有限收敛时间等约束下的一阶群系统一致性问题。相比一阶群系统的一致性问题,二阶群系统的一致性问题更具有工程研究价值。在实际应用中,无人机、无人车、轮式机器人等运载系统的数学模型可以用二阶积分器来描述。文献[31]给出了一般条件下的二阶群系统实现一致的充分条件。文献[32]~[40]分别研究了存在通信时延、切换拓扑、外部扰动、非线性等约束的二阶群系统一致性问题。由于一阶群系统和二阶群系统都可以视为高阶群系统的特例,因此,高阶群系统的一致性问题研究更具有一般性。Xiao 和 Wang[41]给出了针对高阶群系统的一致性控制协议并研究了在该协议作用下高阶群系统实现状态一致的充要条件。文献[42]~[44]分别研究了存在通信时延、切换拓扑与外部扰动等约束的高阶群系统一致性问题。文献[45]研究了具有固定输入时滞的二阶多无人机系统的一致性控制问题,并且提出了一种事件触发机制,其中,阈值是根据事件触发时刻和初始状态而确定的,并给出在此事件触发机制下具有固定输入时滞二阶多无人机系统的分布式控制策略。文献[46]研究和分析如何在给定能量预算的情况下更好地实现群系统动态输出一致性控制。文献[47]对固定拓扑和切换拓扑两种结构下随机时延多智能体系统一致性跟踪控制进行了研究。文献[48]研究了基于局部信息耦合和具有时延的非线性网络控制系统的一致性控制问题。文献[49]提出了一种保持无人机群的角速度输出一致的控制器。文献[50]针对一类具有未知输入的非线性多智能体系统的一致性问题,设计了一种鲁棒一致性控制策略。首先,考虑到每个智能体的状态不可测,且在信号传输过程中不可避免地存在时滞,设计了具有时滞估计的未知输入观测器。然后基于观测器的估计器设计多智能体系统的一致性控制协议。

以上简要回顾了群系统在一致性控制方面的研究成果。在这些研究基础上,基于一致性的编队控制理论日益成熟。Oh 和 Ahn[51]提出了一种基于相对距离信息的一阶群系统编队控制协议并给出了一阶群系统实现编队的充要条件。李正平和鲜斌[52]针对多无人机编队控制问题,提出了一种基于虚拟结构法的非线性鲁棒控制算法。Antonelli 等[53]研究了存在切换拓扑约束的一阶群系统时变编队控制问题。Lin 等[54]提出了一个基于拉普拉斯矩阵的一阶群系统编队控制方法,同时给出了实现编队的充要条件。Wang 等[55]研究了一阶群系统实现一维空间的环形编队问题,并给出了实现环形编队的充分条件。El-Hawwary[56]进一步考虑了一阶群系统在三维欧氏空间下的环形编队控制问题。上述文献研究了基于一致性的一阶群系统编队控制问题。相比之下,以无人机为代表的二阶群系统编队控制方法具有更广泛的应用。Xie 和 Wang[57]讨论了无向作用拓扑下的二阶群系统编队控制问题。Jia 和 Tang[58]研究了具有时间滞后、时延、拓扑变换多智能体系统的一致性问题,发现在整个系统达到一致性后,部分个体与集群系统失去通信,系统仍能保持一致稳定。Wang[59]研究了存在切换拓扑约束的二阶群系统编队控制问题。文献[60]提出了基于迭代学习策略的二阶群系统编队控制方法。Peng 等[61]考虑了存在指定参考轨迹的二阶群系统分布式编队控制问题。Ma 和 Zhang[62]研究了高阶群系统固定编队控制问题。Liu 和 Jia[63]针对离散高阶群系统提出了基于迭代学习策略的鲁棒编队控制方法。Dong 等[64]讨论了更具有一般性的高阶群系统实现时变编队控制问题,并给出了实现时变编队控制的充要条件和相关控制协议的设计方法。

此外,除了基于一致性的编队控制方法,还有一些其他具有代表性的编队控制方法。传统的编队控制方法包括基于行为[65]、基于虚拟结构[66]及基于领导者-跟随者[67]的编队控制方法。基于行为的编队控制方法的基本思路为群系统中所有无人机都具有多种预设的行为模式,如聚集、避障、保持队形等,这些行为组成一个行为集合。每一种行为都对应着一种控制作用,并为每一种行为的控制作用分配不同权值,每架无人机的整体控制行为由多个控制作用加权求和得到。多无人机群系统通过动态调整每一个行为的权值,最终实现期望的行为。基于虚拟结构的编队控制方法的基本思路为将预期的编队视为一个存在多个节点的虚拟结构,群系统中的所有无人机都分别对应着虚拟结构中的一个节点,当编队变化时,每一架无人机与虚拟结构上的点保持同步运动即可完成实际编队。基于领导者-跟随者的编队控制方法的基本思路为将群系统中的无人机分为领导者和跟随者,其中,领导者按照设定的轨迹运动,跟随者与领导者之间保持指定的相对距离并跟随领导者运动。Beard 等[68]指出这三种传统的编队控制方法各有利弊。基于行为的编队控制方法优势在于可以同时实现包括聚集、避障、保持队形等行为;不足在于行为模型较为复杂,难以在理论上进行可行性分析。基于虚拟结构的编队控制方法优势在于鲁棒性强,编队控制精度高;不足在于要求群系统实时性与同步性高,数据计算量大。基于领导者-跟随者的编队控制方法优势在于实现较为容易;不足在于鲁棒性较差,一旦领导者出现异常,那么编队将无法实现。Ren[69]指出基于行为、基于虚拟结构与基于领导者-跟随者的编队控制方法都属于基于一致性的编队控制方法的特例。因此,基于一致性的编队控制方法更具有研究价值。

1.2.2   编队跟踪控制研究现状

跟踪控制是指跟随者以指定的运动模式来跟踪单个或多个领导者。Ren[70]研究了一阶群系统的跟踪控制问题。Hernández 等[71]设计了带有时延的基于领航跟随者的二阶系统的编队控制算法。Ni 和 Cheng[72]分别讨论了在固定拓扑和切换拓扑约束下的高阶群系统的跟踪控制问题。Li 等[73]提出了两种跟踪控制器用于解决高阶群系统的跟踪控制问题。在一些应用场景中,跟随者会以特定的队形来跟踪领导者,如目标跟踪或目标围捕等。当跟随者之间形成了指定的队形,同时跟踪着领导者的运动轨迹,我们就称群系统实现了编队跟踪。钱贝等[74]研究了通信时延条件下的单一领导者多无人机系统编队控制问题。Ren 和 Sorensen[75]讨论了存在虚拟领航者的一阶群系统编队跟踪问题,其中,虚拟领航者为跟随者提供了参考跟踪轨迹。Guo 等[76]提出了基于微分策略的一阶群系统编队跟踪控制方法。文献[74]~[76]中的研究对象都是一阶群系统。Wang 等[77]研究非线性约束下的二阶群系统编队跟踪问题。Han 等[78]针对二阶离散系统提出了一种基于方位角信息的编队跟踪控制方法。在文献[74]~[78]的研究中,群系统中的领导者只有一个。Dong 等[79]研究了存在多个领导者的编队跟踪问题并给出实现时变编队跟踪的充要条件与相关协议设计方法。王琳等[80]针对分布式群系统编队控制问题,提出一种有向拓扑条件下的分布式编队控制方法。首先,通过在控制协议中引入辅助函数,将编队控制问题简化为自治系统的稳定性问题。其次,通过求解线性矩阵不等式来设计控制增益矩阵。然后,借助李雅普诺夫方法分析系统的稳定性,最终实现编队跟踪控制。文献[81]针对具有虚拟领航者的分布式无人机自组织编队跟踪问题,运用有界蜂拥算法对无人机模型进行求解。Cao 等[82]针对具有通信约束的多智能体系统的编队控制问题,提出了一种面向领先-从属架构的比例积分预测控制策略。吴垠等[83]采用领导-跟随方式来实现多机器人的编队控制。通过模糊控制器的输出实时调整线速度和角速度,使领导者能够达到并沿着给定的路径运动,通过设计合适的控制律使每个跟随者与领导者的相对距离和角度收敛到给定值,从而达到编队控制效果。

在上述的研究中,一般假设领导者的状态信息与控制输入是已知的。但在实际飞行过程中,跟随者一般只能获得有限的领导者状态信息,一旦领导者存在外部的未知输入,领导者将发生机动,跟随者的跟踪控制效果将受到影响。对于群系统中存在未知输入的问题,目前有两种较为常见的解决方案:第一种方案是通过设计非平滑控制协议来实现未知输入约束下的跟踪控制。Zhao 等[84]研究了未知机动加速度约束下的二阶群系统跟踪控制问题。Li 等[85]给出了存在未知输入约束和无向作用拓扑的高阶群系统实现跟踪控制的判据。周峰[86]给出了一阶和高阶群系统在领导者存在未知输入约束下实现跟踪控制的充分条件。张国秀等[87]结合未知环境下多无人机编队的特点,提出了一种基于模糊控制的编队控制算法。第二种方案通过输入估计器的方式来估计未知输入。文献[88]~[92]介绍了基于卡尔曼滤波方法的输入估计器。文献[93]~[95]通过回溯自适应输入估计方法来估计系统中的未知输入。相比基于卡尔曼的输入估计方法,回溯自适应输入估计方法既不需要获得未知输入的先验信息,同时也不需要受未知输入的上限约束。

1.2.3 协同控制应用研究现状

以上介绍了协同控制在理论层面的研究成果。随着协同控制理论的发展,多无人机协同控制已经成为当前的热门应用方向。一般来说,无人机可以根据升力的产生方式分为固定翼无人机和旋翼无人机。现有的无人机模型主要包括:一阶积分器模型、二阶积分器模型、六自由度欠驱动模型和高阶线性化模型等。下面将对协同控制在无人机群系统中的应用研究现状进行介绍。

目前,编队控制在多无人机群系统的工程应用成果较为丰富。Wang 等[96]针对多无人机群系统提出了考虑避障的领导者-跟随者固定编队方法。Gu 等[97]研究了基于领导者-跟随者编队控制方法,同时通过两架固定翼验证了算法的可行性。Mercado 等[98]通过多架四旋翼验证了编队控制算法的可行性。Wang 和Wu[99]讨论了切换拓扑对基于虚拟结构的多无人机群系统编队控制方法的影响。Linorman 和 Liu[100]将同步位置跟踪控制器应用于无人机编队的虚拟结构几何形状保持中。Kushleyev 等[101]通过室内多四旋翼平台验证了基于虚拟结构的编队控制方法的可行性。Bayezit 和 Fidan[102]设计了一个基于虚拟结构的编队控制器并通过数值仿真验证了编队可行性。Dydek 等[103]研究了存在参数不确定性的编队控制问题,并通过三架四旋翼验证了理论结果。de La Cruz 和 Carelli[104]研究了存在非线性动力学的多无人机群系统编队控制问题。Sharma 和 Ghose[105]针对多无人机群系统给出了基于行为编队控制方法。Abdessameud 和 Tayebi[106]研究了时延约束下多无人机群系统的一致性编队控制问题。Seo 等[107]通过一致性方法与输出反馈线性化方法实现了多无人机群系统的编队控制。Turpin 等[108]通过室内多四旋翼平台验证了编队控制算法的可行性。Dong 等[109]研究了多无人机群系统时变编队控制问题并通过五架四旋翼验证了控制算法的可行性。这些研究方案旨在快速形成无人机编队并保持稳态,同时考虑到不同场景和需求的特点。它们为无人机编队的控制提供了多种可行的选择,使得无人机能够在协同工作和战斗任务中发挥最佳的效果。这些方案的应用将进一步提升无人机在战场上的能力和灵活性,为军事行动和其他领域的任务提供有力的支持。如文献[110]和[111]所述,自冷战以来,源于东南亚、中东武装冲突的经验及对第三次世界大战假设进程的分析,无人驾驶飞行器技术飞速发展。2011 年"阿拉伯之春"引发的武装冲突和 2020 年纳戈尔诺-卡拉巴赫的战斗及俄乌冲突再次表明,军用无人机对战争的影响越来越大。在近年的俄乌冲突中,双方对无人机的应用已经证明了它们在军事行动中的价值和关键作用。无人机编队在现代战场中扮演着重要的角色,为军队提供了强大的情报、侦察、打击和战场监视能力。它们能够提高作战效率,减少人员安全风险,并对战局的结果产生重要的影响。

Hodge 等[112]基于近端策略优化深度强化学习算法,使得无人机编队能够利用传感器信息快速到达目标现场,并实现目标锁定与打击。这种算法通过优化策略来提高无人机编队的响应速度和目标追踪能力。Azzam 等[113]提出了一种可扩展的实时智能体强化学习无人机协作导航方法,该方法使得无人机群体中的各个成员可以同时到达目标位置,通过协同合作实现更高效的导航和任务完成。Kouzeghar 等[114]同样基于多智能体强化学习(multi-agent reinforcement learning,MARL)框架提出了一个智能体深度确定性策略梯度方法,他们通过该方法解决了在非稳态和未知的随机障碍物环境中的多目标追逐与规避问题,提高了无人机编队在复杂环境下的适应性和应对能力。Kaushik 等[115]基于多智能体强化学习研究了多无人机编队在协同跟踪一组移动目标时的行为。他们的方法旨在保持移动物体在无人机编队的联合覆盖范围内,并实现最佳的编队对齐和整体区域覆盖目标。Wang 等[116]提出一种基于边缘匹配的竞争鸟群无人机编队目标检测方法。该方法利用边缘匹配算法帮助无人机编队更快地实现目标检测与跟踪,提高了编队的目标感知和响应能力。与 Wang 等[116]一样,Xie 同样从自然生物中寻求智慧。Xie 等[117]从灰狼群中得到灵感,以此研究了具有多个领导者和交换拓扑结构的群系统的自适应编队跟踪问题。领导者定位"猎物",跟随者则一边紧密跟随领导者,一边形成编队。这种受灰狼跟踪策略的启发而提出的自适应编队跟踪控制方法提高了编队跟踪的系统稳定性和精度。针对瞬息万变的战场环境,Dong 等[118]研究了具有在固定拓扑和切换拓扑条件下的无人机团队的时变编队跟踪控制问题。他们使用三架四旋翼无人机对一架无人机进行快速目标锁定与包围,实现了高效的编队控制和目标追踪能力。在涉及环境因素对无人机飞行编队稳定性的影响时,Zhang 和 Yan[119]基于3 个固定翼无人机编队空对地打击任务,提出了一种集成控制器,可以控制无人机编队速度一致,保持任意两架无人机在三维空间中的距离不变,使无人机编队在解耦时保持固定的几何形状,从而抵抗风场的影响,实现对地面目标的精确打击。通过这些研究成果,无人机编队的能力得到了显著的提升,为现代战场中的军事行动提供了重要的支持。无人机编队相关应用在情报收集、目标追踪、打击行动等方面发挥着关键的作用,提供了强大的战术优势和决策支持。这些技术的发展与应用将进一步提升无人机在战场上的重要性和效能。

1.3 本书的主要内容和特色

本书重点研究多约束下的多无人机编队跟踪控制问题。主要研究内容如下:

第 1 章主要介绍多无人机协同编队跟踪控制的研究背景,讨论了编队跟踪控制理论与应用的国内外研究现状,结合多约束下的多无人机编队跟踪控制问题难点,提出了本书待解决的几个关键研究问题,概述了本书的主要研究思路及章节安排。

第 2 章主要介绍本书涉及的图论、矩阵理论、线性系统理论、奇异系统理论及一致性分解相关的概念与结论。

第 3 章建立无人机模型和多无人机系统模型,给出无人机群系统的基本概念。

第 4 章围绕状态时延下的多无人机系统编队跟踪控制问题展开,分别研究了通信时延下的多无人机时变编队跟踪和分组编队跟踪问题。首先,针对多约束条件下的多无人机系统编队跟踪问题,设计了通信时延与切换拓扑约束下的编队跟踪控制协议,给出了多约束条件下实现编队跟踪的充分条件。其次,讨论了具有通信时延和多个领导者的多无人机系统时变分组编队跟踪问题,在该问题中跟随者被划分为多个无人机子群,实时跟踪所有领导者无人机的平均状态。针对该问题,本书设计了通信时延下分组编队跟踪协议。利用类李雅普诺夫泛函方法,给出了多无人机系统实现多领导者下的分组编队跟踪充分条件。最后,通过数值仿真验证了所提出算法的可行性。

第 5 章围绕通信受限下的多无人机系统编队跟踪控制问题展开,分别研究了事件触发通信下的编队控制和编队跟踪控制。首先,针对事件触发下的编队控制问题,基于状态反馈设计了状态时变编队协议,给出了事件触发协议和控制器参数的设计方法及多无人机编队控制的可行性条件。其次,针对事件触发下的时变编队跟踪控制问题,根据局部触发采样状态信息,提出了分布式时变编队跟踪控制协议,给出了动态事件触发协议的设计方法。在该触发协议下,设计了自适应时变编队跟踪控制协议,并给出了相应的算法可行性分析。最后,通过数值仿真分别证明了多无人机系统能够实现通信受限下的时变编队控制和时变编队跟踪控制。

第 6 章围绕有限时间下的多无人机编队跟踪控制问题展开,分别研究了有限时间下的事件触发编队跟踪控制问题和时变编队合围跟踪控制问题。首先,针对基于事件触发的编队跟踪问题,利用邻居的事件触发信息设计了有限时间时变编队跟踪控制器,给出了事件触发协议。并基于有限时间控制理论,证明了无人机群系统能够在有限时间内实现事件触发时变编队跟踪。其次,研究了时变编队合围跟踪问题,针对真实领导者和跟随者设计了分布式有限时间观测器,以分别获得虚拟领导者和真实领导者的估计状态。基于真实领导者和跟随者的邻近信息提出了编队合围跟踪协议。并基于李雅普诺夫理论,证明了多无人机系统可以在有限时间内实现给定的编队合围跟踪。最后,通过数值仿真验证了理论结果的有效性。

第 7 章围绕网络攻击下的多无人机系统编队跟踪控制问题展开,分别研究了窃听攻击和拜占庭攻击下的时变编队与编队跟踪控制问题。首先,针对窃听攻击,研究了基于隐私保护的多无人机系统时变编队控制问题。设计了基于量化数据和事件触发机制的时变编队控制协议,并通过仿真结果对控制协议的有效性进行了验证。其次,针对拜占庭攻击,研究了多无人机系统的弹性编队跟踪控制问题。引入图的鲁棒性概念,对正常节点能够实现编队控制的充分条件进行探讨。同时考虑切换拓扑和通信时延约束,设计了弹性状态观测器并实现对领导者的状态信息观测。根据该观测值,设计了编队跟踪控制协议。最后,通过数值仿真验证了时变编队控制算法的有效性。

　　第8章围绕多无人机编队跟踪控制仿真验证方法展开。基于 ROS 和 GAZEBO 搭建了半实物虚拟编队跟踪仿真平台,分别以多无人机协同运输问题和离散时间下的多无人机编队跟踪问题为例,使用 ROS/GAZEBO 半实物虚拟仿真平台,对所设计的编队跟踪控制协议进行了验证。

　　第9章围绕多无人机编队跟踪控制实验验证方法展开,首先,基于室内定位系统(OptiTrack)和四旋翼无人机(Tello)搭建了无人机集群协同实验平台,以多无人机时变编队与避障控制问题为例,利用 4 架 Tello 开展了多无人机编队避障飞行实验。其次,利用该实验平台结合 Cesium 仿真平台搭建了大规模无人机虚实结合实验平台,以大规模无人机最优编队跟踪控制问题为例,利用 4 架 Tello 和 116 架无人机仿真模型完成了大规模无人机编队表演。

第2章

基础知识

本章概述与图论、矩阵理论、线性系统理论有关的概念和结论。这些概念和结论作为本书的研究基础在后续章节中会用到。

2.1 基本概念和符号

本书采用如下统一记号：$\mathbb{N}$、$\mathbb{R}$、$\mathbb{C}$ 分别表示自然数集、实数集和复数集。对于任意复数 $c \in \mathbb{C}$，$\text{Re}(c)$ 表示复数 c 的实部，$\text{Im}(c)$ 表示复数 c 的虚部。$\mathbb{R}^+$ 表示正实数集。$\mathbb{R}^n$、$\mathbb{R}^{n \times m}$ 分别表示 n 维实数列向量和 $n \times m$ 的实数矩阵。0_n、1_n 分别表示元素都为 0、1 的 n 维列向量。I_n 表示 $n \times n$ 的单位矩阵。对于任意矩阵 $P \in \mathbb{C}^{n \times m}$，$P^{\text{T}}$ 表示矩阵 P 的转置，P^{H} 表示矩阵 P 的共轭转置，$\text{rank}(P)$ 表示矩阵 P 的秩。对于对称矩阵 $Q \in \mathbb{C}^{n \times n}$，$Q > 0$($Q \geqslant 0$) 表示 Q 为正（半正）定矩阵，$Q < 0$($Q \leqslant 0$) 表示 Q 为负（半负）定矩阵，$\lambda_{\min}(Q)$ 与 $\lambda_{\max}(Q)$ 分别表示矩阵 Q 的最小特征值和最大特征值。$\text{diag}\{d_1, d_2, \cdots, d_n\}$ 表示对角元素分别为 $d_1, d_2, \cdots, d_n$ 的对角矩阵。$\|\cdot\|_1$、$\|\cdot\|_2$、$\|\cdot\|_\infty$ 分别表示 1-范数、2-范数和无穷范数。$\otimes$ 表示克罗内克积。对于任意集合 A、B，$A \times B$ 表示集合 A 和 B 的笛卡儿乘积。

2.2 图论

多无人机系统的通信拓扑关系可以用图 $G = \{V, E, A\}$ 表示，其中，$V = \{v_1, v_2, \cdots, v_N\}$ 表示 N 个节点集合，$E \subseteq V \times V$ 表示边集合，$A = [a_{ij}] \in \mathbb{R}^{N \times N}$ 表示节点间权值的邻接矩阵。有序对 $e_{ij} = (v_i, v_j)$ 表示从节点 i 到节点 j 的一条边。对图 G 中的任意两个节点 v_i, v_j，如果节点 j 能够获取节点 i 的信息，则令 $(v_i, v_j) \in E$，称节点 i 为节点 j 的一个邻居。记节点 i 的邻居集合为 $N_i = \{v_j \in V | (v_j, v_i) \in E\}$。

当 $(v_j, v_i) \in E$ 时,令 $a_{ij} = 1$,否则令 $a_{ij} = 0$。将节点 i 的入度定义为 $\deg(v_i) \triangleq \sum_{j=1}^{n} a_{ij}$,将图 G 的入度矩阵定义为 $L = \mathrm{diag}\{\deg(v_1), \deg(v_2), \cdots, \deg(v_n)\}$,将图 G 的拉普拉斯矩阵定义为 $L = D - W$。

对于节点 i 和 j,如果存在一组有序对 $(v_{k_1}, v_{k_2}), (v_{k_2}, v_{k_3}), \cdots, (v_{k_p}, v_{k_{p+1}})$,其中,$k_1 = i$,$k_{p+1} = j$,使得 $(v_{k_l}, v_{k_{l+1}}) \in E$,$l = 1, 2, \cdots, p$,则称该组有序对为从节点 i 到节点 j 的一条路径。如果对于图 G 中的任意 $e_{ij} \in E$,满足 $e_{ji} \in E$ 且 $w_{ij} = w_{ji}$,则称图 G 为无向图,否则为有向图。对于无向图 G,如果任意两个节点 i 和 j 之间存在至少一条路径,则称无向图 G 为连通的。对于有向图 G,如果存在一个节点 v_0,使得该节点到其他任意节点之间存在至少一条路径,则称有向图 G 存在一个生成树,节点 v_0 为根节点。

引理 2.1:对于具有 N 个节点的无向图 G,存在如下的性质:

(1)无向图 G 的拉普拉斯矩阵 L 至少有一个特征值为 0,特征值 0 对应的特征向量为 1_N,满足 $L \cdot 1_N = 0$;

(2)如果无向图 G 是连通的,那么特征值 0 为拉普拉斯矩阵 L 的简单特征值,剩余 $N-1$ 个特征值均为正实数。

引理 2.2:对于具有 N 个节点的有向图 G,存在如下的性质:

(1)有向图 G 的拉普拉斯矩阵 L 至少有一个特征值为 0,特征值 0 对应的特征向量为 1_N,满足 $L \cdot 1_N = 0$;

(2)如果有向图 G 具有一个生成树,那么特征值 0 为拉普拉斯矩阵 L 的简单特征值,剩余 $N-1$ 个特征值均具有正实部。

2.3　矩阵理论

对于两个任意矩阵 $A = [a_{ij}] \in \mathbb{R}^{n \times m}$ 和 $B = [b_{ij}] \in \mathbb{R}^{p \times q}$,克罗内克积 $\otimes$ 定义如下:

$$A \otimes B = \begin{bmatrix} a_{11}B & a_{12}B & \cdots & a_{1N}B \\ a_{21}B & a_{22}B & \cdots & a_{2N}B \\ \vdots & \vdots & & \vdots \\ a_{N1}B & a_{N2}B & \cdots & a_{NN}B \end{bmatrix}$$

对于具有匹配维数的矩阵 A、B、C、D 及任意常数 $k \in \mathbb{R}$,矩阵的克罗内克积运算具有如下的性质:

(1)$k(A \otimes B) = kA \otimes B = A \otimes kB$;

（2）$(A + B) \otimes C = A \otimes C + B \otimes C$；

（3）$(A \otimes B) \otimes C = A \otimes (B \otimes C)$；

（4）$(A \otimes B)(C \otimes D) = (AC) \otimes (BD)$；

（5）$(A \otimes B)^{-1} = A^{-1} \otimes B^{-1}$；

（6）$(A \otimes B)^{\mathrm{T}} = A^{\mathrm{T}} \otimes B^{\mathrm{T}}$；

（7）如果 $A \in \mathbb{R}^{n \times n}$，那么矩阵 A 和 $A \otimes I_n$ 具有相同的特征值，且 $\| A \otimes I_n \| = \| A \|$。

2.4　向量及矩阵不等式

引理 2.3[杨氏(Young)不等式]：对任意 $a \geqslant 0$、$b \geqslant 0$，如果 $p > 1$、$q > 1$ 且 $\frac{1}{p} + \frac{1}{q} = 1$，那么有 $ab \leqslant \frac{a^p}{p} + \frac{b^q}{q}$。

引理 2.4(比较引理)：考虑如下的微分方程：

$$\dot{u} = f(t, u), \quad u(t_0) = u_0$$

式中，$f(t, u)$ 在 $t > 0$ 上关于 t 是连续的，并且在 $u \in J \subset \mathbb{R}$ 关于 u 满足利普希茨 (Lipschitz) 条件。假设微分方程在定义域 $[t_0, T]$ (T 可以是 $+\infty$) 上存在解 $u(t)$，并且对 $\forall t \in [t_0, T)$ 有 $u(t) \in J$。令连续函数 $v(t)$ 的右导数满足：

$$D^+ v(t) \leqslant f(t, v(t)), \quad v(t_0) \leqslant u_0$$

且对 $\forall t \in [t_0, T)$ 有 $v(t) \in J$。则 $\forall t \in [t_0, T)$，结论 $v(t) \leqslant u(t)$ 成立。

2.5　线性系统理论

考虑下述线性系统：

$$\begin{cases} \dot{x}(t) = Ax(t) + Bu(t) \\ y(t) = Cx(t) \end{cases} \tag{2-1}$$

式中，$x(t) \in \mathbb{R}^n$ 为系统状态；$u(t) \in \mathbb{R}^m$ 为系统的控制输入；$y(t) \in \mathbb{R}^p$ 为系统输出；$A \in \mathbb{R}^{n \times n}$ 为系统矩阵；$B \in \mathbb{R}^{n \times m}$ 为输入矩阵；$C \in \mathbb{R}^{p \times n}$ 为输出矩阵。

定义 2.1：如果对于系统 (2-1) 的任意初始状态 $x_0 \in \mathbb{R}^n$，存在控制输入 $u(t)$ 使得系统的状态 $x(t)$ 能够从状态 $x(0) = x_0$ 到达 $x(t_f) = 0$，那么称系统 (2-1) 是可控的，或者称 (A, B) 是可控的。

引理 2.5：如果 $\mathrm{rank}(sI - A, B) = n(\forall s \in \mathbb{C})$，那么 (A, B) 是可控的。

引理 2.6：如果 $\mathrm{rank}(B, AB, \cdots, A^{n-1}B) = n$，那么 (A, B) 是可控的。

定义 2.2：对于系统 $(2-1)$ 的任意初始状态 $x(0)$，如果在有限时间内都存在控制输入 $u(t)$ 和输出 $y(t)$ 且能够唯一地确定该初始状态，那么系统 $(2-1)$ 是可观测的，或者称 (A, C) 是可观测的。

引理 2.7：如果 $\mathrm{rank}[sI - A^{\mathrm{T}}, C^{\mathrm{T}}]^{\mathrm{T}} = n(\forall s \in \mathbb{C})$，那么 (A, C) 是可观测的。

引理 2.8：如果 $\mathrm{rank}[C^{\mathrm{T}}, A^{\mathrm{T}}C^{\mathrm{T}}, \cdots, (A^{n-1})^{\mathrm{T}}C^{\mathrm{T}}]^{\mathrm{T}} = n$，那么 (A, C) 是可观测的。

定义 2.3：若矩阵 A 是赫尔维茨矩阵（Hurwitz Matrix），则称系统 $(2-1)$ 是稳定的。

引理 2.9：对于系统 $(2-1)$，下列结论是等价的：

(1) 系统 $(2-1)$ 稳定；

(2) 存在对称正定矩阵 P 满足 $A^{\mathrm{T}}P + PA < 0$；

(3) 对于任意正定矩阵 R，李雅普诺夫方程有正定解 P；

(4) 存在正定矩阵 R 使得李雅普诺夫方程 $PA + A^{\mathrm{T}}P + R = 0$ 有唯一正定解 P。

定义 2.4：如果能够选取矩阵 $K \in \mathbb{R}^{m \times n}$ 使得矩阵 $A + BK$ 是 Hurwitz 的，则称系统 $(2-1)$ 是可镇定的，或者称 (A, B) 是可镇定的。

引理 2.10：系统 $(2-1)$ 是可镇定的与条件 $\mathrm{rank}(sI - A, B) = n(\forall s \in \mathbb{C}^{+})$ 等价。

定义 2.5：如果能够选取矩阵 $F \in \mathbb{R}^{p \times n}$ 使得矩阵 $A + FC$ 是 Hurwitz 的，那么称系统 $(2-1)$ 是可检测的，或者称 (A, C) 是可检测的。

引理 2.11：系统 $(2-1)$ 是可检测的与条件 $\mathrm{rank}(sI - A^{\mathrm{T}}, C^{\mathrm{T}})^{\mathrm{T}} = n(\forall s \in \mathbb{C}^{+})$ 等价。

2.6 本章小结

本章介绍了与图论、线性空间一致性分解、矩阵理论、线性系统理论有关的基础概念和结论。这些概念和结论是后续章节研究的基础。

第 3 章

多无人机系统建模

本章主要建立多无人机群系统模型与协同控制体系结构。这些概念和结论作为本书的研究基础将会在接下来的章节中用到。

3.1 多无人机群系统

多无人机群系统主要包括三部分,即无人机、协同控制系统和姿态控制系统。其中,协同控制系统作为外环,主要用于控制无人机的飞行轨迹,而姿态控制系统一般作为内环,主要用于控制无人机的飞行姿态,协同控制系统(外环)的输出一般作为姿态控制系统(内环)的输入。在多无人机协同控制过程中,无人机之间通过协调相对位置、速度,使得无人机群系统在空间内进行整体运动。由于每架无人机的姿态控制是独立进行的,所以多无人机之间一般不进行姿态之间的协调。图 3-1 给出了多无人机群系统结构图。

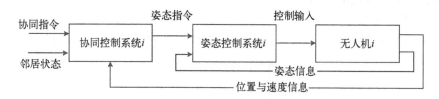

图 3-1 多无人机群系统结构图

3.1.1 四旋翼无人机建模

本节首先对多旋翼无人机进行动力学建模。以四旋翼无人机为多旋翼无人机的代表,为了简化建模过程,需要引入以下假设:四旋翼无人机的质量分布和外形结构中心对称,其质心位于无人机的几何中心;四旋翼无人机的结构不发生弹性形变;重力加速度在四旋翼无人机的运动范围内不发生改变。在此基础上,对四旋翼无人机的平动和转动方程进行分析建模。当四旋翼无人机在空间运动时,根据姿态角是否变化,其运动可分为平动和转动。四旋翼无人机的动力学模型如图3-2所示。

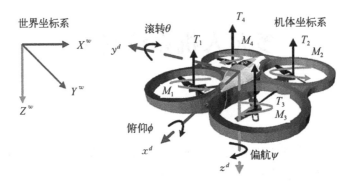

图3-2   四旋翼无人机的动力学模型

对于一个四旋翼无人机而言,定义其控制输入为

$$
\begin{bmatrix} u_{c1} \\ u_{c2} \\ u_{c3} \\ u_{c4} \end{bmatrix} = \begin{bmatrix} T_1 + T_2 + T_3 + T_4 \\ T_2 - T_4 \\ T_1 - T_3 \\ M_1 - M_2 + M_3 - M_4 \end{bmatrix}
\tag{3-1}
$$

式中,u_{c1}、u_{c2}、u_{c3} 和 u_{c4} 分别代表了垂直于机体方向的总推力、影响俯仰、滚转运动的差分升力,以及影响偏航方向的扭矩。如图3-2所示,M_i 和 T_i, $i=1,2,3,4$ 分别代表四个电机产生的扭矩和推力。下面将从平移运动和旋转运动两个方面推导出四旋翼无人机的控制模型。

1. 平移运动

根据牛顿第二定律,四旋翼无人机平移运动的运动学方程可以描述为

$$
m \begin{bmatrix} \ddot{X}^w \\ \ddot{Y}^w \\ \ddot{Z}^w \end{bmatrix} = \begin{bmatrix} 0 \\ 0 \\ mg \end{bmatrix} + R_{b2w} \begin{bmatrix} 0 \\ 0 \\ -u_{c1} \end{bmatrix}
\tag{3-2}
$$

式中,g 为重力加速度;m 为飞机质量;X^w、Y^w 和 Z^w 分别为世界坐标系下的北、东和下方向。矩阵 $R_{b2w} \in \mathbb{R}^{3 \times 3}$ 代表从机体坐标系到世界坐标系的转换矩阵:

$$
R_{b2w} = \begin{bmatrix} c(\theta)c(\psi) & c(\psi)s(\phi)s(\theta) - c(\phi)s(\psi) & s(\phi)s(\psi) + c(\phi)c(\psi)s(\theta) \\ c(\theta)s(\psi) & c(\phi)c(\psi) + s(\phi)s(\theta)s(\psi) & c(\phi)s(\theta)s(\psi) - c(\psi)s(\phi) \\ -s(\theta) & c(\theta)s(\phi) & c(\phi)c(\theta) \end{bmatrix}
\tag{3-3}
$$

式中，$c(\cdot)$ 与 $s(\cdot)$ 是 $\cos(\cdot)$ 和 $\sin(\cdot)$ 的简略表示；ϕ、θ 和 ψ 分别代表俯仰（pitch）、滚转（roll）角和偏航（yaw）角。将矩阵 R_{b2w} 代入式（3-2），可得

$$\begin{cases} m\ddot{X}^w = u_{c1}(-\sin\phi\sin\psi - \cos\phi\sin\theta\cos\psi) \\ m\ddot{Y}^w = u_{c1}(\sin\phi\cos\psi - \cos\phi\sin\theta\sin\psi) \\ m\ddot{Z}^w = mg - u_{c1}\cos\phi\cos\theta \end{cases} \tag{3-4}$$

2. 旋转运动

根据欧拉方程，四旋翼无人机旋转运动的动力学方程可以描述为

$$\tau = I^b\dot{\Omega} + \Omega \times I^b\Omega \tag{3-5}$$

式中，τ 代表无人机受到的合外力矩；I^b 是机身惯性张量矩阵；$\Omega = [p, q, r]^T$ 是无人机在机体坐标系下机体三轴角速度。考虑到四旋翼无人机机身具有对称布局，可将机身惯性张量矩阵 I^b 近似为一对角矩阵，记 $I^b = \mathrm{diag}\{I_{xx}, I_{yy}, I_{zz}\}$，其中，$I_{xx}$、$I_{yy}$ 和 I_{zz} 分别是 x、y 和 z 三个轴的分量。对四旋翼无人机机体进行受力分析，有

$$\tau = \begin{bmatrix} (T_2 - T_4)l \\ (T_1 - T_3)l \\ M_1 - M_2 + M_3 - M_4 \end{bmatrix} = \begin{bmatrix} u_{c2}l \\ u_{c3}l \\ u_{c4} \end{bmatrix} \tag{3-6}$$

式中，l 代表从任意电机到机身重心的距离。考虑到四旋翼无人机机身的对称性布局，l 也是任意对角电机距离的 $1/2$。

记无人机的姿态角为 $\Phi = [\phi, \theta, \psi]^T$，则四旋翼无人机的姿态角速度和三轴角速度之间的转换关系为

$$\dot{\Phi} = \begin{bmatrix} 1 & \sin\phi\tan\theta & \cos\phi\tan\theta \\ 0 & \cos\phi & -\sin\phi \\ 0 & \sin\phi/\cos\theta & \cos\phi/\cos\theta \end{bmatrix} \Omega \tag{3-7}$$

当滚转角和俯仰角足够小时，有 $\dot{\Phi} \approx \Omega$，式（3-5）可以转换为

$$\begin{cases} I_{xx}\ddot{\phi} = u_{c2}l + \dot{\theta}\dot{\psi}(I_{yy} - I_{zz}) \\ I_{yy}\ddot{\theta} = u_{c3}l + \dot{\phi}\dot{\psi}(I_{zz} - I_{xx}) \\ I_{zz}\ddot{\psi} = u_{c4} + \dot{\phi}\dot{\theta}(I_{xx} - I_{yy}) \end{cases} \tag{3-8}$$

至此，得到了一个四旋翼无人机的完整四输入-六输出系统模型，即式（3-4）和式（3-8）。在实际应用中，假设四旋翼无人机在悬停状态，这意味着 $\phi \approx 0$、$\theta \approx 0$、$\dot{\phi} \approx 0$、$\dot{\theta} \approx 0$ 及 $u_{c1} \approx mg$。在此情况下，可得四旋翼无人机的线性化模型为

$$\begin{cases} \ddot{X}^w = (-\phi\sin\psi - \theta\cos\phi)g \\ \ddot{Y}^w = (-\theta\sin\psi + \phi\cos\phi)g \\ \ddot{Z}^w = -\dfrac{mg - u_{c1}}{m} \\ \ddot{\phi} = \dfrac{u_{c2}l}{I_{xx}} \\ \ddot{\theta} = \dfrac{u_{c3}l}{I_{yy}} \\ \ddot{\psi} = \dfrac{u_{c4}}{I_{zz}} \end{cases} \qquad (3-9)$$

在线性化模型(3-9)中,四旋翼无人机的四输入和六输出变量之间的耦合关系已经解除。四旋翼无人机的高度控制和三轴姿态控制之间完全解耦,且各个通道均可以简化为一个二阶积分器模型。经过线性化变换之后,四旋翼无人机水平方向的位置控制是和俯仰角、滚转角有关的二阶积分器模型。在四旋翼无人机的飞行控制编队控制中,可以针对每个通道进行独立控制。至此,四旋翼无人机的控制得到了极大的简化。

3.1.2　固定翼无人机建模

在固定翼无人机建模过程中,将固定翼无人机视为质点模型,假设大地是平面的,不旋转的,且不考虑地球曲率的影响,无人机 i 的动力学模型为

$$\dot{V}_i = \frac{T_i - D_i}{m_i} - g\sin\gamma_i \qquad (3-10)$$

$$\dot{\gamma}_i = \frac{g}{V_i}(n_{g_i}\cos\phi_i - \cos\gamma_i) \qquad (3-11)$$

$$\dot{\chi}_i = \frac{L_i\sin\phi_i}{m_i V_i\cos\gamma_i} \qquad (3-12)$$

$$\dot{x}_i = V_i\cos\gamma_i\cos\chi_i \qquad (3-13)$$

$$\dot{y}_i = V_i\cos\gamma_i\sin\chi_i \qquad (3-14)$$

$$\dot{h}_i = V_i\sin\gamma_i \qquad (3-15)$$

式中, $i = 1, 2, \cdots, N$ 表示第 i 架固定翼无人机, N 表示固定翼无人机的总数量; V_i 表示固定翼无人机 i 的飞行速度; T_i 表示固定翼无人机 i 的推力; D_i 表示固定翼无人机 i 的阻力; m_i 表示固定翼无人机 i 的质量; g 表示重力加速度; γ_i 表示固定翼

无人机 i 的航迹倾角；n_{g_i} 表示固定翼无人机 i 的过载控制量；ϕ_i 表示固定翼无人机 i 的倾斜角；χ_i 表示固定翼无人机 i 的航迹方位角；x_i、y_i 与 h_i 分别表示固定翼无人机 i 在地面坐标系下的位置分量。

将式(3 - 10)~式(3 - 15)对时间 t 求导，然后将得到的式子代入上述的无人机动力学方程中，通过反馈线性化方法，可以得到如下的二阶积分系统：

$$\ddot{x}_i = a_{x_i} \tag{3 - 16}$$

$$\ddot{y}_i = a_{y_i} \tag{3 - 17}$$

$$\ddot{h}_i = a_{h_i} \tag{3 - 18}$$

式中，a_{x_i}、a_{y_i} 和 a_{h_i} 是二阶积分系统的控制输入量。图 3 - 3 给出了固定翼无人机的相关变量信息。变换后的模型与变换前的无人机动力学模型，有如下转换关系：

$$\phi_i = \arctan\left[\frac{a_{y_i}\cos\chi_i - a_{x_i}\sin\chi_i}{\cos\gamma_i(a_{h_i} + g) - \sin\gamma_i(a_{x_i}\cos\chi_i + a_{y_i}\sin\chi_i)}\right] \tag{3 - 19}$$

$$n_{g_i} = \frac{\cos\gamma_i(a_{h_i} + g) - \sin\gamma_i(a_{x_i}\cos\chi_i + a_{y_i}\sin\chi_i)}{g\cos\phi_i} \tag{3 - 20}$$

$$T_i = m_i(\sin\gamma_i(a_{h_i} + g) + \cos\gamma_i(a_{x_i}\cos\chi_i + a_{y_i}\sin\chi_i)) + D_i \tag{3 - 21}$$

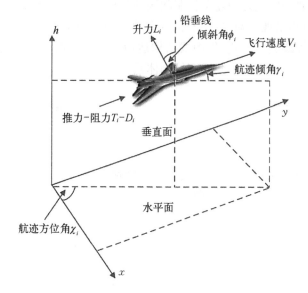

图 3 - 3　固定翼无人机的相关变量信息

$$\chi_i = \arctan \frac{\dot{y}_i}{\dot{x}_i} \qquad\qquad (3-22)$$

$$\gamma_i = \arcsin \frac{\dot{h}_i}{V_i} \qquad\qquad (3-23)$$

3.2　多无人机协同控制体系结构

在集群作战过程中,多无人机群系统的协同控制体系是决定任务执行效率的关键因素。为了保证协同作战任务的执行,协同控制系统需要具备高可靠性、强鲁棒性、快速响应和快速重组等能力。目前,多无人机群系统的协同控制结构主要有集中式结构与分布式结构两种类型。

集中式结构将各无人机的状态信息发送至控制中心(中心节点)统一处理。其中,控制中心可以是飞行器、航天器、地面站等。所有的无人机将自身状态信息或感知的信息发送到控制中心,然后,控制中心通过数据处理、任务规划、控制决策等环节,再将控制信息传送到各架无人机,保证多无人机统一执行指定的任务。在集中式结构中,任务控制指令由控制中心发送,无人机自身只具有底层控制能力。

集中式结构利用全局的信息进行分析与决策,当控制中心与通信带宽的性能足够好时,它能够较好地处理复杂控制问题,同时这种体系结构具有全局性能强的优点。当控制中心出现问题时,所有的任务将会终止,因此,集中式结构存在计算量大、鲁棒性差等缺点。因此,集中式结构适用于处理实时性要求低、全局性能要求高的任务。图3-4为集中式协同控制体系示意图。

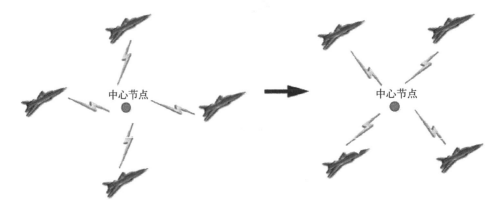

图3-4　集中式协同控制体系示意图

　　分布式结构没有一个确定的控制中心(中心节点),各无人机在群系统中的地位是平等的,它们通过合作的方式来协同完成任务。在分布式控制结构下,全局控制问题被分解成多个子问题并由各架无人机独立解决。各无人机具有一定的自主控制与决策能力,它们根据拓扑网络的连通情况与其他无人机进行信息交互,在分布式协同控制协议的作用下,实现多无人机群系统的整体控制。

　　分布式结构具备实时性好、鲁棒性强、计算量低、灵活性高等优点。但由于多无人机在分布式体系结构下,对全局性能考虑不足,容易造成全局性能不强的问题,因此,分布式体系结构比较适合处理具有高动态性、高实时性特点的任务。图 3-5 为分布式协同控制体系示意图。

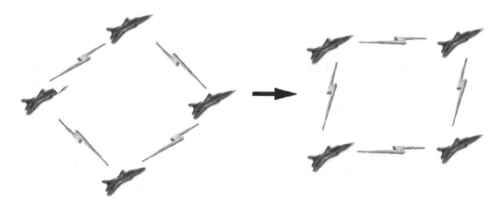

图 3-5　分布式协同控制体系示意图

3.3　本章小结

　　本章介绍了固定翼无人机与四旋翼无人机的群系统建模与协同控制体系结构。这些群系统模型与控制结构是后续章节研究的基础。

第 4 章

状态时延下的编队跟踪控制

4.1 引言

在编队跟踪过程中,由于编队队形的改变、通信设备故障等,跟随者的通信拓扑会发生切换,同时伴有通信时延。一旦通信中断或发生故障,群系统将无法形成指定的编队,编队跟踪任务将会终止。因此,多约束下的多无人机系统编队跟踪问题是值得深入研究的。

本章主要对时变时延、切换拓扑等约束情况下的多无人机系统编队跟踪问题进行研究。本章主要研究思路如下:第一,研究在多约束条件下的多无人机群系统编队跟踪问题,给出在通信时延与切换拓扑约束下实现编队跟踪的充分条件。第二,针对多领导者环形编队跟踪问题,研究具有通信时延的多无人机系统时变编队合围控制问题。为实现时变子编队的同时跟踪,建立考虑通信时延的基于局部交互信息的分布式控制协议,给出闭环多无人机系统实现多领导者编队合围跟踪的可行性条件和充分条件。

4.2 状态时延下的时变编队跟踪控制

4.2.1 问题描述

考虑一个具有 N 架无人机的多无人机系统,存在切换的通信拓扑用有向图 $G_{\sigma(t)}$ 来描述。假设系统中有 $N-1$ 个跟随者和 1 个领导者。定义跟随者的下标集合为 $F = \{1, 2, \cdots, N-1\}$。

跟随者 i $(i \in F)$ 的动力学特性可以表示为

$$\begin{cases} \dot{p}_i(t) = v_i(t) \\ \dot{v}_i(t) = \alpha_p p_i(t) + \alpha_v v_i(t) + u_i(t) \end{cases} \tag{4-1}$$

式中，$p_i(t) \in \mathbb{R}$ 表示跟随者 i 的位置；$v_i(t) \in \mathbb{R}$ 表示跟随者 i 的速度；$u_i(t) \in \mathbb{R}$ 表示跟随者 i 的控制输入；$\alpha_p \in \mathbb{R}$ 和 $\alpha_v \in \mathbb{R}$ 为常数。领导者 N 的动力学特性可以表示为

$$\begin{cases} \dot{p}_N(t) = v_N(t) \\ \dot{v}_N(t) = \alpha_p p_N(t) + \alpha_v v_N(t) \end{cases} \tag{4-2}$$

式中，$p_N(t) \in \mathbb{R}$ 表示领导者 N 的位置；$v_N(t) \in \mathbb{R}$ 表示领导者 N 的速度。

引理 4.1： 若图 G 是存在 N 个顶点的无向图，则有如下结论：

（1）拉普拉斯矩阵 L 至少含有一个 0 特征值，其中，1 是 0 特征值对应的一个特征向量，且满足 $L1 = 0$；

（2）若 G 是连通的，则 0 是 L 的单一特征值，其他 $N-1$ 个特征值都为正。
本节存在以下假设。

假设 4.1： 任何跟随者之间的作用拓扑都是无向的且连通的。

假设 4.1 说明了跟随者之间的作用拓扑对应的拉普拉斯矩阵是对称矩阵。由引理 4.1 可知 0 是其对应的单一特征值，剩余的特征值均为正。

假设 4.2： 任何跟随者与领导者之间至少存在一条有向路径。

定义 $w_{ij}^{\sigma(t)}(i, j \in \{1, 2, \cdots, N\})$ 表示作用拓扑 $G_{\sigma(t)}$ 中 v_j 到 v_i 边的权值。根据上述假设，可知存在切换拓扑的有向图 $G_{\sigma(t)}$ 对应的拉普拉斯矩阵具有如下结构：

$$L^{\sigma(t)} = \begin{bmatrix} L_1^{\sigma(t)} & L_2^{\sigma(t)} \\ 0 & 0 \end{bmatrix} \tag{4-3}$$

式中，$L_1^{\sigma(t)} \in \mathbb{R}^{(N-1) \times (N-1)}$；$L_2^{\sigma(t)} \in \mathbb{R}^{(N-1) \times 1}$。

4.2.2 编队跟踪协议设计

令 $\alpha_p(t) = 0$，考虑如下存在切换拓扑和时延的编队跟踪协议：

$$\begin{aligned} u_i = {} & w_{iN}^{\sigma(t)}(p_N(t - \tau(t)) + h_{ip}(t - \tau(t)) - p_i(t - \tau(t))) - \alpha_v h_{iv}(t) + \dot{h}_{iv}(t) \\ & + \sum_{j=1}^{N-1} w_{ij}^{\sigma(t)}(p_j(t - \tau(t)) - h_{jp}(t - \tau(t)) - (p_i(t - \tau(t)) - h_{ip}(t - \tau(t)))) \end{aligned}$$

$$\tag{4-4}$$

式中，$i \in F$，$\tau(t)$ 是满足 $0 \leqslant \tau(t) \leqslant \tau_0$ 且 $\tau_0 > 0$ 的时变延迟。

在控制协议（4-4）的作用下，多无人机系统（4-1）与（4-2）可以写成

$$\begin{cases} \begin{aligned} \dot{\varphi}_F(t) = {} & (I \otimes (B_1 B_2^\mathrm{T} + \alpha_v B_2 B_2^\mathrm{T}))\varphi_F(t) + (I \otimes B_2 B_2^\mathrm{T})\dot{h}_F(t) \\ & - (L_2^{\sigma(t)} \otimes B_2 B_1^\mathrm{T})\varphi_N(t - \tau(t)) - (L_1^{\sigma(t)} \otimes B_2 B_1^\mathrm{T})\varphi_F(t - \tau(t)) \\ & - (I \otimes \alpha_v B_2 B_2^\mathrm{T})h_F(t) + (L_1^{\sigma(t)} \otimes B_2 B_1^\mathrm{T})h_F(t - \tau(t)) \end{aligned} \\ \dot{\varphi}_N(t) = (B_1 B_2^\mathrm{T} + \alpha_v B_2 B_2^\mathrm{T})\varphi_N(t) \end{cases}$$

$$\tag{4-5}$$

本节主要研究以下两个问题：① 对存在切换拓扑与时延约束下的编队跟踪问题进行分析；② 实现多约束下编队跟踪的充分条件。

4.2.3　编队跟踪稳定性分析

令 $\hat{\zeta}_i(t) = \varphi_i(t) - h_i(t)(i \in F)$ 和 $\zeta_F(t) = [\hat{\zeta}_1(t), \hat{\zeta}_2(t), \cdots, \hat{\zeta}_{N-1}(t)]$，系统(4-5)可以写成

$$
\begin{cases}
\dot{\zeta}_F(t) = (I \otimes (B_1 B_2^{\mathrm{T}} + \alpha_v B_2 B_2^{\mathrm{T}}))\zeta_F(t) - (I \otimes B_1 B_1^{\mathrm{T}})\dot{h}_F(t) \\
\qquad - (L_1^{\sigma(t)} \otimes B_2 B_1^{\mathrm{T}})\zeta_F(t - \tau(t)) \\
\qquad - (L_2^{\sigma(t)} \otimes B_2 B_1^{\mathrm{T}})\varphi_N(t - \tau(t)) + (I \otimes B_1 B_2^{\mathrm{T}})h_F(t) \\
\dot{z}_N(t) = (B_1 B_2^{\mathrm{T}} + \alpha_v B_2 B_2^{\mathrm{T}})\varphi_N(t)
\end{cases}
\tag{4-6}
$$

令

$$
\varrho_i(t) = \sum_{j=1}^{N-1} w_{ij}^{\sigma(t)}(\hat{\zeta}_i(t) - \hat{\zeta}_j(t)) + w_{iN}^{\sigma(t)}(t)(\hat{\zeta}_i(t) - \varphi_N(t))
\tag{4-7}
$$

和 $\xi_F(t) = [\varrho_1(t), \varrho_2(t), \cdots, \varrho_{N-1}(t)]$，那么存在

$$
\xi_F(t) = (L_1^{\sigma(t)} \otimes I)\zeta_F(t) + (L_2^{\sigma(t)} \otimes I)\varphi_N(t)
\tag{4-8}
$$

引理 4.2： 多无人机系统(4-1)与(4-2)在协议(4-4)作用下实现多约束下编队跟踪的充分条件是

$$
\lim_{t \to \infty} \xi_F(t) = 0
\tag{4-9}
$$

证明： 根据式(4-7)和式(4-8)可得 $\lim\limits_{t \to \infty} \xi_F(t) = 0$ 等价于

$$
\lim_{t \to \infty}(z_F(t) - h_F(t) - (L_1^{\sigma(t)-1} L_2^{\sigma(t)} \otimes I)\varphi_N(t)) = 0
\tag{4-10}
$$

由式(4-10)可得

$$
\lim_{t \to \infty}(\varphi_i(t) - h_i(t) - 1 \otimes \varphi_N(t)) = 0
\tag{4-11}
$$

由式(4-11)可得多无人机系统(4-1)与(4-2)实现多约束下编队跟踪的充分条件是 $\lim\limits_{t \to \infty} \xi_F(t) = 0$。

对式(4-8)求导可得

$$
\begin{aligned}
\dot{\xi}_F(t) &= (L_1^{\sigma(t)} \otimes I)\dot{\zeta}_F(t) + (L_2^{\sigma(t)} \otimes I)\dot{\varphi}_N(t) \\
&= (I \otimes (B_1 B_2^{\mathrm{T}} + \alpha_v B_2 B_2^{\mathrm{T}}))\xi_F(t) - (L_1^{\sigma(t)} \otimes B_2 B_1^{\mathrm{T}})\xi_F(t - \tau(t)) \\
&\quad + (L_1^{\sigma(t)} \otimes B_1 B_2^{\mathrm{T}})h_F(t) - (L_1^{\sigma(t)} \otimes B_2 B_2^{\mathrm{T}})\dot{h}_F(t)
\end{aligned}
\tag{4-12}
$$

定义 $\lambda_i^{\sigma}(t)(i = 1, 2, \cdots, N-1)$ 为 $L_1^{\sigma}(t)$ 的特征根且满足 $0 < \mathrm{Re}(\lambda_2^{\sigma}(t)) \cdots \leqslant$

$\text{Re}(\lambda_{N-1}^{\sigma}(t))$。当假设 4.1 成立时,存在一个正交常数矩阵 $\hat{U}_F = [\hat{u}_1, \ \bar{U}_F]$ 使得
$\hat{U}_F^{\mathrm{T}} L_1^{\sigma(t)} \hat{U}_F = \text{diag}\{0, J_F^{\sigma(t)}\}$,其中,$\hat{u}_1 = 1/\sqrt{N-1}$,$\bar{U}_F = [\bar{u}_2, \ \bar{u}_3, \ \cdots, \ \bar{u}_{N-1}]$,
$J_F^{\sigma} = \text{diag}\{\lambda_2^{\sigma}(t), \lambda_3^{\sigma}(t), \cdots, \lambda_{N-1}^{\sigma}(t)\}$。令 $\tilde{\xi}_F(t) = (\bar{U}_F^{\mathrm{T}} \otimes I)\xi_F(t)$,可得

$$\dot{\tilde{\xi}}_F(t) = (I \otimes (B_1 B_2^{\mathrm{T}} + \alpha_v B_2 B_2^{\mathrm{T}}))\tilde{\xi}_F(t) - (J_F^{\sigma(t)} \otimes B_2 B_1^{\mathrm{T}})\tilde{\xi}_F(t - \tau(t))$$
$$+ (\bar{U}_F^{\mathrm{T}} L_1^{\sigma(t)} \otimes B_1 B_2^{\mathrm{T}})h_F(t) - (\bar{U}_F^{\mathrm{T}} L_1^{\sigma(t)} \otimes B_1 B_1^{\mathrm{T}})\dot{h}_F(t)$$

$$(4-13)$$

根据引理 4.2 的证明过程,可直接得到以下引理。

引理 4.3:当 $\lim\limits_{t \to \infty} \tilde{\xi}_F(t) = 0$ 成立时,多无人机系统(4-1)与(4-2)在协议(4-4)作用下可以实现多约束下的编队跟踪。

引理 4.4:如果跟随者之间的作用拓扑是平衡的且任何跟随者与领导者之间存在一条有向路径,那么 $L_1^{\sigma(t)} + (L_1^{\sigma(t)})^{\mathrm{T}}$ 是正定的。

引理 4.5:对于任何具有相同维数的向量 $\tilde{W}_1$ 与 $\tilde{W}_2$,存在

$$2\tilde{W}_1^{\mathrm{T}} \tilde{W}_2 \leqslant \tilde{W}_1^{\mathrm{T}} \tilde{Y} \tilde{W}_1 + \tilde{W}_2^{\mathrm{T}} \tilde{Y}^{-1} \tilde{W}_2 \qquad (4-14)$$

式中,$\tilde{Y}$ 是具有匹配维数的正定矩阵。

定理 4.1:对于任意给定的有界初始状态,存在切换拓扑和时延约束的多无人机系统(4-1)与(4-2)在协议(4-4)作用下实现编队跟踪的充分条件是

$$\lim_{t \to \infty}(h_{iv}(t) - \dot{h}_{ip}(t)) = 0, \ i \in F \qquad (4-15)$$

$$\begin{cases} a_v \leqslant -1 - \dfrac{\tilde{\lambda}_{\max}}{2\tilde{\lambda}_{\min}} \\ \Psi_1 - \tau_0 \Psi_2 \leqslant 0 \end{cases} \qquad (4-16)$$

式中,$\tilde{\lambda}_{\max}$ 表示 $J_F^{\sigma(t)} + (J_F^{\sigma(t)})^{\mathrm{T}}$ 中最大的特征根;$\tilde{\lambda}_{\min}$ 表示 $J_F^{\sigma(t)}(J_F^{\sigma(t)})^{\mathrm{T}}$ 中最小的特征根,$J_F^{\sigma(t)} + (J_F^{\sigma(t)})^{\mathrm{T}}$ 为正定的;

$$\Psi_1 = I \otimes \begin{bmatrix} 0 & 0 \\ 0 & 2+2\alpha_v \end{bmatrix} - J_F^{\sigma(t)} \otimes \begin{bmatrix} I & 0 \\ I & 0 \end{bmatrix} - (J_F^{\sigma(t)})^{\mathrm{T}} \otimes \begin{bmatrix} I & I \\ 0 & 0 \end{bmatrix} \quad (4-17)$$

$$\Psi_2 = wI \otimes \begin{bmatrix} -\alpha_v I & I \\ I & I \end{bmatrix} + \frac{\alpha_v}{\alpha_v + 1}(J_F^{\sigma(t)}(J_F^{\sigma(t)})^{\mathrm{T}}) \otimes \begin{bmatrix} I & I \\ I & I \end{bmatrix} \quad (4-18)$$

证明:如果式(4-15)成立,那么

$$\lim_{t \to \infty}((I \otimes B_1 B_2^{\mathrm{T}})h_F(t) - (I \otimes B_1 B_1^{\mathrm{T}})\dot{h}_F(t)) = 0 \qquad (4-19)$$

对式(4-19)两边同时左乘 $\bar{U}_F^{\mathrm{T}} L_1^{\sigma(t)} \otimes I$,可得

$$\lim_{t \to \infty} ((\bar{U}_F^{\mathrm{T}} L_1^{\sigma(t)} \otimes B_1 B_2^{\mathrm{T}}) h_F(t) - (\bar{U}_F^{\mathrm{T}} L_1^{\sigma(t)} \otimes B_1 B_1^{\mathrm{T}}) \dot{h}_F(t)) = 0 \quad (4-20)$$

定义

$$\dot{\hat{\varphi}}_F(t) = (I \otimes (B_1 B_2^{\mathrm{T}} + \alpha_v B_2 B_2^{\mathrm{T}})) \hat{\varphi}_F(t) - (J_F^{\sigma(t)} \otimes B_2 B_1^{\mathrm{T}}) \hat{\varphi}_F(t - \tau(t)) \quad (4-21)$$

选择下面的李雅普诺夫-拉兹密辛函数:

$$V_F(t) = \hat{\varphi}_F^{\mathrm{T}}(t) \hat{E} \hat{\varphi}_F(t) \quad (4-22)$$

式中,$\hat{E} = \begin{bmatrix} -\alpha_v I & I \\ I & I \end{bmatrix}$。

因为

$$\begin{aligned}
\hat{\varphi}_F(t - \tau(t)) &= \hat{\varphi}_F(t) - \int_{t-\tau(t)}^{t} \dot{\hat{\varphi}}_F(s) \, \mathrm{d}s \\
&= \hat{\varphi}_F(t) - (I \otimes (B_1 B_2^{\mathrm{T}} + \alpha_v B_2 B_2^{\mathrm{T}})) \int_{t-\tau(t)}^{t} \hat{\varphi}_F(s) \, \mathrm{d}s \quad (4-23) \\
&\quad + (J_F^{\sigma(t)} \otimes B_2 B_1^{\mathrm{T}}) \int_{t-\tau(t)}^{t} \hat{\varphi}_F(s - \tau(s)) \, \mathrm{d}s
\end{aligned}$$

同时,$(B_2 B_1^{\mathrm{T}})^2 = 0$,那么沿系统(4-21)的轨迹对 $V_F(t)$ 求导,可得

$$\begin{aligned}
\dot{V}_F(t) &= 2 \hat{\varphi}_F^{\mathrm{T}}(t) \hat{E} \dot{\hat{\varphi}}_F(t) \\
&= \hat{\varphi}_F^{\mathrm{T}}(t) \left(I \otimes \begin{bmatrix} 0 & 0 \\ 0 & 2+2\alpha_v \end{bmatrix} - J_F^{\sigma(t)} \otimes \begin{bmatrix} I & 0 \\ I & 0 \end{bmatrix} - (J_F^{\sigma(t)})^{\mathrm{T}} \otimes \begin{bmatrix} I & I \\ 0 & 0 \end{bmatrix} \right) \hat{\varphi}_F(t) \\
&\quad + 2 \hat{\varphi}_F^{\mathrm{T}}(t) \left(J_F^{\sigma(t)} \otimes \begin{bmatrix} 0 & I \\ 0 & I \end{bmatrix} \right) \int_{-\tau(t)}^{0} \hat{\varphi}_F(s+t) \, \mathrm{d}s
\end{aligned}$$

$$(4-24)$$

根据引理4.5,令 $\bar{\Psi} = I \otimes \begin{bmatrix} -\alpha_v I & I \\ I & I \end{bmatrix}^{-1}$。令 $\omega(s) = ws$ 与 $w > 1$,可知

$$V_F(\hat{\varphi}_F(s+t)) < \omega(V_F(\hat{\varphi}_F(t))), \quad \tau_0 \leqslant s \leqslant 0 \quad (4-25)$$

由式(4-25)可以得到

$$\dot{V}_F(t) \leqslant \hat{\varphi}_F^{\mathrm{T}}(t) (\Psi_1 - \tau_0 \Psi_2) \hat{\varphi}_F(t) \quad (4-26)$$

式中,Ψ_1 与 Ψ_2 已在式(4-16)中定义。根据 Schur 补引理,如果 $\alpha_v \leqslant -1 - \frac{1}{2}\tilde{\lambda}$,那么 Ψ_1 是正定的。可以看出当 τ_0 足够小时,式(4-16)成立,即 $\dot{V}_F(t) \leqslant 0$;也就是说,系统(4-21)是渐近稳定的。因此,由式(4-15)和式(4-16)可知存在切换拓扑和

时延约束的多无人机系统(4-1)与(4-2)在协议(4-4)作用下实现了编队跟踪。

4.2.4　数值仿真

考虑一个具有5架无人机的多无人机系统。所有无人机的运动在 $X-Y$ 平面上进行。在该系统中有1个领导者与4个跟随者。在 $t=100\,\mathrm{s}$ 内,各无人机之间在不同时刻的作用拓扑如图4-1所示。作用拓扑会以10 s 的时间间隔随机地在上述拓扑中切换。

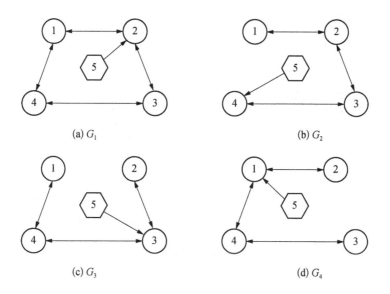

(a) G_1　　　　　　(b) G_2

(c) G_3　　　　　　(d) G_4

图4-1　各无人机之间在不同时刻的作用拓扑

4个跟随者需要形成一个周期性变化的平行四边形同时围绕着领导者进行转动。跟随者形成的编队可描述为

$$h_i(t) = \begin{bmatrix} 100\sin\left(t + \dfrac{(i-1)\pi}{2}\right) \\ 100\cos\left(t + \dfrac{(i-1)\pi}{2}\right) \\ 100\cos\left(t + \dfrac{(i-1)\pi}{2}\right) \\ -100\sin\left(t + \dfrac{(i-1)\pi}{2}\right) \end{bmatrix}, \ i=1,2,3,4 \qquad (4-27)$$

由式(4-27)可以验证定理4.1中的编队可行性条件[式(4-15)]是满足的。选择通信时延 $\tau(t)=0.1+0.1\sin(t)$,选择 $\alpha_v=-2.5$ 和 $w=1.000\,01$,可以验证

定理4.1中的条件[式(4-16)]是满足的。通过克罗内克积,相关控制协议参数可以直接扩展到在 $X-Y$ 平面运动的控制协议中。

　　选取每架无人机的初始状态为 $\varphi_{ij}(0)=100\Theta$（$i=1, 2, \cdots, 5; j=1, 2, 3, 4$, Θ 表示一个均匀分布在$(-2, 2)$区间的随机数）。图4-2给出了5架无人机在 $t=100\,\mathrm{s}$ 内的状态轨迹图,其中,圆圈表示5架无人机的起点(注:实心圆圈表示领导

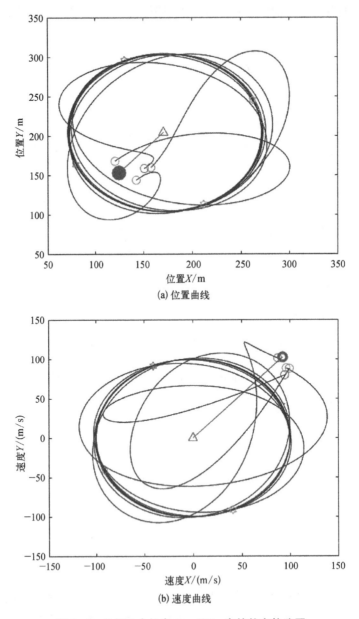

(a) 位置曲线

(b) 速度曲线

图4-2　5架无人机在 $t=100\,\mathrm{s}$ 内的状态轨迹图

者无人机的初始轨迹),三角形表示领导者在 $t = 100\,\text{s}$ 时的终态,六角星表示跟随者在 $t = 100\,\text{s}$ 时的终态。此外,跟随者状态形成的编队用实线表示。图 4 - 3 给出了 5 架无人机在 $t = 100\,\text{s}$ 时的位置信息与状态信息。由图 4 - 2 与图 4 - 3 可以看出,跟随者实现了期望的平行四边形编队并且领导者位于编队的中心处。因此,多无人机群系统实现了多约束下的编队跟踪。

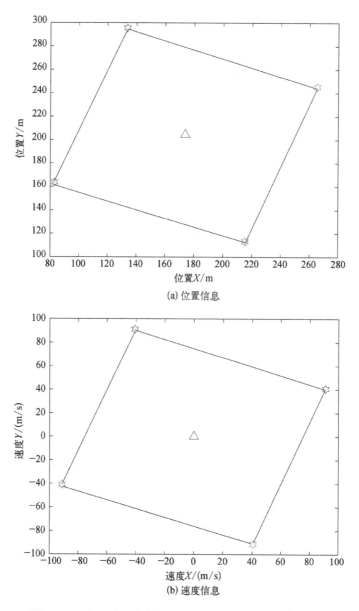

(a) 位置信息

(b) 速度信息

图 4 - 3　5 架无人机在第 $t = 100\,\text{s}$ 的位置信息与状态信息

4.3 状态时延下的分组编队跟踪控制

4.3.1 问题描述

本节考虑由 N 个跟随者及 $M-N$ 个领导者组成的多无人机系统。假设每个跟随者至少有一个邻居,而领导者没有邻居。分别定义 $F = \{1, 2, \cdots, N\}$ 与 $E = \{N+1, N+2, \cdots, M\}$ 为跟随者下标集和领导者下标集。令 $N_E = \{n_1, n_2, \cdots, n_N\}$ 与 $N_F = \{n_{N+1}, n_{N+2}, \cdots, n_M\}$ 分别为领导者和跟随者的节点集。将 N 个跟随者分为 $g(g \in \mathbb{N}, g \geqslant 2)$ 组,每个组 $\bar{i}$ 包含 $q_{\bar{i}}(q_{\bar{i}} \in \mathbb{N}, q_{\bar{i}} \geqslant 1)$ 个跟随者。$G = \{1, 2, \cdots, g\}$ 代表群下标集。多无人机系统的拉普拉斯矩阵 $L = D - Q = [l_{ij}] \in \mathbb{R}^{M \times M}$,可以表示为

$$L = \begin{bmatrix} L_1 & L_2 \\ 0 & 0 \end{bmatrix} \qquad (4-28)$$

式中, $L_1 \in \mathbb{R}^{N \times N}$; $L_2 \in \mathbb{R}^{N \times (M-N)}$。 $\bar{i}$ 组中的跟随者下标集可以表示为 $F_{\bar{i}} = \{\Xi_{\bar{i}} + 1, \Xi_{\bar{i}} + 2, \cdots, \Xi_{\bar{i}} + q_{\bar{i}}\}$,其中, $\Xi_{\bar{i}} = \sum_{\bar{i}=0}^{i-1} q_{\bar{i}}, q_0 = 0$。 每个子系统 $\bar{i}$ 的交互拓扑用加权有向图 $G_{\bar{i}}(\bar{i} \in G)$ 来描述。那么 L_1 的结构如下:

$$L_1 = \begin{bmatrix} L_{11} & 0 & \cdots & 0 \\ L_{21} & L_{22} & \cdots & 0 \\ \vdots & \vdots & & \vdots \\ L_{g1} & L_{g2} & \cdots & L_{gg} \end{bmatrix} \qquad (4-29)$$

式中, $L_{\bar{i}\bar{i}}(\bar{i} \in G)$ 描述了 $\bar{i}$ 组内跟随者间的交互; $L_{\bar{i}\bar{j}}(\bar{i}, \bar{j} \in G; \bar{i} > \bar{j})$ 则描述了组 $\bar{i}$ 和组 $\bar{j}$ 间跟随者的交互。对于在同一组 $\bar{i}(\bar{i} \in G)$ 中的跟随者 i 和 j,当且仅当 $(n_i, n_j) \in E$ 时, $a_{ij} = 1(i, j \in F_{\bar{i}})$,否则 $a_{ij} = 0$。 若组 $\bar{i}$ 和 $\bar{j}$ 存在合作关系,则定义 (n_i, n_j) 为正,若两个组存在竞争关系,则定义 (n_i, n_j) 为负,其中, $i \in F_{\bar{i}}$, $j \in F_{\bar{j}}$ 且 $\bar{i} > \bar{j}$。那么对于不同组中的跟随者 i 和 j,有

$$a_{ij} = \begin{cases} 1, & (n_i, n_j) \in E \text{ 且} (n_i, n_j) \text{ 为正} \\ -1, & (n_i, n_j) \in E \text{ 且} (n_i, n_j) \text{ 为负} \\ 0, & (n_i, n_j) \notin E \end{cases} \qquad (4-30)$$

跟随者 i 的模型为

$$\begin{cases} \dot{p}_i(t) = q_i(t) \\ \dot{q}_i(t) = u_i(t) + \alpha_p p_i(t) + \alpha_q q_i(t) \end{cases} \tag{4-31}$$

式中，$p_i(t) \in \mathbb{R}^n$ 与 $q_i(t) \in \mathbb{R}^n$ 分别表示跟随者 i 的位置和速度向量；$u_i(t) \in \mathbb{R}^n$ 代表跟随者 i 的控制输入；$\alpha_p \in \mathbb{R}$ 和 $\alpha_q \in \mathbb{R}$ 为阻尼常数。领导者 j 的模型为

$$\begin{cases} \dot{p}_j(t) = q_j(t) \\ \dot{q}_j(t) = \alpha_p p_j(t) + \alpha_q q_j(t) \end{cases} \tag{4-32}$$

式中，$p_j(t) \in \mathbb{R}^n$ 与 $q_j(t) \in \mathbb{R}^n$ 分别表示领导者 j 的位置和速度向量。为了简化描述，如果没有特别说明，选择 $n=1$。

注释4.1： 从模型(4-31)和(4-32)可以看出研究的多无人机系统为具有阻尼反馈的一般二阶模型。领导者的运动模式由阻尼常数 α_p 和 α_q 确定。若 $\alpha_p = 0$ 和 $\alpha_q = 0$，则该多无人机系统可以转换为经典二阶模型。

定义跟随者编队为 $h_F(t) = [\bar{h}_1^{\mathrm{T}}(t), \cdots, \bar{h}_g^{\mathrm{T}}(t)]^{\mathrm{T}}$，其中，$\bar{h}_{\bar{i}}(t) = [h_{\Xi_{\bar{i}}+1}^{\mathrm{T}}(t), \cdots, h_{\Xi_{\bar{i}}+q_{\bar{i}}}^{\mathrm{T}}(t)]^{\mathrm{T}} (\bar{i} \in G)$ 为组 $\bar{i}$ 的子编队，$h_i(t) = [h_{ip}(t), h_{iq}(t)]^{\mathrm{T}} (i \in F)$ 是分段连续可微向量。定义 $\chi_{\bar{i}}(t) = [p_{\bar{i}}(t), q_{\bar{i}}(t)]^{\mathrm{T}} (\bar{i} = 1, 2, \cdots, M)$，$\chi_E(t) = [\chi_{N+1}^{\mathrm{T}}(t), \cdots, \chi_M^{\mathrm{T}}(t)]^{\mathrm{T}}$，$\chi_F(t) = [\bar{\chi}_1(t)^{\mathrm{T}}, \cdots, \bar{\chi}_g(t)^{\mathrm{T}}]^{\mathrm{T}}$。其中 $\bar{\chi}_{\bar{i}}(t) = [\chi_{\Xi_{\bar{i}}+1}^{\mathrm{T}}(t), \cdots, \chi_{\Xi_{\bar{i}}+q_{\bar{i}}}^{\mathrm{T}}(t)]^{\mathrm{T}} (\bar{i} \in G)$。

定义4.1： 如果对于任意有界初始状态和任意组 $\bar{i}(\bar{i} \in G)$，那么有式(4-33)成立，则称多无人机系统能够实现具有多个领导者的时变分组编队跟踪。

$$\lim_{t \to \infty} \left(\bar{\chi}_{\bar{i}}(t) - \bar{h}_{\bar{i}}(t) - \frac{1_{q_{\bar{i}}}}{M-N} \otimes \sum_{j=N+1}^{M} \chi_j(t) \right) = 0 \tag{4-33}$$

注释4.2： 从定义4.1可以看出，如果 $g=1$ 且 $h_{\bar{i}}(t) = 0$，那么多无人机系统执行编队跟踪任务，也可以认为其为一致性跟踪。因此，一致性跟踪和编队跟踪问题属于时变分组编队跟踪问题的特殊情况。

4.3.2 编队跟踪控制协议设计

考虑以下时变分组编队跟踪协议：

$$u_i(t) = K \sum_{j=1}^{N} a_{ij}((\chi_i(t-\tau(t)) - h_i(t-\tau(t))) - (\chi_j(t-\tau(t)) - h_j(t-\tau(t))))$$
$$- \alpha h_i(t) + \dot{h}_{iq}(t) + K \sum_{j=N+1}^{M} a_{ij}(\chi_i(t-\tau(t)) - h_i(t-\tau(t)) - \chi_j(t-\tau(t)))$$
$$\tag{4-34}$$

式中，$i \in F$；$\alpha = [\alpha_p, \alpha_q]$；$K = [k_1, k_2]$，是待设计的反馈矩阵；$\tau(t)$ 代表时变通信时延，$0 \leqslant \tau(t) \leqslant \tau_0$ 且 $|\dot{\tau}(t)| \leqslant d < 1$。

令 $A_1 = [1, 0]^T$ 和 $A_2 = [0, 1]^T$，在跟踪协议(4-34)下，多无人机系统可以变为如下形式：

$$\begin{cases} \dot{\chi}_F(t) = (I_N \otimes (A_1 A_2^T + A_2 \alpha))\chi_F(t) + (I_N \otimes A_2 \alpha)h_F(t) + (I_N \otimes A_2 A_2^T)\dot{h}_F(t) \\ \qquad\qquad + (L_1 \otimes A_2 K)\chi_F(t - \tau(t)) + (L_2 \otimes A_2 K)\chi_E(t - \tau(t)) \\ \qquad\qquad - (L_1 \otimes A_2 K)h_F(t - \tau(t)) \\ \dot{\chi}_E(t) = (I_{M-N} \otimes (A_1 A_2^T + A_2 \alpha))\chi_E(t) \end{cases}$$

$$(4-35)$$

图4-4给出了多无人机系统与协议(4-34)构成的控制流程图。本节主要目标是解决多无人机系统的时变分组编队跟踪问题：① 在什么条件下可以实现具有通信时延和多个领导者的时变分组编队跟踪；② 如何构建考虑时延的分组编队跟踪协议。

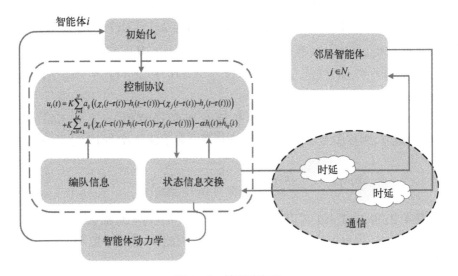

图4-4　控制流程图

4.3.3　编队跟踪稳定性分析

本节利用类李雅普诺夫泛函方法，给出了多无人机系统实现多领导者时变分组编队跟踪的可行性条件与充分条件。然后通过变量替换给出了一种获得协议(4-34)中的反馈矩阵的方法。

定义4.2： 对于任意跟随者，若所有领导者都属于其邻居集，则将该跟随者命名为知情跟随者，若没有领导者属于其邻居集，则将其命名为非知情跟随者。

假设 4.3：对于任意非知情跟随者，同组中至少有一条从知情跟随者到它的有向路径。

假设 4.4：L 的行和为零。

如果假设 4.3 和假设 4.4 同时满足，那么根据定义 4.1，对于任意组内的跟随者，至少有一条从领导者到它的有向路径。则可以直接导出以下引理。

引理 4.6：如果假设 4.3 和假设 4.4 同时成立，那么 $-L_1^{-1}L_2$ 具有以下形式：

$$-L_1^{-1}L_2 = [e_1^{\mathrm{T}},\ e_2^{\mathrm{T}},\ \cdots,\ e_g^{\mathrm{T}}]^{\mathrm{T}} \tag{4-36}$$

式中，$e_{\bar{i}} = 1_{q_{\bar{i}} \times (M-N)} / (M-N)$。

定义 $\vartheta_F(t) = [\vartheta_1^{\mathrm{T}}(t), \vartheta_2^{\mathrm{T}}(t), \cdots, \vartheta_N^{\mathrm{T}}(t)]^{\mathrm{T}}$，其中，$\vartheta_i(t) = \chi_i(t) - h_i(t)(i \in F)$。则多无人机系统（4-35）可重新被改写为如下形式：

$$\begin{cases} \dot{\vartheta}_F(t) = (I_N \otimes (A_1 A_2^{\mathrm{T}} + A_2 \alpha))\vartheta_F(t) + (L_1 \otimes A_2 K)\vartheta_F(t-\tau(t)) \\ \qquad + (L_2 \otimes A_2 K)\chi_N(t-\tau(t)) - (I_N \otimes A_1 A_1^{\mathrm{T}})\dot{h}_F(t) + (I_N \otimes A_1 A_2^{\mathrm{T}})h_F(t) \\ \dot{\chi}_E(t) = (I_{M-N} \otimes (A_1 A_2^{\mathrm{T}} + A_2 \alpha))\chi_E(t) \end{cases} \tag{4-37}$$

令 $\eta_i(t) = \sum_{j=1}^{N} a_{ij}(\vartheta_i(t) - \vartheta_j(t)) + \sum_{l=N+1}^{M} a_{il}(\vartheta_i(t) - \chi_l(t))$，$\eta_F(t) = [\eta_1^{\mathrm{T}}(t), \cdots, \eta_N^{\mathrm{T}}(t)]^{\mathrm{T}}$。则有

$$\eta_F(t) = (L_1 \otimes I_2)\vartheta_F(t) + (L_2 \otimes I_2)\chi_E(t) \tag{4-38}$$

可以看出 L_1 是非奇异的，则等式（4-38）可以转化为

$$(L_1^{-1} \otimes I_2)\eta_F(t) = (I_N \otimes I_2)\vartheta_F(t) + (L_1^{-1} L_2 \otimes I_2)\chi_E(t) \tag{4-39}$$

基于式（4-38）和式（4-39），$\lim_{t \to \infty} \eta_F(t) = 0$ 等价于：

$$\lim_{t \to \infty}(\chi_F(t) - h_F(t) - (-L_1^{-1} L_2 \otimes I_2)\chi_E(t)) = 0 \tag{4-40}$$

根据引理 4.6 可得

$$\lim_{t \to \infty}(\chi_F(t) - h_F(t) - ([e_1^{\mathrm{T}}, e_2^{\mathrm{T}}, \cdots, e_g^{\mathrm{T}}]^{\mathrm{T}} \otimes I_2)\chi_E(t)) = 0 \tag{4-41}$$

可以导出

$$\lim_{t \to \infty}\left(\bar{\chi}_{\bar{i}}(t) - \bar{h}_{\bar{i}}(t) - \frac{1_{q_{\bar{i}}}}{M-N} \otimes \sum_{j \in E}\chi_j(t)\right) = 0,\ \forall \bar{i} \in G \tag{4-42}$$

因此，根据以上分析，以下引理直接成立。

引理 4.7：在协议（4-34）下，如果对于任意有界的初始状态，有如下等式成

立,那么称多无人机系统实现了具有多个领导者的时变分组编队跟踪:

$$\lim_{t \to \infty} \eta_F(t) = 0 \tag{4-43}$$

将等式(4-38)对时间求导后,可得

$$
\begin{aligned}
\dot{\eta}_F(t) &= (L_1 \otimes I_2) \dot{\vartheta}_F(t) + (L_2 \otimes I_2) \dot{\chi}_E(t) \\
&= (I_N \otimes (A_1 A_2^{\mathrm{T}} + A_2 \alpha) \eta_F(t)) + (L_1 \otimes A_2 K) \eta_F(t - \tau(t)) \tag{4-44} \\
&\quad + (L_1 \otimes A_1 A_2^{\mathrm{T}}) h_F(t) - (L_1 \otimes A_2 A_2^{\mathrm{T}}) \dot{h}_F(t)
\end{aligned}
$$

定义 $\lambda_i (i = 1, 2, \cdots, N)$ 与 $\bar{u}_i (i = 1, 2, \cdots, N)$ 分别是 L_1 的特征值和相应的特征向量,其中,$\mathrm{Re}(\lambda_1) < \mathrm{Re}(\lambda_2) < \cdots < \mathrm{Re}(\lambda_N)$。$P_F$ 作为非奇异矩阵有 $P_F^{-1} L_1 P_F = J_F$,其中,J_F 为 L_1 的若尔当标准型。令 $\tilde{\eta}_F(t) = (P_F^{-1} \otimes I_2) \eta_F(t)$,则系统(4-44)可转化为

$$
\begin{aligned}
\dot{\tilde{\eta}}_F(t) &= (I_N \otimes (A_1 A_2^{\mathrm{T}} + A_2 \alpha)) \tilde{\eta}_F(t) + (J_F \otimes A_2 K) \tilde{\eta}_F(t - \tau(t)) \\
&\quad + (P_F^{-1} L_1 \otimes A_1 A_2^{\mathrm{T}}) h_F(t) - (P_F^{-1} L_1 \otimes A_1 A_1^{\mathrm{T}}) \dot{h}_F(t)
\end{aligned} \tag{4-45}
$$

接下来,本节将提出协议(4-34)下能够使得具有通信时延的多无人机系统实现多领导者时变分组编队跟踪的充分条件。

引理 4.8: A_ψ 是一个特征多项式为 $y(s) = s^2 + b_1 s + b_2$ 的 2×2 复矩阵。当且仅当系数 b_1 和 b_2 满足 $\mathrm{Re}(b_1) > 0$ 和 $\mathrm{Re}(b_1) \mathrm{Re}(b_1 \bar{b}_2) - \mathrm{Im}(b_2)^2 > 0$ 时,称系统 $\dot{\psi}(t) = A_\psi \psi(t)$ 是渐近稳定的。

引理 4.9: 设两个常数 ι_1 和 ι_2 满足 $\iota_1 < \iota_2$,向量值函数 $\nu: [\iota_1, \iota_2] \to \mathbb{R}^N$,以及正定矩阵 $U \in \mathbb{R}^{N \times N}$ 使得下列给定不等式成立:

$$\left(\int_{\iota_1}^{\iota_2} \Gamma(\kappa) \mathrm{d}\kappa \right)^{\mathrm{T}} U \left(\int_{\iota_1}^{\iota_2} \Gamma(\kappa) \mathrm{d}\kappa \right) \leqslant (\iota_1 - \iota_2) \int_{\iota_1}^{\iota_2} \Gamma^{\mathrm{T}}(\kappa) U \Gamma(\kappa) \mathrm{d}\kappa \tag{4-46}$$

定理 4.2: 在协议(4-34)下,如果每个跟随者组 $\bar{i} (\bar{i} \in G)$ 同时满足以下条件,那么称多无人机系统能够实现具有多个领导者的时变分组编队跟踪。

(1) 对于任意 $i \in F_{\bar{i}}$

$$\lim_{t \to \infty} (h_{iq}(t) - \dot{h}_{ip}(t)) = 0 \tag{4-47}$$

(2) 对于任意 $i \in F_{\bar{i}}$

$$\begin{cases} \mathrm{Re}(\lambda_i) k_2 + a_q < 0 \\ (\mathrm{Re}(\lambda_i) k_2 + a_q) \gamma_i + \mathrm{Im}(\lambda_i)^2 k_1^2 < 0 \end{cases} \tag{4-48}$$

式中,$\gamma_i = \mathrm{Re}(\lambda_i)(a_p k_2 + a_q k_1) + (\mathrm{Re}(\lambda_i)^2 + \mathrm{Im}(\lambda_i)^2) k_1 k_2 + a_p a_q$,且存在足够小

的 $\tau_0 \geqslant 0$，正对称矩阵 $S_F = S_F^{\mathrm{T}} > 0$ 和 $W_F = W_F^{\mathrm{T}} > 0$，则如下的线性矩阵不等式成立：

$$\begin{bmatrix} \varXi_F & S_F \tilde{B} & (\tilde{A} - \tilde{B})^{\mathrm{T}} W_F \\ * & -\tau_0^{-1} W_F & \tilde{B}^{\mathrm{T}} W_F \\ * & * & -\tau_0^{-1} W_F \end{bmatrix} < 0 \qquad (4-49)$$

式中，$\varXi_F = (\tilde{A} - \tilde{B})^{\mathrm{T}} S_F + S_F (\tilde{A} - \tilde{B})$；$\tilde{A} = I_N \otimes (B_1 B_2^{\mathrm{T}} + B_2 \alpha)$；$\tilde{B} = J_F \otimes B_2 K$。

证明：如果满足充分条件(1)，那么有

$$\lim_{t \to \infty} ((I_N \otimes A_1 A_2^{\mathrm{T}}) h_F(t) - (I_N \otimes A_1 A_1^{\mathrm{T}}) \dot{h}_F(t)) = 0 \qquad (4-50)$$

根据 L_1 的特征可知 $S_F^{-1} L_1 \otimes I_2$ 是非奇异的。在式(4-50)的双边乘以 $S_F^{-1} L_1 \otimes I_2$，可得

$$\lim_{t \to \infty} ((S_F^{-1} L_1 \otimes A_1 A_2^{\mathrm{T}}) h_F(t) - (S_F^{-1} L_1 \otimes A_1 A_1^{\mathrm{T}}) \dot{h}_F(t)) = 0 \qquad (4-51)$$

接下来分析简化系统的稳定性：

$$\dot{\varLambda}(t) = \tilde{A} \varLambda(t) + \tilde{B} \varLambda(t - \tau(t)) \qquad (4-52)$$

基于式(4-52)，可得 $\tilde{A} - \tilde{B}$ 的特征多项式为

$$\varLambda(s) = (s^2 + (k_2 \lambda_1 - a_q)s + k_{11} \lambda_1 - a_p) \cdots (s^2 + (k_2 \lambda_N - a_q)s + k_1 \lambda_N - a_p) \qquad (4-53)$$

根据复杂赫尔维茨理论，如果式(4-48)成立，那么 $\tilde{A} - \tilde{B}$ 是赫尔维茨稳定的。存在一个正定解 S_F 满足

$$(\tilde{A} - \tilde{B})^{\mathrm{T}} S_F + S_F (\tilde{A} - \tilde{B}) = -I_{2N} \qquad (4-54)$$

选择李雅普诺夫函数：

$$V_F(t) = \varLambda^{\mathrm{T}}(t) S_F \varLambda(t) + \tau_0 \int_{t-\tau_0}^{t} (\rho - t + \tau_0) \dot{\varLambda}^{\mathrm{T}}(\rho) W_F \dot{\varLambda}(\rho) \mathrm{d}\rho \qquad (4-55)$$

将式(4-55)对时间求导，可得

$$\dot{V}_F(t) = \varLambda^{\mathrm{T}}(t)(\tilde{A}^{\mathrm{T}} S_F + S_F \tilde{A}) \varLambda(t) \varLambda^{\mathrm{T}}(t) S_F \tilde{B} \varLambda(t - \tau(t)) + \tau_0^2 \dot{\varLambda}^{\mathrm{T}}(t) W_F \dot{\varLambda}(t)$$
$$- \varLambda^{\mathrm{T}}(t - \tau(t)) \tilde{A}^{\mathrm{T}} S_F \varLambda^{\mathrm{T}}(t) - \tau_0 \int_{t-\tau_0}^{t} \dot{\varLambda}^{\mathrm{T}}(\rho) W_F \dot{\varLambda}(\rho) \mathrm{d}\rho \qquad (4-56)$$

通过引理 4.7，可以得到

$$(\tilde{\Lambda}^{\mathrm{T}}(t) - \tilde{\Lambda}^{\mathrm{T}}(t - \tau(t)))W_F(\tilde{\Lambda}(t) - \tilde{\Lambda}(t - \tau(t))) \leq \tau_0 \int_{t-\tau_0}^{t} \dot{\tilde{\Lambda}}^{\mathrm{T}}(\rho)W_F \dot{\tilde{\Lambda}}(\rho)\mathrm{d}\rho$$

$$(4-57)$$

令 $\bar{\Lambda}(t) = \tilde{\Lambda}(t) - \tilde{\Lambda}(t - \mathrm{tau}(t))$。由式(4-55)~式(4-57)可得

$$\dot{V}_F(t) \leq \Delta_F (Y_F + \tau_0^2 \Omega_F^{\mathrm{T}} W_F \Omega_F)\Delta_F^{\mathrm{T}} \qquad (4-58)$$

式中,

$$\Delta_F = [\tilde{\Lambda}^{\mathrm{T}}(t) \quad \bar{\Lambda}^{\mathrm{T}}(t)] \qquad (4-59)$$

$$Y_F = \begin{bmatrix} (\tilde{A} - \tilde{B})^{\mathrm{T}} S_F + S_F(\tilde{A} - \tilde{B}) & S_F \tilde{B} \\ \tilde{B}^{\mathrm{T}} S_F & -W_F \end{bmatrix} \qquad (4-60)$$

$$\Omega_F = [\tilde{A} - \tilde{B} \quad \tilde{B}] \qquad (4-61)$$

根据舒尔补充定理,可以得出结论,如果式(4-49)成立,那么 $\dot{V}_F(t) \leq 0$;换句话说,子系统(4-52)是渐近稳定的。综上所述,如果定理4.2中的条件成立,那么具有通信时延和多个领导者的多无人机系统能够实现时变分组编队跟踪。

注释4.3: 由定理4.2可知,$\tau(t)$ 的准确值是分析能否实现时变分组编队跟踪的非关键因素。

注释4.4: 定理4.2给出了多无人机系统实现时变分组编队跟踪的充分条件。然而,如果协议(4-34)中的反馈矩阵 K 是未知的,那么式(4-49)成为非线性不等式,这给式(4-49)的稳定性分析带来了保守性。

下面给出了基于变量替代的确定 K 的方法。对于任何 $\bar{\lambda} \in C$ 和实矩阵 S,存在 $Y_\lambda = \begin{bmatrix} \mathrm{Re}(\bar{\lambda})I & -\mathrm{Im}(\bar{\lambda})I \\ \mathrm{Im}(\bar{\lambda})I & \mathrm{Re}(\bar{\lambda})I \end{bmatrix}$ 和 $\Psi_S = \mathrm{diag}\{S, S\}$。令 $\tilde{\lambda}_{1,2} = \mathrm{Re}(\lambda_1) \pm \mathrm{j}\tilde{\mu}_F$,$\tilde{\lambda}_{3,4} = \mathrm{Re}(\lambda_N) \pm \mathrm{j}\tilde{\mu}_F$,其中,$\tilde{\mu}_F = \max\{\mathrm{Im}(\lambda), i \in F\}$。定义独立于 $\lambda_i(i = 1, 2, \cdots, N)$ 和 $\tilde{\lambda}_i(i = 1, 2, 3, 4)$ 的对称实数矩阵 ϕ_1,ϕ_2,ϕ_3,如引理4.10所示。

引理4.10: 给定具有一阶连续导数项的函数 $\psi(t) \in \mathbb{R}^n$,使得对于矩阵 $Q_1 \in \mathbb{R}^n$、$Q_2 \in \mathbb{R}^n$ 和 $X = X^{\mathrm{T}} \geq 0$,下面的积分不等式成立。

$$-\int_{t-\tau(t)}^{t} \dot{\psi}^{\mathrm{T}}(\rho)X\dot{\psi}(\rho)\mathrm{d}\rho \leq \eta^{\mathrm{T}}(t)\begin{bmatrix} Q_1^{\mathrm{T}} + Q_2 & -Q_1^{\mathrm{T}} + Q_2 \\ * & -Q_2^{\mathrm{T}} - Q_2 \end{bmatrix}\eta(t)$$

$$(4-62)$$

$$+ \tau(t)\eta(t)\begin{bmatrix} Q_1^{\mathrm{T}} \\ Q_2^{\mathrm{T}} \end{bmatrix}X^{-1}[Q_1, Q_2]\eta(t)$$

式中,$\eta(t) = [\psi^{\mathrm{T}}(t), \psi^{\mathrm{T}}(t - \tau(t))]^{\mathrm{T}}$。

引理 4.11：如果 $\phi_1 + \mathrm{Re}(\tilde{\lambda}_i)\phi_2 + \mathrm{Im}(\tilde{\lambda}_i)\phi_3 < 0\,(i = 1, 2, 3, 4)$，那么 $\phi_1 + \mathrm{Re}(\lambda_i)\phi_2 + \mathrm{Im}(\lambda_i)\phi_3 < 0\ (i = 1, 2, \cdots, N)$ 成立。

定理 4.3：如果等式(4-47)成立，那么具有通信时延和多个领导者的多无人机系统能够实现时变分组编队跟踪任务，且存在实矩阵 $\bar{K}$ 和正对称矩阵 $\bar{P}_F$、$\bar{S}_F$、$\bar{W}_F$ 使得下述的线性矩阵不等式成立：

$$\Theta_i = \begin{bmatrix} \bar{\Delta}_{Fi} & \bar{S}_F - Y_{\tilde{\lambda}_i}\Psi_{A_2}\Psi_{\bar{K}} - (2-d)\Psi_{\bar{W}_F} & \bar{S}_F\Psi_C^{\mathrm{T}} - (Y_{\tilde{\lambda}_i}\Psi_{A_2}\Psi_{\bar{K}})^{\mathrm{T}} & 0 & \bar{S}_F \\ * & (d-3)\Psi_{\bar{W}_F} & -d(Y_{\tilde{\lambda}_i}\Psi_{A_2}\Psi_{\bar{K}})^{\mathrm{T}} & \bar{P}_F & 0 \\ * & * & -\tau_0^{-1}\bar{P}_F & 0 & 0 \\ * & * & * & -\tau_0^{-1}\bar{P}_F & 0 \\ * & * & * & * & -\Psi_{\bar{W}_F} \end{bmatrix} < 0$$

$$(4-63)$$

式中，$\bar{\Delta}_{Fi} = \Psi_C\bar{S}_F + \bar{S}_F\Psi_C^{\mathrm{T}} - Y_{\tilde{\lambda}_i}\Psi_{A_2}\Psi_{\bar{K}} - (Y_{\tilde{\lambda}_i}\Psi_{A_2}\Psi_{\bar{K}})^{\mathrm{T}} - (1-d)\Psi_{\bar{W}_F}$，$C = A_1A_2^{\mathrm{T}} + A_2\alpha$。此外，协议(4-34)中的反馈矩阵 K 可以由 $K = \bar{K}\bar{W}_F^{-1}$ 确定。

证明：考虑如下系统的稳定性：

$$\dot{\Phi}_i(t) = C\Phi_i(t) + D_{Fi}\Phi_i(t-\tau(t)), \quad i \in F \tag{4-64}$$

式中，$D_{Fi} = \lambda_i A_2 K(i = 1, 2, \cdots, N)$。令 $\hat{\Phi}_i(t) = [\mathrm{Re}(\Phi_i(t))^{\mathrm{T}}, \mathrm{Im}(\Phi_i(t))^{\mathrm{T}}]^{\mathrm{T}}$。将式(4-64)按实部和虚部分解，进一步得到系统(4-45)的稳定性等价于以下系统的稳定性，即

$$\dot{\bar{\Phi}}_i(t) = \Psi_C\bar{\Phi}_i(t) + Y_{\tilde{\lambda}_i}\Psi_{A_2}\Psi_K\bar{\Phi}_i(t-\tau(t)) \tag{4-65}$$

采用如下李雅普诺夫候选函数：

$$V_{Fi}(t) = \bar{\Phi}_i^{\mathrm{T}}(t)\hat{S}_F\bar{\Phi}(t) + \int_{t-\tau(t)}^{t}\bar{\Phi}_i^{\mathrm{T}}(s)\hat{W}_F\bar{\Phi}_i(s)\,\mathrm{d}s$$
$$+ \tau_0\int_{t-\tau_0}^{t}(\rho - t + \tau_0)\dot{\bar{\Phi}}_i^{\mathrm{T}}(\rho)\hat{P}_F\dot{\bar{\Phi}}_i(\rho)\,\mathrm{d}\rho \tag{4-66}$$

式中，$\hat{S}_F$、$\hat{W}_F$ 及 $\hat{P}_F$ 是正对称矩阵。取 $V_{Fi}(t)$ 对时间的导数，得到

$$\begin{aligned} \dot{V}_{Fi}(t) \leqslant\ & 2\bar{\Phi}^{\mathrm{T}}(t)\hat{S}_F[\Psi_C, Y_{\lambda_i}\Psi_{A_2}\Psi_K]\bar{\Phi}_i(t) + \bar{\Phi}^{\mathrm{T}}(t)\hat{W}_F\bar{\Phi}(t) \\ & - (1-\dot{\tau}(t))\bar{\Phi}^{\mathrm{T}}(t-\tau(t))\hat{W}_F\bar{\Phi}(t-\tau(t)) \\ & + \tau_0\hat{\Phi}_i^{\mathrm{T}}(t)[\Psi_C, Y_{\lambda_i}\Psi_{A_2}\Psi_K]^{\mathrm{T}}\hat{P}_F[\Psi_C, Y_{\lambda_i}\Psi_{A_2}\Psi_K]\hat{\Phi}_i(t) \\ & - \int_{t-\tau(t)}^{t}\dot{\hat{\Phi}}_i^{\mathrm{T}}(\rho)\hat{P}_F\dot{\hat{\Phi}}_i(\rho)\,\mathrm{d}\rho \end{aligned} \tag{4-67}$$

式中，$\hat{\bar{\Phi}}_i(t) = [\bar{\Phi}_i^T(t), \bar{\Phi}_i^T(t - \tau(t))]^T$。根据引理 4.10 及式 (4-65)~式 (4-67)，令 $Q_1 = -\hat{S}_F$ 且 $Q_2 = \hat{W}_F$，得到

$$\dot{V}_{Fi}(t) \leqslant \hat{\bar{\Phi}}_i^T(t) \bar{\Omega}_i \hat{\bar{\Phi}}_i(t) \tag{4-68}$$

式中，$\bar{\Omega}_i = \varpi_i + \tau_0 [\Psi_C, Y_{\lambda_i} \Psi_{A_2} \Psi_K]^T \hat{P}_F [\Psi_C, Y_{\lambda_i} \Psi_{A_2} \Psi_K] + \tau_0 \bar{\Delta}^T \hat{P}_F^{-1} \bar{\Delta}$，$\varpi_i =$

$$\begin{bmatrix} -\hat{S}_F^T + \hat{S}_F + \Psi_C^T \hat{S}_F + \hat{S}_F \Psi_C + \hat{W}_F & \hat{W}_F + \hat{S}_F^T + \hat{S}_F Y_{\lambda_i} \Psi_{A_2} \Psi_K \\ * & (d-1)\hat{W}_F - \hat{W}_F - \hat{W}_F^T \end{bmatrix}, \bar{\Delta} = [-\hat{S}_F, \hat{W}_F]。$$

令

$$\varrho_i = \begin{bmatrix} \Psi_C & Y_{\lambda_i} \Psi_{A_2} \Psi_K \\ I_N & -I_N \end{bmatrix}, \zeta = \begin{bmatrix} \hat{S}_F & 0 \\ -\hat{S}_F & \hat{W}_F \end{bmatrix} \tag{4-69}$$

注意，ζ 是可逆的。根据引理 4.11 和舒尔补充定理，若如下线性矩阵不等式函数成立，则有

$$\Pi_i = \begin{bmatrix} \zeta^T \varrho_i + \varrho_i^T \zeta + \text{diag}\{\hat{W}_F, -(1-d)\hat{W}_F\} & \tau_0 [\Psi_C, Y_{\lambda_i} \Psi_{A_2} \Psi_K]^T & \tau_0 \bar{\Delta}^T \\ * & -\tau_0 \hat{P}_F^{-1} & 0 \\ * & * & \tau_0 \hat{P}_F \end{bmatrix} < 0 \tag{4-70}$$

那么 $\dot{V}_{Fi}(t) \leqslant 0$，即子系统 (4-65) 是渐近稳定的。此外，为了确定反馈矩阵 K，有

$$\text{diag}\{\zeta^{-T}, I_N, P_F^{-1}\} \Pi_i \text{diag}\{\zeta^{-1}, I_N, P_F^{-1}\}$$

$$= \begin{bmatrix} \varrho_i \zeta^{-1} + \zeta^{-T} \varrho_i^T + \zeta^{-T} \text{diag}\{\hat{W}_F, (d-1)\hat{W}_F\} \zeta^{-1} & \zeta^{-T}[\Psi_C, Y_{\lambda_i} \Psi_{A_2} \Psi_K]^T & [0, P_F^{-1}]^T \\ * & -\tau_0^{-1} P_F^{-1} & 0 \\ * & * & -\tau_0^{-1} P_F^{-1} \end{bmatrix} \tag{4-71}$$

令 $\bar{S}_F = S_F^{-1}$，$\bar{P}_F = P_F^{-1}$，$\Psi_{\bar{W}_F} = W_F^{-1}$，且 $\bar{K} = K \bar{W}_F$。根据式 (4-68)~式 (4-71)，可以看出 $\text{diag}\{\zeta^{-T}, I_N, P_F^{-1}\} \Pi_i \text{diag}\{\zeta^{-1}, I_N, P_F^{-1}\} \leqslant 0$ 等价于不等式 (4-68)。由引理 4.11 可知，如果 $\Theta_i \leqslant 0 (i = 1, 2, 3, 4)$，那么 $\Pi_i \leqslant 0$ 且 $\tilde{\lambda}_i = \lambda_i (i \in F)$。因此，如果定理 4.2 中的条件 (1) 和式 (4-63) 同时成立，那么具有通信时延和多个领导者的多无人机系统可以实现时变分组编队跟踪，协议 (4-34) 中的待确定反馈矩阵 K 可求解为 $K = \bar{K} \bar{W}_F^{-1}$。至此，证明完毕。

注释 4.5：由于定理 4.3 中只用了四个线性矩阵不等式来分析闭环系统的稳定性。即使无人机的数量增加，稳定性分析的计算和复杂度也不会显著地增

加。另外,使用变量替换法,在保证多无人机系统稳定性的同时,还可以获得反馈矩阵 K。

根据定理 4.3,算法 4.1 给出了时变分组编队跟踪协议构建流程。

算法 4.1：时变分组编队跟踪协议构建流程

1：for 每个无人机 $i \in \{1, 2, \cdots, N\}$ do
2：　　假设多无人机系统满足假设 4.3 和假设 4.4;
3：　　选择预定的时变编队 $h_i(t)$;
4：　　if 满足分组编队可行性条件(4-47)
5：　　　　选择领导者的运动模式;
6：　　　　指定阻尼常数 α_p 和 α_q;
7：　　　　选择对称实数矩阵 ϕ_1、ϕ_2、ϕ_3 及 $\bar{\lambda}_i(i = 1, 2, 3, 4)$;
8：　　　　由式(4-63)求解实矩阵 $\bar{K}$ 和正对称矩阵 $\bar{W}_F$、$\bar{S}_F$ 及 $\bar{P}_F$;
9：　　　　利用 $\bar{W}_F$ 和 $\bar{K}$ 计算反馈矩阵 K;
10：　　　完成式(4-34)中给出的时变分组编队跟踪协议的构造;
11：　　else
12：　　　返回步骤 3;
13：　　end if
14：end for

4.3.4　数值仿真

上述理论结果可以应用于多个无人机子群合围多个目标的任务场景。图 4-5 描述了多目标的合围过程。

每架无人机的动力学可以表示为

$$\begin{cases} \dot{\bar{v}}_{xi}(t) = \bar{w}_i(t)\cos(\bar{\delta}_i(t)) \\ \dot{\bar{v}}_{yi}(t) = \bar{w}_i(t)\sin(\bar{\delta}_i(t)) \\ \dot{\bar{\delta}}_i(t) = \bar{\theta}_i(t) \end{cases} \tag{4-72}$$

式中,$\bar{v}_{xi}(t) \in \mathbb{R}$ 和 $\bar{v}_{yi}(t) \in \mathbb{R}$ 表示第 i 个无人机的正交坐标;$\bar{\delta}_i(t) \in \mathbb{R}$、$\bar{w}_i(t) \in \mathbb{R}$ 和 $\bar{\theta}_i(t) \in \mathbb{R}$ 分别代表第 i 个无人机的姿态角、线速度和角速度。

假设多无人机系统中存在三个目标和七个跟随者。跟随者被分为两个小组,通过反馈线性化方法将式(4-72)转换为由本节描述的二阶模型。因此,每个无人机模型可进一步表示为 $\chi_n(t) = [\bar{p}_{n1}(t), \tilde{q}_{n1}(t), \tilde{p}_{n2}(t), \tilde{q}_{n2}(t)]^T, n = 1, 2, \cdots, 10$。

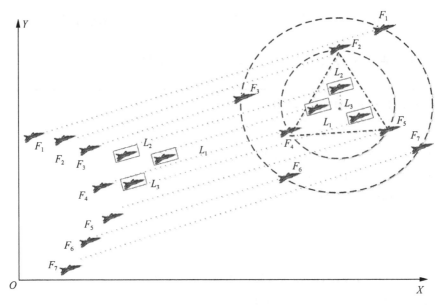

图 4-5　多目标的合围过程

此外,跟随者的预定义时变子编队被描述为

$$
h_i(t) = \begin{bmatrix} 60\sin\left(t + \dfrac{(i-1)\pi}{2}\right) \\[6pt] 60\cos\left(t + \dfrac{(i-1)\pi}{2}\right) \\[6pt] 60\cos\left(t + \dfrac{(i-1)\pi}{2}\right) \\[6pt] -60\sin\left(t + \dfrac{(i-1)\pi}{2}\right) \end{bmatrix}, \quad i = 1,2,3,4 \qquad (4-73)
$$

$$
h_i(t) = \begin{bmatrix} 120\sin\left(t + \dfrac{2(i-5)\pi}{3}\right) \\[6pt] 120\cos\left(t + \dfrac{2(i-5)\pi}{3}\right) \\[6pt] 120\cos\left(t + \dfrac{2(i-5)\pi}{3}\right) \\[6pt] -120\sin\left(t + \dfrac{2(i-5)\pi}{3}\right) \end{bmatrix}, \quad i = 5,6,7 \qquad (4-74)
$$

多无人机系统的有向拓扑网络如图 4-6 所示。如果没有特别说明,那么无人机之间的交互强度为 1。该仿真目标是使跟随者形成不同的随时间变化的子编队,同时包围三个目标领导者。令多无人机系统的初始状态为 $p_{nm}(0) = 50\epsilon(n = 1,$ $2, \cdots, 10; m = 1, 2)$, $q_{nm}(0) = 30\epsilon(n = 1, 2, \cdots, 10; m = 1, 2)$,其中,$\epsilon$ 表示在 $(0, 5)$ 区间上的随机值。通信时延为 $\tau(t) = 0.2 + 0.1\cos(t)$。 阻尼常数 $\alpha_p =$ $- 0.6$, $\alpha_q = 0$,可以保证满足定理 4.3 中时变编队的可行性条件。应用 MATLAB Toolbox 中的 Feasp 求解器,可以得到反馈矩阵 $K = [- 0.795\,2, - 0.386\,7]$。 在图 4-7~图 4-9 中,整个无人机的状态轨迹用实线描述。所有跟随者的初始状态与最终状态分别用圆形标记和六角星标记描述。目标的平均状态和最终状态分别用五角星标记和三角形标记表示。图 4-7 描述了 $t = 50$ s 内十架无人机的状态轨迹。图 4-8 与图 4-9 分别显示了无人机在 $t = 25$ s 和 $t = 40$ s 时的状态轨迹。从图 4-7~图 4-9 中,可以得到两个子群形成时变子编队,且目标被不同子群包围。因此,实现了由多个无人机组成的多子群合围多目标的效果。

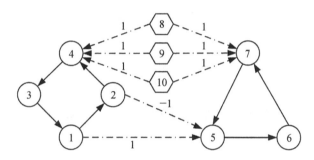

图 4-6　多无人机系统的有向拓扑网络

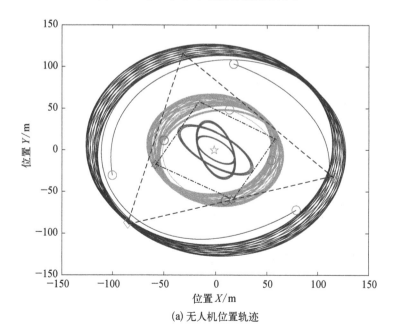

(a) 无人机位置轨迹

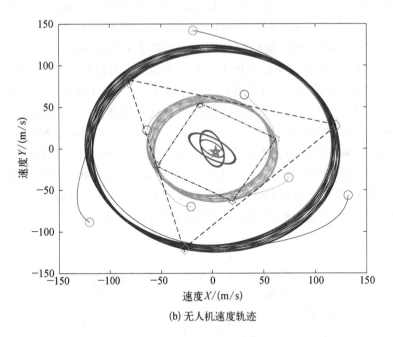

(b) 无人机速度轨迹

图 4 - 7　十架无人机在 $t = 50\,\mathrm{s}$ 内的状态轨迹

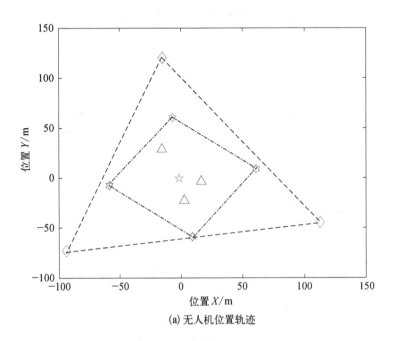

(a) 无人机位置轨迹

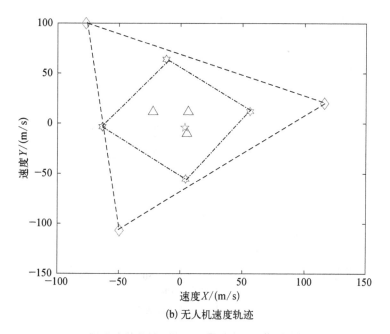

(b) 无人机速度轨迹

图 4 - 8　无人机在 $t = 25\,\text{s}$ 时的状态轨迹

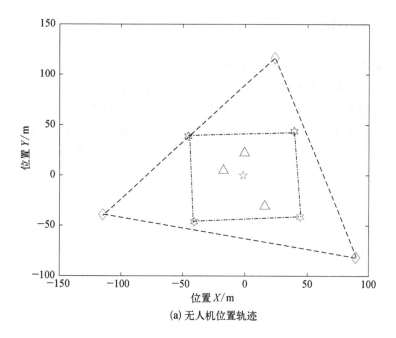

(a) 无人机位置轨迹

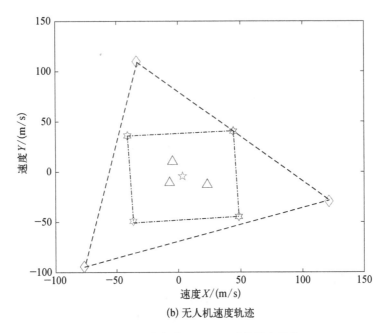

(b) 无人机速度轨迹

图 4-9　无人机在 $t = 40\,\mathrm{s}$ 时的状态轨迹

4.4　本章小结

　　本章对多无人机系统编队跟踪控制问题进行了研究。首先,考虑存在切换拓扑与时延约束下的编队跟踪问题,构造了多无人机系统编队跟踪协议,给出了实现多无人机系统实现编队跟踪的充要条件与相关控制协议的设计方法。然后,考虑了通信时延约束下的编队跟踪问题,利用类李雅普诺夫泛函方法,给出了多无人机系统实现多领导者时变分组编队跟踪的可行性条件与充分条件。

第5章

通信受限下的编队跟踪控制

5.1 引言

多无人机系统的协同控制器的设计与计算依赖于系统间的交互信息,从信息交互的角度讲,虽然分布式的控制器架构由于不需要中心节点的存在,可以减少通信链路的需求。但是,随着集群系统中无人机数量的增加,同样会导致系统通信量的显著增加,大量通信会带来两方面后果:一是增加系统的电磁特征;二是会消耗大量能源。而在复杂战场环境下,多无人机集群之间大量的通信会增加被敌方探测到的概率,从而增加受干扰和攻击的风险,不利于战场生存。另外,对于大多数实际系统,由于受通信带宽和链路,以及自身能源的限制,并不具备连续实时通信的能力。所以考虑到实际条件,需要考虑间断通信条件下的多无人机协同控制问题。

多无人机系统在执行实际任务,例如,多无人机对固定区域的协同侦察监视等,往往需要形成一定的队形以达到行动的统一性,并且需要根据任务变化和环境需求进行编队队形的实时变化。在形成编队的基础上,通过对参考轨迹或者目标的跟踪,实现多无人机的协同跟踪,所以,编队控制是时变编队跟踪控制的基础。

针对多无人机系统,为减少系统间对通信量的要求,本章主要研究以下两个问题:多无人机系统事件触发状态时变编队控制问题;多无人机系统事件触发状态时变编队跟踪控制问题。

对于多无人机系统事件触发状态编队控制问题,本章基于状态反馈设计状态时变编队控制器,通过构建误差变量,给出事件触发协议。然后给出时变编队控制器中参数设计算法,研究多无人机系统编队可行性条件。基于李雅普诺夫稳定性理论,本章证明在所设计的时变编队控制器和事件触发协议下,多无人机能够实现期望的状态时变编队。进一步通过在事件触发协议中引入放大因子,本章证明多无人机系统不存在芝诺(Zeno)现象,并且时变编队误差是最终有界的。

对于多无人机系统事件触发时变编队跟踪控制问题,根据局部触发采样状态信息,本章提出一种分布式时变编队跟踪控制器,给出动态事件触发协议,研究多无人机系统编队可行性条件,给出时变编队跟踪控制器设计算法,证明多无人机系统能够实现期望的时变编队跟踪控制。

5.2   事件触发通信下的编队控制

本节研究一般情况下的多无人机系统事件触发时变编队控制问题,首先基于状态反馈设计状态时变编队控制器,给出事件触发协议。然后研究编队可行性条件,并给出编队控制器中参数设计算法。基于李雅普诺夫稳定性理论,证明在所设计的时变编队控制器和事件触发协议下,多无人机系统能够实现期望的状态时变编队。然后通过在事件触发协议中引入放大因子,证明在新的事件触发协议下多无人机系统能够避免 Zeno 现象,并且时变编队误差是最终有界的。

5.2.1   问题描述

考虑由 N 个无人机组成的多无人机系统,分别用下标 $1, 2, \cdots, N$ 来表示,每个无人机的模型描述如下:

$$\dot{x}_i(t) = Ax_i(t) + Bu_i(t), \ i = 1, 2, \cdots, N \tag{5-1}$$

式中,$x_i(t) \in \mathbb{R}^n$ 为无人机的状态;$u_i(t) \in \mathbb{R}^m$ 为无人机的控制输入;$A \in \mathbb{R}^{n \times n}$ 为系统矩阵;$B \in \mathbb{R}^{n \times m}$ 为输入矩阵。

文献[45]~[51]提出的状态时变编队控制器,需要用到邻居节点的连续实时信息,本书为避免连续通信带来的诸多限制,将实时连续通信改为事件触发形式。无人机只有满足一定条件时才向外发送自己的当前状态信息,第 i 个无人机的通信触发时刻序列为 $t_k^i, \ i = 0, 1, 2, \cdots$,邻居节点只能获取无人机 i 在触发时刻 t_k^i 处的状态信息,即 $x(t_k^i)$。

多无人机系统的期望编队由编队向量 $h(t) = [h_1^T(t), h_2^T(t), \cdots, h_N^T(t)]^T$ 来表示,其中,$h_i(t) \in \mathbb{R}^n, \ i = 1, 2, \cdots, N$。

定义 5.1: 对于多无人机系统(5-1),如果任意的初始状态 $x_i(t_0)$,存在下面的性质:

$$\lim_{t \to \infty}((x_i(t) - h_i(t)) - (x_j(t) - h_j(t))) = 0, \ i = 1, 2, \cdots, N \tag{5-2}$$

那么称多无人机系统(5-1)实现了期望的编队。

本节的主要目的是使用无人机的非连续时刻信息,设计可行的状态时变编队控制器,并且给出事件触发协议,使得多无人机系统能够如定义(5-2)所示实现期望的状态时变编队控制。

假设 5.1：多无人机系统的通信拓扑图为无向连通图。

假设 5.2：(A, B) 是可控的。

5.2.2 编队及事件触发协议设计

定义邻居无人机对第 i 个无人机的状态估计量为 $\bar{x}_i(t) = \mathrm{e}^{A(t-t_k^i)} x_i(t_k^i)$，$\forall t \in [t_k^i, t_{k+1}^i)$。定义第 i 个无人机的状态估计误差如下：

$$e_i(t) \triangleq \bar{x}_i(t) - x_i(t), i = 0, 1, \cdots, N \tag{5-3}$$

考虑下面的事件触发编队控制器：

$$u_i(t) = mK \sum_{j=1}^{N} \left((\bar{x}_i(t) - h_i(t)) - (\bar{x}_j(t) - h_j(t)) \right) + v_i(t) \tag{5-4}$$

式中，m 为待定的正常数；K 为待定的增益矩阵。

考虑如下的事件触发协议：

$$T_i(t) = \Phi_i - \mu \Psi_i \leqslant 0 \tag{5-5}$$

式中，

$$\Phi_i = \left(2m_1 N_i^2 \left(1 + \gamma + \frac{1}{\gamma} \right) + m_1 N_i (N - 1) \left(\gamma + \frac{1}{\gamma} \right) + \frac{m_2 - m_1}{\gamma} N_i \right) e_i^{\mathrm{T}} PBB^{\mathrm{T}} Pe_i$$

$$+ 2N_i (m_2 - m_1)(Y_i(t) - H_i(t))^{\mathrm{T}} PBB^{\mathrm{T}} Pe_i$$

$$\Psi_i = (2m_2 - \gamma N_i (m_2 - m_1))(Y_i(t) - H_i(t))^{\mathrm{T}} PBB^{\mathrm{T}} P(Y_i(t) - H_i(t))$$

$$Y_i(t) = \sum_{j=1}^{N} (\bar{x}_i(t) - \bar{x}_j(t)), \quad H_i(t) = \sum_{j=1}^{N} (h_i(t) - h_j(t))$$

每个无人机对自己的事件触发协议进行检测，当事件触发条件不满足时，无人机 i 利用通信系统向邻居发送一次自己当前时刻的状态值 $x_i(t)$ 和编队量 $h_i(t)$。

算法 5.1：下面给出多无人机系统时变编队控制器（5-4）和事件触发协议（5-5）的参数选取步骤。

步骤（1）：给定的期望编队向量 $h(t)$ 进行编队可行性条件检验。如果存在向量 $v_{ij}(t)$，使得期望的编队向量满足下面的编队可行性条件：

$$Ah_{ij}(t) - \dot{h}_{ij}(t) + Bv_{ij}(t) = 0 \tag{5-6}$$

式中，$h_{ij}(t) = h_i(t) - h_j(t)$；$v_{ij}(t) = v_i(t) - v_j(t)$。则称编队向量 $h(t)$ 对多无人机系统（5-1）是可行的，否则，期望编队不可行，算法终止。

步骤（2）：解如下的线性矩阵，得到对称正定矩阵 P：

$$PA + A^{\mathrm{T}}P - 2PBB^{\mathrm{T}}P + 2\alpha P = 0 \qquad (5-7)$$

式中，$\alpha > 0$。

步骤(3)：令 $K = -B^{\mathrm{T}}P$。

步骤(4)：取参数 $0 < \gamma < \dfrac{2m_2}{N_i(m_2 - m_1)}$，$0 < \mu < 1$，$m = m_1 + m_2$，$m_2 > m_1$，

$m_1 \geqslant \dfrac{1}{\lambda_2}$，式中，$\lambda_2$ 为拉普拉斯矩阵 L 的最小非零特征值。

5.2.3 编队稳定性分析

引理 5.1[78]：在假设 5.1 和假设 5.2 的条件下，对称矩阵

$$\begin{aligned}
\bar{L} &= (L \otimes P)(I_N \otimes A + mL \otimes BK) + (I_N \otimes A + mL \otimes BK)^{\mathrm{T}}(L \otimes P) \\
&= L \otimes (PA + A^{\mathrm{T}}P) + 2mL^2 \otimes (PBK + K^{\mathrm{T}}B^{\mathrm{T}}P)
\end{aligned}$$

$$(5-8)$$

有且只有 n 个 0 特征根，并且其余特征根为负。$\bar{L}$ 的 0 特征根对应的 n 个特征向量属于由 $L \otimes P$ 的 0 特征根对应的 n 个特征向量张成的子空间。

定理 5.1：在假设 5.1 和假设 5.2 的条件下，如果期望的编队向量 $h(t)$ 满足编队可行性条件(5 - 6)，由算法 5.1 确定时变编队控制器(5 - 4)和事件触发协议(5 - 5)的参数，那么多无人机系统可以实现期望的时变编队。

证明：根据算法 5.1 中的步骤(3)，可以得到如下的闭环系统方程：

$$\begin{aligned}
\dot{x}_i(t) &= Ax_i(t) + Bu_i(t) \\
&= Ax_i(t) - mBB^{\mathrm{T}}P \sum_{j=1}^{N} w_{ij}((\bar{x}_i(t) - h_i(t)) - (\bar{x}_j(t) - h_j(t))) + Bv_i
\end{aligned}$$

$$(5-9)$$

令 $x(t) = [x_1^{\mathrm{T}}(t), x_2^{\mathrm{T}}(t), \cdots, x_N^{\mathrm{T}}(t)]^{\mathrm{T}}$，$\bar{x}(t) = [\bar{x}_1^{\mathrm{T}}(t), \bar{x}_2^{\mathrm{T}}(t), \cdots, \bar{x}_N^{\mathrm{T}}(t)]^{\mathrm{T}}$，$e(t) = [e_1^{\mathrm{T}}(t), e_2^{\mathrm{T}}(t), \cdots, e_N^{\mathrm{T}}(t)]^{\mathrm{T}}$，$v(t) = [v_1^{\mathrm{T}}(t), v_2^{\mathrm{T}}(t), \cdots, v_N^{\mathrm{T}}(t)]^{\mathrm{T}}$。 则式(5 - 9)可以用克罗内克积写成如下的闭环形式：

$$\begin{aligned}
\dot{x}(t) &= (I_N \otimes A - mL \otimes BB^{\mathrm{T}}P)x(t) - (mL \otimes BB^{\mathrm{T}}P)(e(t) - h(t)) + (I_N \otimes B)v \\
&= A_m x(t) + \bar{B}e(t) - \bar{B}h(t) + (I_N \otimes B)v
\end{aligned}$$

$$(5-10)$$

式中，$A_m = \bar{A} + \bar{B}$，$\bar{A} = I_N \otimes A$，$\bar{B} = -mL \otimes BB^{\mathrm{T}}P$。

令 $z_i(t) = x_i(t) - h_i(t)$ 且 $z(t) = [z_1^{\mathrm{T}}(t), z_2^{\mathrm{T}}(t), \cdots, z_N^{\mathrm{T}}(t)]^{\mathrm{T}}$。则由式(5 - 10)可以得到

$$\begin{aligned}
\dot{z}(t) &= \dot{x}(t) - \dot{h}(t) \\
&= (I_N \otimes A - mL \otimes BB^{\mathrm{T}}P)z(t) - (mL \otimes BB^{\mathrm{T}}P)e(t) \\
&\quad + (I_N \otimes A)h(t) - \dot{h}(t) + (I_N \otimes B)v \\
&= A_m z(t) + \bar{B}e(t) + \bar{A}h(t) - \dot{h}(t) + (I_N \otimes B)v
\end{aligned} \qquad (5-11)$$

考虑如下的李雅普诺夫函数：

$$V = z^{\mathrm{T}}L_p z \qquad (5-12)$$

式中，$L_P = L \otimes P$。对上述李雅普诺夫函数求导，可得

$$\begin{aligned}
\dot{V} &= z^{\mathrm{T}}L_p(A_m z + \bar{B}e) + (A_m z + \bar{B}e)^{\mathrm{T}}L_p z + z^{\mathrm{T}}L_P(\bar{A}h - \dot{h} + (I_N \otimes B)v) \\
&\quad + (\bar{A}h - \dot{h} + (I_N \otimes B)v)^{\mathrm{T}}L_p z
\end{aligned}$$

$$(5-13)$$

根据算法 5.1 中的步骤(1)，可以得到

$$\begin{aligned}
(\bar{A}h - \dot{h} + (I_N \otimes B)v)^{\mathrm{T}}L_p z &= z^{\mathrm{T}}L_p(\bar{A}h - \dot{h} + (I_N \otimes B)v) \\
&= \sum_{i=1}^{N} z_i P \sum_{j \in N_i} (Ah_{ij} - \dot{h}_{ij})
\end{aligned}$$

进而可以得到

$$\begin{aligned}
\dot{V} &= z^{\mathrm{T}}L_P(A_m z + \bar{B}e) + (A_m z + \bar{B}e)^{\mathrm{T}}L_p z \\
&= z^{\mathrm{T}}L_P(A_{m1}z + \bar{B}_2 z + \bar{B}e) + (A_{m1}z + \bar{B}_2 z + \bar{B}e)^{\mathrm{T}}L_p z \\
&= z^{\mathrm{T}}\bar{L}z + z^{\mathrm{T}}\bar{L}\bar{B}_2 z + z^{\mathrm{T}}\bar{L}\bar{B}e + z^{\mathrm{T}}\bar{B}_2\bar{L}z + e^{\mathrm{T}}\bar{B}\bar{L}z \\
&= z^{\mathrm{T}}\bar{L}z + (\bar{x} - e - h)^{\mathrm{T}}(L_P\bar{B}_2 + \bar{B}_2^{\mathrm{T}}L_P)(\bar{x} - e - h) \\
&= z^{\mathrm{T}}\bar{L}z + \bar{x}^{\mathrm{T}}\tilde{L}_2 y - e^{\mathrm{T}}\tilde{L}e + h^{\mathrm{T}}\tilde{L}_2 h - 2\bar{x}^{\mathrm{T}}\tilde{L}_2 h - \bar{x}^{\mathrm{T}}\bar{B}_2^{\mathrm{T}}L_P e + \bar{x}^{\mathrm{T}}L_P\bar{B}e \\
&\quad - e^{\mathrm{T}}L_P\bar{B}_2\bar{x} + e^{\mathrm{T}}\bar{B}^{\mathrm{T}}L_P\bar{x} + h^{\mathrm{T}}\bar{B}_2^{\mathrm{T}}L_P e - h^{\mathrm{T}}L_P\bar{B}e + e^{\mathrm{T}}L_P\bar{B}_2 h - e^{\mathrm{T}}\bar{B}^{\mathrm{T}}L_P h
\end{aligned} \qquad (5-14)$$

式中，$\bar{L} = L_P A_{m1} + A_{m1}^{\mathrm{T}}L_P$；$\tilde{L} = L_P\bar{B} + \bar{B}^{\mathrm{T}}L_P$；$\tilde{L}_2 = L_P\bar{B}_2 + \bar{B}_2^{\mathrm{T}}L_P$；$A_{m1} = \bar{A} + \bar{B}_1$；$\bar{B} = -m_1 L \otimes BB^{\mathrm{T}}P$；$\bar{B}_2 = -m_2 L \otimes BB^{\mathrm{T}}P$。

可以验证如下等式成立：

$$\bar{x}^{\mathrm{T}}\tilde{L}_2\bar{x} = -2m_2 \sum_{i=1}^{N} Y_i^{\mathrm{T}}PBB^{\mathrm{T}}PY_i$$

$$h^{\mathrm{T}}\tilde{L}_2 h = -2m_2 \sum_{i=1}^{N} H_i^{\mathrm{T}}PBB^{\mathrm{T}}PH_i$$

$$e^{\mathrm{T}}\tilde{L}e = -2m_1 \sum_{i=1}^{N} \left(\sum_{j \in N_i} (e_i - e_j)^{\mathrm{T}}PBB^{\mathrm{T}}P \sum_{k \in N_i} (e_i - e_k) \right)$$

所以,式(5-14)可以改写为

$$\dot{V} = z^T \bar{L} z + \sum_{i=1}^{N} \Big[-2m_2 Y_i^T PBB^T P Y_i + 2m_1 \sum_{j \in N_i} (e_i - e_j)^T PBB^T P \sum_{k \in N_i} (e_i - e_k)$$

$$- 2m_2 H_i^T PBB^T P H_i^T + 4m_2 Y_i^T PBB^T P H_i^T + 2(m_2 - m_1)(Y - H)_i^T PBB^T P \sum_{j \in N_i} (e_i - e_j) \Big]$$

$$(5-15)$$

注意到下面等式成立:

$$\sum_{j \in N_i} (e_i - e_j)^T PBB^T P \sum_{k \in N_i} (e_i - e_k) = N_i^2 e_i^T PBB^T P e_i - 2N_i e_i^T PBB^T P \sum_{j \in N_i} e_j$$

$$+ \sum_{j \in N_i} e_j^T PBB^T P \sum_{k \in N_i} e_k$$

$$(5-16)$$

利用 Young 不等式,可以得到如下不等式:

$$\sum_{j \in N_i} e_j^T PBB^T P \sum_{k \in N_i} e_k \leq \Big| \sum_{j \in N_i} e_j^T PBB^T P \sum_{k \in N_i} e_k \Big|$$

$$\leq \sum_{j \in N_i, k \in N_i} | e_j^T PBB^T P e_k |$$

$$\leq N_i \Big(\frac{\gamma}{2} + \frac{1}{2\gamma} \Big) \sum_{j \in N_i} e_j^T PBB^T P e_j$$

$$(5-17)$$

式中,$\gamma > 0$ 为正常数。

由假设 5.1 可以得到下面两式:

$$\sum_{i=1}^{N} \sum_{j \in N_i} e_j^T PBB^T P e_j = \sum_{i=1}^{N} \sum_{j \in N_i} e_i^T PBB^T P e_i \qquad (5-18)$$

$$\sum_{i=1}^{N} N_i \sum_{j \in N_i} e_j^T PBB^T P e_j = \sum_{i=1}^{N} N_j \sum_{j \in N_i} e_i^T PBB^T P e_i \leq \sum_{i=1}^{N} (N-1) \sum_{j \in N_i} e_i^T PBB^T P e_i$$

$$(5-19)$$

式(5-17)满足:

$$\sum_{i=1}^{N} N_i \Big(\frac{\gamma}{2} + \frac{1}{2\gamma} \Big) \sum_{j \in N_i} e_j^T PBB^T P e_j = \sum_{i=1}^{N} N_i \Big(\frac{\gamma}{2} + \frac{1}{2\gamma} \Big) \sum_{j \in N_i} e_i^T PBB^T P e_i$$

$$\leq \sum_{i=1}^{N} (N-1) \Big(\frac{\gamma}{2} + \frac{1}{2\gamma} \Big) \sum_{j \in N_i} e_i^T PBB^T P e_i$$

$$(5-20)$$

将式(5-19)代入式(5-15),可以得到

$$\dot{V} \leqslant z^{\mathrm{T}}\bar{L}z + \sum_{i=1}^{N} \Big[-2m_2 Y_i^{\mathrm{T}} PBB^{\mathrm{T}} PY_i + 2m_1 N_i^2 e_i^{\mathrm{T}} PBB^{\mathrm{T}} Pe_i - 4m_1 N_i e_i^{\mathrm{T}} PBB^{\mathrm{T}} P \sum_{j \in N_i} e_j$$
$$+ 2m_1 \sum_{j \in N_i} e_j^{\mathrm{T}} PBB^{\mathrm{T}} P \sum_{k \in N_i} e_k + 4m_2 Y_i^{\mathrm{T}} PBB^{\mathrm{T}} PH_i^{\mathrm{T}} - 2m_2 H_i^{\mathrm{T}} PBB^{\mathrm{T}} PH_i$$
$$+ 2(m_2 - m_1)(Y_i^{\mathrm{T}} - H_i^{\mathrm{T}}) PBB^{\mathrm{T}} P \sum_{k \in N_i} (e_i - e_k) \Big]$$

$$(5-21)$$

根据式(5-21)及 Young 不等式,可以得到

$$\dot{V} \leqslant z^{\mathrm{T}}\bar{L}z + \sum_{i=1}^{N} \Big[-2m_2 Y_i^{\mathrm{T}} PBB^{\mathrm{T}} PY_i + 4m_2 Y_i^{\mathrm{T}} PBB^{\mathrm{T}} PH_i^{\mathrm{T}} - 2m_2 H_i^{\mathrm{T}} PBB^{\mathrm{T}} PH_i$$
$$+ 2m_1 N_i^2 e_i^{\mathrm{T}} PBB^{\mathrm{T}} Pe_i + 4m_1 N_i \sum_{j \in N_i} \Big(\frac{\gamma}{2} e_i^{\mathrm{T}} PBB^{\mathrm{T}} Pe_i + \frac{1}{2\gamma} e_j^{\mathrm{T}} PBB^{\mathrm{T}} Pe_j \Big)$$
$$+ 2m_1(N-1)\Big(\frac{\gamma}{2} + \frac{1}{2\gamma}\Big) \sum_{j \in N_i} e_i^{\mathrm{T}} PBB^{\mathrm{T}} Pe_i + 2(m_2 - m_1) \sum_{j \in N_i} \Big(\frac{1}{2\gamma} e_j^{\mathrm{T}} PBB^{\mathrm{T}} Pe_j\Big)$$
$$+ 2(m_2 - m_1) \sum_{j \in N_i} \Big(\frac{\gamma}{2}(Y-H)_i^{\mathrm{T}} PBB^{\mathrm{T}} P(Y-H)_i \Big) \Big]$$
$$+ 2N_i(m_2 - m_1)(Y-H)_i^{\mathrm{T}} PBB^{\mathrm{T}} Pe_i$$

$$(5-22)$$

注意到下列等式成立:

$$-2m_2 Y_i^{\mathrm{T}} PBB^{\mathrm{T}} PY_i + 4m_2 Y_i^{\mathrm{T}} PBB^{\mathrm{T}} PH_i^{\mathrm{T}} - 2m_2 H_i^{\mathrm{T}} PBB^{\mathrm{T}} PH_i$$
$$= -2m_2 (Y-H)_i^{\mathrm{T}} PBB^{\mathrm{T}} P(Y-H)_i$$

所以,可以得到

$$\dot{V} \leqslant z^{\mathrm{T}}\bar{L}z + \sum_{i=1}^{N} \Big[(\gamma N_i(m_2 - m_1) - 2m_2)(Y-H)_i^{\mathrm{T}} PBB^{\mathrm{T}} P(Y-H)_i$$
$$+ 2N_i(m_2 - m_1)(Y-H)_i^{\mathrm{T}} PBB^{\mathrm{T}} Pe_i$$
$$+ \Big(2cN_i^2\Big(1 + \gamma + \frac{1}{\gamma}\Big) + cN_i(N-1)\Big(\gamma + \frac{1}{\gamma}\Big) + \frac{m_2 - m_1}{\gamma}N_i \Big) e_i^{\mathrm{T}} PBB^{\mathrm{T}} Pe_i \Big]$$
$$= z^{\mathrm{T}}\bar{L}z + \sum_{i=1}^{N} (\Phi_i - \Psi_i)$$

$$(5-23)$$

根据事件触发协议(5-5)的定义可以得到

$$\dot{V} \leqslant z^{\mathrm{T}} \bar{L} z \qquad (5-24)$$

所以可以得到 $\lim\limits_{t \to \infty}(z_i - z_j) \to 0$，表明多无人机系统可以实现期望的事件触发时变编队控制。

因为变量 Φ_i 和 Ψ_i 只用到无人机 i 的本地信息，表明对事件触发协议(5-5)的计算只需要无人机 i 监控自身的状态量即可。注意到如果矩阵 BB^{T} 为半正定的，那么变量 Φ_i 和 Ψ_i 中含有的矩阵 $PBB^{\mathrm{T}}P$ 也为半正定的，此时存在 $Y_i(t) - H_i(t) \neq 0$，使得 $\Psi_i = 0$，这会导致系统出现 Zeno 现象。下面提出一种实现时变编队有界收敛且不存在 Zeno 现象的事件触发协议。首先定义编队误差 $\varepsilon = \max_{\forall i,j} \| z_i - z_j \|$。

定理 5.2： 在假设 5.1 和假设 5.2 的条件下，多无人机系统在时变编队控制器(5-4)和下述的事件触发协议下能够实现时变编队有界收敛：

$$f(Y_i(t), H_i(t), e_i(t)) = \Phi_i - \mu \Psi_i - \delta_0 > 0 \qquad (5-25)$$

式中，$\delta_0 > 0$。编队误差 ε 的上界可由式(5-26)确定：

$$\lim_{t \to \infty} \varepsilon \leqslant \varpi \sqrt{\delta_0} \qquad (5-26)$$

式中，$\varpi = \sqrt{N/v\bar{\lambda}}$，$v > 0$ 为待定常数，$\bar{\lambda} > 0$ 为矩阵 P 的最小特征根。另外，系统不会发生 Zeno 现象。

证明： 由事件触发协议(5-25)可以得到 $\Phi_i \leqslant \mu \Psi_i + \delta_0$，然后根据式(5-23)，有

$$\dot{V} \leqslant z^{\mathrm{T}} \bar{L} z + N\delta_0 \qquad (5-27)$$

令 $z = z_1 + z_2$，其中，$z \in \mathbb{R}^{nN}$，$z_1 \in \ker(L_p)$，$z_2 \in \ker(L_p)^{\perp}$，即 $L_p z_1 = 0$ 且 $\langle z_1^{\mathrm{T}}, z_2 \rangle = 0$。然后，可以得到 $z^{\mathrm{T}} L_p z = z_2^{\mathrm{T}} L_p z_2$ 和 $0 < z_2^{\mathrm{T}} L_p z_2 \leqslant \lambda_{\max}(L_p) \| z_2 \|^2$。

由引理 5.1 可知矩阵 $-\bar{L} = -(A_m^{\mathrm{T}} L_p + L_p A_m)$ 为半正定矩阵，并且 $\bar{L} z_1 = 0$。因此，有 $z^{\mathrm{T}} \bar{L} z = z_2^{\mathrm{T}} \bar{L} z_2$ 和 $-z_2^{\mathrm{T}} \bar{L} z_2 \geqslant \lambda_{\min \neq 0}(-\bar{L}) \| z_2 \|^2 > 0$。然后，可得

$$z_2^{\mathrm{T}} \bar{L} z_2 \leqslant -\frac{\lambda_{\min \neq 0}(-\bar{L})}{\lambda_{\max}(L_p)} z_2^{\mathrm{T}} L_p z_2 \qquad (5-28)$$

$$z^{\mathrm{T}} \bar{L} z \leqslant -\frac{\lambda_{\min \neq 0}(-\bar{L})}{\lambda_{\max}(L_p)} z^{\mathrm{T}} L_p z \qquad (5-29)$$

所以，可以得到

$$\dot{V} \leqslant -vV + N\delta_0 \qquad (5-30)$$

式中，$v = \dfrac{\lambda_{\min} \neq 0(-\bar{L})}{\lambda_{\max}(L_p)} > 0$，然后可得

$$V \leqslant \mathrm{e}^{-vt}V(0) + N\delta_0 \int_0^t \mathrm{e}^{-v(t-\tau)}\mathrm{d}\tau$$

$$\leqslant \left(V(0) - \frac{N\delta_0}{v} \right)\mathrm{e}^{-vt} + \frac{N\delta_0}{v} \tag{5-31}$$

根据李雅普诺夫函数 V 的定义展开，可得 $V = z^{\mathrm{T}}L_p z = \dfrac{1}{2}\sum_{i=1}^{N}\sum_{j \in N_i}(z_i - z_j)^{\mathrm{T}}P(z_i - z_j)$，所以有

$$\bar{\lambda}\|z_i - z_j\|^2 \leqslant (z_i - z_j)^{\mathrm{T}}P(z_i - z_j)$$

$$\leqslant \frac{1}{2}\sum_{i=1}^{N}\sum_{j \in N_i}(z_i - z_j)^{\mathrm{T}}P(z_i - z_j) \tag{5-32}$$

$$\leqslant \left(V(0) - \frac{N\delta_0}{v} \right)\mathrm{e}^{-wt} + \frac{N\delta_0}{v}$$

因此，可以得到编队误差 ε 满足 $\lim\limits_{t \to \infty}\varepsilon \leqslant \varpi\sqrt{\delta_0}$。

下面考虑第 i 个无人机状态误差 e_i 的动态特性，令 $t \in [t_k^i, t_{k+1}^i)$，

$$\dot{e}_i = \dot{y}_i - \dot{x}_i = Ay - (Ax + Bu) = Ae - mBK(Y_i - H_i) \tag{5-33}$$

所以有

$$\frac{\mathrm{d}}{\mathrm{d}t}\|e_i\| = \frac{e_i^{\mathrm{T}}\dot{e}_i}{\|e_i\|} = \frac{e_i^{\mathrm{T}}}{\|e_i\|}(Ae_i - mBK(Y_i - H_i))$$

$$\leqslant \|A\|\|e_i\| + \kappa\|mBK\| \tag{5-34}$$

式中，$\kappa = \sup\limits_{i=1}^{N}\|Y_i - H_i\|$。对式 $(5-34)$ 进行求解，可以得到

$$\|e_i\| \leqslant \mathrm{e}^{\|A\|t}\|e_i\|_{t=0} + \kappa\|mBK\|\int_0^t \mathrm{e}^{\|A\|(t-\tau)}\mathrm{d}\tau$$

$$= \mathrm{e}^{\|A\|t}\|e_i\|_{t=0} + \frac{\kappa\|mBK\|}{\mathrm{e}^{\|A\|}}\mathrm{e}^{\|A\|t} - \frac{\kappa\|mBK\|}{\mathrm{e}^{\|A\|}} \tag{5-35}$$

注意到 $\|e_i\|_{t=0} = y_i(0) - x_i(0) = 0$，所以有

$$\|e_i\| \leqslant \frac{\kappa\|mBK\|}{\mathrm{e}^{\|A\|}}(\mathrm{e}^{\|A\|t} - 1) \tag{5-36}$$

下面对 $\varPhi_i$ 的上界进行分析：

$$\varPhi_i = \left(2m_1 N_i^2\left(1 + \gamma + \frac{1}{\gamma}\right) + m_1 N_i(N-1)\left(\gamma + \frac{1}{\gamma}\right) + \frac{m_2 - m_1}{\gamma}N_i \right)e_i^{\mathrm{T}}PBB^{\mathrm{T}}Pe_i$$

$$+ 2N_i(m_2 - m_1)(Y - H)_i^{\mathrm{T}}PBB^{\mathrm{T}}Pe_i$$

$$\leqslant 2N_i(m_2 - m_1)\kappa \parallel PBB^{\mathrm{T}}P \parallel \, \parallel e_i \parallel$$

$$+ \left| 2m_1cN_i^2\left(1 + \gamma + \frac{1}{\gamma}\right) + cN_i(N-1)\left(\gamma + \frac{1}{\gamma}\right) + \frac{m_2 - m_1}{\gamma}N_i \right| \parallel PBB^{\mathrm{T}}P \parallel \, \parallel e_i \parallel^2$$

$$\leqslant \beta_1(e^{\parallel A \parallel t} - 1) + \beta_2(e^{\parallel A \parallel t} - 1)^2$$

$$(5-37)$$

式中,

$$\beta_1 = \frac{2N_i(m_2 - m_1)\kappa^2 \parallel PBB^{\mathrm{T}}P \parallel \, \parallel mBK \parallel}{e^{\parallel A \parallel}}$$

$$\beta_2 = \frac{\kappa \left| 2m_1N_i^2\left(1 + \gamma + \frac{1}{\gamma}\right) + m_1N_i(N-1)\left(\gamma + \frac{1}{\gamma}\right) + \frac{m_2 - m_1}{\gamma}N_i \right| \parallel PBB^{\mathrm{T}}P \parallel \, \parallel mBK \parallel}{e^{\parallel A \parallel}}$$

因此,可以分析出,$\varPhi_i$ 从 0 增长到 $\mu\varPsi_i + \delta_0$ 所用的时间不会小于式(5-37)的右侧增加到 δ_0 的时间,所以通过求解下述方程可以得到最小触发间隔 τ_0:

$$\beta_1(e^{\parallel A \parallel \tau_0 t} - 1) + \beta_2(e^{\parallel A \parallel \tau_0} - 1)^2 = \delta_0 \qquad (5-38)$$

解式(5-38),得到

$$e^{\parallel A \parallel \tau_0} = 1 - \frac{\beta_1}{2\beta_2} + \sqrt{\frac{\delta_0}{\beta_2} + \frac{\beta_1^2}{4\beta_2^2}} > 1 \qquad (5-39)$$

因此,第 i 个无人机相邻两次触发时间间隔满足

$$t_{k+1}^i - t_k^i \geqslant \tau_0 = \frac{1}{\parallel A \parallel}\ln\left(1 - \frac{\beta_1}{2\beta_2} + \sqrt{\frac{\delta_0}{\beta_2} + \left(\frac{\beta_1}{2\beta_2}\right)^2}\right) > 0 \quad (5-40)$$

表明所有无人机的两次事件触发间隔均大于某一正常数,因此,多无人机系统在事件触发协议(5-25)下,不会出现 Zeno 现象。

5.2.4　数值仿真

考虑由 5 个无人机组成的多无人机系统,无人机间的通信拓扑关系如图 5-1 所示。

无人机的模型由公式描述,系统矩阵为

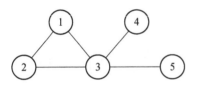

图 5-1　通信拓扑关系 1

$$A = \begin{bmatrix} 0 & 2 & 0 \\ 0 & 0 & 1 \\ -1 & -2 & -2 \end{bmatrix}, B = \begin{bmatrix} 0 \\ 0 \\ 1 \end{bmatrix}$$

$$(5-41)$$

令 5 个无人机形成正五边形的编队,期望的编队向量可以描述为

$$h_i = \begin{bmatrix} \sin\left(2t + \dfrac{2(i-1)\pi}{5}\right) \\ \cos\left(2t + \dfrac{2(i-1)\pi}{5}\right) \\ -\sin\left(2t + \dfrac{2(i-1)\pi}{5}\right) \end{bmatrix}, \quad i = 1, 2, 3, 4, 5$$

根据算法 5.1,解得增益矩阵为

$$P = \begin{bmatrix} 2.4284 & 1.6474 & 1 \\ 1.6474 & 6.0011 & 0.8569 \\ 1 & 0.8569 & 1.6474 \end{bmatrix}, \quad K = -B^{\mathrm{T}}P = [-1, -0.8569, -1.6474]$$

设置时变编队控制器及事件触发协议的参数为 $m_1 = 1.56$, $m_2 = 1.64$, $\gamma = 1$, $\mu = 0.5$ 和 $\delta_0 = 0.1$。5 个无人机的初始状态随机产生。

图 5-2 给出了多无人机系统在不同时刻的状态位置图,其中,圆形、三角形、正方形、菱形和五角星分别表示 5 个无人机的状态。图 5-3 给出了 5 个无人机的通信触发

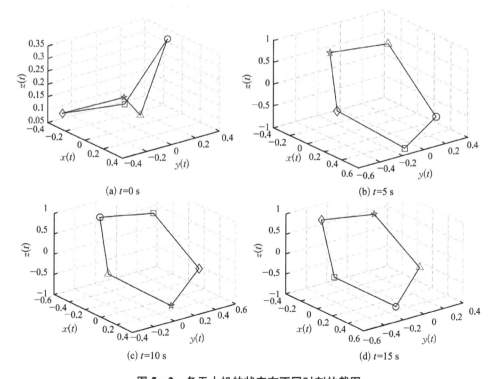

图 5-2　各无人机的状态在不同时刻的截图

时刻图。多无人机系统时变编队误差曲线如图5-4所示。根据图5-2~图5-4,可以得到,5个无人机在编队控制器和事件触发协议下形成了期望的时变正五边形编队。

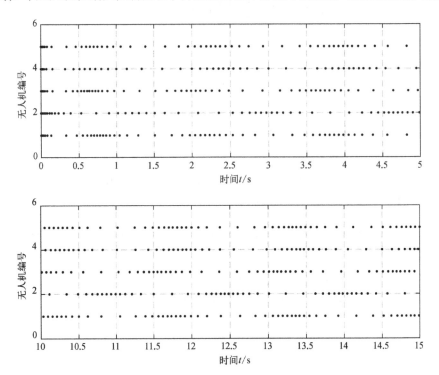

图5-3　5个无人机的通信触发时刻图

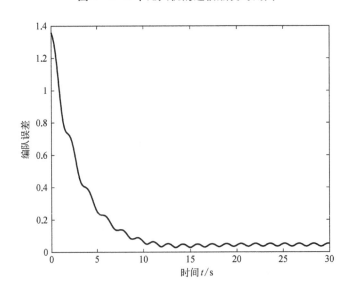

图5-4　多无人机系统时变编队误差曲线

5.3　事件触发通信下的编队跟踪控制

本节主要研究多无人机系统事件触发状态时变编队跟踪控制问题,首先设计分布式时变编队跟踪控制器,摆脱控制器对全局拓扑信息的依赖,给出动态事件触发协议、相应的编队可行性条件及编队设计算法,最后证明,基于所设计的时变编队跟踪控制器和动态事件触发协议,多无人机系统最终能够实现期望的状态时变编队跟踪。

5.3.1　问题描述

考虑由 $N+1$ 个无人机组成的多无人机系统,领导者用下标 0 表示,跟随者用下标 1, 2, $\cdots$, N 表示,每个跟随者的模型描述如下:

$$\dot{x}_i(t) = Ax_i(t) + Bu_i(t),\ i = 1,\ 2,\ \cdots,\ N \tag{5-42}$$

式中, $x_i(t) \in \mathbb{R}^n$ 为跟随者的状态; $u_i(t) \in \mathbb{R}^m$ 为跟随者的控制输入; $A \in \mathbb{R}^{n \times n}$ 为系统矩阵; $B \in \mathbb{R}^{n \times m}$ 为输入矩阵。

领导者的模型描述如下:

$$\dot{x}_0(t) = Ax_0(t) \tag{5-43}$$

式中, $x_0(t) \in \mathbb{R}^n$ 为领导者的状态; $A \in \mathbb{R}^{n \times n}$ 为系统矩阵。

假设 5.3: 多无人机系统 $(A,\ B)$ 是可控的。

多无人机系统(5-42)和(5-43)的通信拓扑用有向图表示,拉普拉斯矩阵为 L ,跟随者系统(5-42)的通信拓扑用子图表示,拉普拉斯矩阵为 $\bar{L}$ 。 如果无人机 j 能接收到无人机 i 发送的信息,那么称无人机 j 为无人机 i 的一个邻居, $W = [w_{ij}]_{N \times N}$ 为跟随者系统的邻接矩阵,令无人机 i 的所有邻居组成的集合为 N_i ,记 $d_i = |N_i|$ 为邻居集 N_i 的势。

假设 5.4: 有向图包含一个以领导者为根节点的生成树,并且跟随者系统的子图是无向的。

多无人机系统(5-42)和(5-43)期望形成的编队由编队向量 $h(t) = [h_1^{\mathrm{T}}(t),\ h_2^{\mathrm{T}}(t),\ \cdots,\ h_N^{\mathrm{T}}(t)]^{\mathrm{T}}$ 来表示,其中, $h_i(t) \in \mathbb{R}^n$ 。 根据编队跟踪任务,跟随者的输出不仅需要形成期望的编队构型,而且需要跟踪领导者的输出轨迹。时变向量 $h_i(t)$ ($i = 1,\ 2,\ \cdots,\ N$) 能够同时描述跟随者之间的编队阵位关系及编队整体相对于领导者的跟踪关系。

本节的主要目的是设计可行的分布式状态时变编队控制器,并且给出事件触发协议,使得多无人机系统(5-42)和(5-43)能够实现期望的实用状态时变编队跟踪控制。

5.3.2　编队跟踪及事件触发协议设计

将第 i 个无人机的状态估计量定义为 $\bar{x}_i(t) = \mathrm{e}^{A(t-t_k^i)}x_i(t_k^i)$, $\forall t \in [t_k^i, t_{k+1}^i)$,其中, t_k^i 表示第 i 个无人机的第 i 次触发时刻。定义第 i 个无人机的状态估计误差如下:

$$e_{xi}(t) \triangleq \bar{x}_i(t) - x_i(t), \quad i = 0, 1, \cdots, N \tag{5-44}$$

将第 i 个无人机的编队估计量定义为 $\bar{h}_i(t) = \mathrm{e}^{A(t-t_k^i)}h_i(t_k^i)$, $\forall t \in [t_k^i, t_{k+1}^i)$,定义第 i 个无人机的编队估计误差:

$$e_{hi}(t) \triangleq \bar{h}_i(t) - h_i(t), \quad i = 0, 1, \cdots, N \tag{5-45}$$

对每个跟随者,考虑如下的动态事件触发时变编队跟踪控制器:

$$u_i(t) = K \sum_{j=0}^{N} \alpha_{ij}(t) w_{ij} (\bar{z}_i(t) - \bar{z}_j(t)) + \tau_i(t)$$

$$\dot{\alpha}_{ij}(t) = \mu_{ij} w_{ij} [-\beta_{ij}\alpha_{ij}(t) + (\bar{z}_i(t) - \bar{z}_j(t))^{\mathrm{T}} Q(\bar{z}_i(t) - \bar{z}_j(t))], \quad i = 0, 1, \cdots, N \tag{5-46}$$

式中, $\bar{z}_i(t) = \bar{x}_i(t) - \bar{h}_i(t)$ $(i = 0, 1, \cdots, N)$, $\bar{x}_0(t) = \mathrm{e}^{At}x_0(0)$, $\bar{z}_0(t) = x_0(0)$; $\alpha_{ij}(t)$ 表示控制器的自适应参数,用来消除全局信息的影响,控制器中的第一项用来驱动多无人机系统(5-42)和(5-43)实现期望的状态时变编队跟踪; $\tau_i(t)$ 为第 i 个无人机的编队补偿项,用来消除引入编队向量后对系统稳定性的影响; K 和 Q 为待设计的增益矩阵; μ_{ij} 和 β_{ij} 为待定的常数。

对每个跟随者,考虑如下的事件触发协议:

$$\begin{aligned} T_i(t) = &\frac{1}{2}(1 + \gamma\alpha_{i0}) w_{i0} e_i^{\mathrm{T}} Q e_i + \sum_{j=1}^{N} (1 + \gamma\alpha_{ij}) w_{ij} e_i^{\mathrm{T}} Q e_i \\ &- \frac{1}{4}\sum_{j=1}^{N} w_{ij}(\bar{z}_i - \bar{z}_j)^{\mathrm{T}} Q(\bar{z}_i - \bar{z}_j) - \eta\mathrm{e}^{-\theta t} \\ &- \frac{1}{2}w_{i0}(\bar{z}_i - \bar{z}_0)^{\mathrm{T}} Q(\bar{z}_i - \bar{z}_0) \leq 0, i = 1, 2, \cdots, N \end{aligned} \tag{5-47}$$

式中, $e_i = e_{xi}(t) + e_{hi}(t)$; γ、 η 和 θ 为待定的正常数。

下面给出对时变编队跟踪控制器和事件触发协议相关参数进行设计的算法。

算法 5.2：通过以下 4 个步骤对时变编队跟踪控制器和事件触发协议进行设计。

步骤(1)：对时变编队向量进行编队可行性条件检验。如果存在向量 $\tau_{ij}(t)$，使得期望的时变编队向量满足下面的编队可行性条件：

$$Ah_i(t) - \dot{h}_i(t) + B\tau_i(t) = 0 \tag{5-48}$$

那么称编队 $h(t)$ 对多无人机系统(5-42)和(5-43)是可行的,否则,期望的时变编队不可行,算法终止。

步骤(2)：求解如下的代数里卡蒂方程：

$$PA + A^{\mathrm{T}}P - PBB^{\mathrm{T}}P + I = 0 \tag{5-49}$$

步骤(3)：令 $K = -B^{\mathrm{T}}P$, $Q = PBB^{\mathrm{T}}P$。

步骤(4)：令 $\alpha_{ij}(0) = \alpha_{ji}(0) = 0$, $\mu_{ij} = \mu_{ji} > 0$, $\beta_{ij} = \beta_{ji} \geq 0$, $\gamma > 0$, $\eta > 0$, $\theta > 0$ 为任意正常数。

5.3.3　编队跟踪稳定性分析

定理 5.3：如果假设 5.3 和假设 5.4 成立,且期望的编队满足编队可行性条件(5-48),那么在由算法 5.2 确定的时变编队跟踪控制器的作用下,多无人机系统(5-42)和(5-43)对期望的时变编队跟踪误差有界。

证明：定义第 i 个无人机的局部时变编队跟踪误差量 $\xi_i(t) = x_i(t) - h_i(t) - x_0(t)$，以及对应的采样数据形式 $\bar{\xi}_i(t) = \bar{x}_i(t) - \bar{h}_i(t) - \bar{x}_0(t)$。根据领导者的模型(5-43),可以得到 $\bar{x}_0(t) = x_0(t)$。

根据多无人机系统(5-42)和(5-43)及时变编队跟踪控制器(5-46)构成的闭环系统,可以得到以下形式：

$$\begin{cases} \dot{\xi}_i = A\xi_i + BK\sum_{j=1}^{N}\alpha_{ij}w_{ij}(\bar{\xi}_i - \bar{\xi}_j) + BK\alpha_{i0}w_{i0}\bar{\xi}_i + Ah_i - \dot{h}_i + B\tau_i \\ \dot{\alpha}_{i0} = \mu_{i0}w_{i0}(-\beta_{i0}\alpha_{i0} + \bar{\xi}_i^{\mathrm{T}}Q\bar{\xi}_i) \\ \dot{\alpha}_{ij} = \mu_{ij}w_{ij}[-\beta_{ij}\alpha_{ij} + (\bar{\xi}_i - \bar{\xi}_j)^{\mathrm{T}}Q(\bar{\xi}_i - \bar{\xi}_j)], \ j = 1, 2, \cdots, N \end{cases} \tag{5-50}$$

考虑如下的李雅普诺夫函数：

$$V = \frac{1}{2}\sum_{i=1}^{N}\xi_i^{\mathrm{T}}P\xi_i + \sum_{i=1}^{N}\sum_{j=1, j\neq i}^{N}\frac{(\alpha_{ij} - \psi)^2}{8\mu_{ij}} + \sum_{i=1}^{N}\frac{(\alpha_{i0} - \psi)^2}{4\mu_{i0}} \tag{5-51}$$

式中,ψ 为待定正常数。

对李雅普诺夫函数 V 求导,可得

$$\dot{V} = \sum_{i=1}^{N} \xi_i^{\mathrm{T}} \frac{A^{\mathrm{T}}P + PA}{2} \xi_i - \sum_{i=1}^{N} \sum_{j=1}^{N} \alpha_{ij} w_{ij} \xi_i^{\mathrm{T}} Q(\bar{\xi}_i - \bar{\xi}_j) - \sum_{i=1}^{N} \alpha_{i0} w_{i0} \xi_i^{\mathrm{T}} Q \bar{\xi}_i$$

$$+ \sum_{i=1}^{N} \sum_{j=1, j\neq i}^{N} \frac{c_{ij} - \psi}{4} w_{ij} \left[-\beta_{ij}\alpha_{ij} + (\bar{\xi}_i - \bar{\xi}_j)^{\mathrm{T}} Q(\bar{\xi}_i - \bar{\xi}_j) \right] + \sum_{i=1}^{N} \xi_i^{\mathrm{T}} PAh_i$$

$$+ \sum_{i=1}^{N} \frac{c_{i0} - \psi}{2} w_{i0}(-\beta_{i0}\alpha_{i0} + \bar{\xi}_i^{\mathrm{T}} Q \bar{\xi}_i) - \sum_{i=1}^{N} \xi_i^{\mathrm{T}} P\dot{h}_i + \sum_{i=1}^{N} \xi_i^{\mathrm{T}} PB\tau_i$$

$$(5-52)$$

注意到 $\xi_i = \bar{\xi}_i - e_i$，可以得到如下两式：

$$-\sum_{i=1}^{N} \alpha_{i0} w_{i0} \xi_i^{\mathrm{T}} Q \bar{\xi}_i = -\sum_{i=1}^{N} \alpha_{i0} w_{i0} \bar{\xi}_i^{\mathrm{T}} Q \bar{\xi}_i + \sum_{i=1}^{N} \alpha_{i0} w_{i0} e_i^{\mathrm{T}} Q \bar{\xi}_i \qquad (5-53)$$

$$-\sum_{i=1}^{N} \sum_{j=1}^{N} \alpha_{ij} w_{ij} \xi_i^{\mathrm{T}} Q(\bar{\xi}_i - \bar{\xi}_j) = -\frac{1}{2} \sum_{i=1}^{N} \sum_{j=1}^{N} \alpha_{ij} w_{ij} (\bar{\xi}_i - \bar{\xi}_j)^{\mathrm{T}} Q(\bar{\xi}_i - \bar{\xi}_j)$$

$$+ \frac{1}{2} \sum_{i=1}^{N} \sum_{j=1}^{N} \alpha_{ij} w_{ij} (e_i - e_j)^{\mathrm{T}} Q(\bar{\xi}_i - \bar{\xi}_j)$$

$$(5-54)$$

根据 Young 不等式，可以得到

$$\sum_{i=1}^{N} \alpha_{i0} w_{i0} e_i^{\mathrm{T}} Q \bar{\xi}_i \leq \frac{1}{2} \sum_{i=1}^{N} \alpha_{i0} w_{i0} \bar{\xi}_i^{\mathrm{T}} Q \bar{\xi}_i + \frac{1}{2} \sum_{i=1}^{N} \alpha_{i0} w_{i0} e_i^{\mathrm{T}} Q e_i \qquad (5-55)$$

$$\sum_{i=1}^{N} \sum_{j=1}^{N} \alpha_{ij} w_{ij} (e_i - e_j)^{\mathrm{T}} Q(\bar{\xi}_i - \bar{\xi}_j) \leq \frac{1}{2} \sum_{i=1}^{N} \sum_{j=1}^{N} \alpha_{ij} w_{ij} (\bar{\xi}_i - \bar{\xi}_j)^{\mathrm{T}} Q(\bar{\xi}_i - \bar{\xi}_j)$$

$$+ \frac{1}{2} \sum_{i=1}^{N} \sum_{j=1}^{N} \alpha_{ij} w_{ij} (e_i - e_j)^{\mathrm{T}} Q(e_i - e_j)$$

$$(5-56)$$

将式(5-53)~式(5-56)代入式(5-52)，可得

$$\dot{V} = \sum_{i=1}^{N} \xi_i^{\mathrm{T}} \frac{A^{\mathrm{T}}P + PA}{2} \xi_i - \frac{\psi}{2} \sum_{i=1}^{N} w_{ij} \xi_i^{\mathrm{T}} Q \xi_i + \frac{1}{2} \sum_{i=1}^{N} \alpha_{i0} w_{i0} e_i^{\mathrm{T}} Q e_i$$

$$- \frac{\psi}{4} \sum_{i=1}^{N} \sum_{j=1}^{N} w_{ij} (\xi_i - \xi_j)^{\mathrm{T}} Q(\xi_i - \xi_j) - \sum_{i=1}^{N} \xi_i^{\mathrm{T}} P\dot{h}_i + \sum_{i=1}^{N} \xi_i^{\mathrm{T}} PB\tau_i \quad (5-57)$$

$$+ \frac{1}{4} \sum_{i=1}^{N} \sum_{j=1}^{N} \alpha_{i0} w_{ij} (e_i - e_j)^{\mathrm{T}} Q(e_i - e_j) + \sum_{i=1}^{N} \xi_i^{\mathrm{T}} PAh_i + \chi$$

式中，$\chi = \sum_{i=1}^{N} (\beta_{i0}\alpha_{i0}/4)\psi^2 + \sum_{i=1}^{N} \sum_{j=1}^{N} (\beta_{ij}\alpha_{ij}/8)\psi^2$。令 $\xi = [\xi_1^{\mathrm{T}}, \cdots, \xi_N^{\mathrm{T}}]^{\mathrm{T}}$，可以得到

$$\dot{V} \leqslant \frac{1}{2}\xi^{\mathrm{T}}\Big[I_{N-1} \otimes (PA + A^{\mathrm{T}}P) - \frac{\psi}{4}\bar{L} \otimes Q\Big]\xi + \frac{\psi}{2}\sum_{i=1}^{N}\Bigg\{\frac{1}{2}\Big(1 + \frac{2}{\gamma\psi} \cdot \gamma\alpha_{i0}\Big)w_{i0}e_i^{\mathrm{T}}Qe_i$$

$$+ \sum_{j=1}^{N}\Big(1 + \frac{2}{\gamma\psi} \cdot \gamma\alpha_{ij}\Big)w_{ij}e_i^{\mathrm{T}}Qe_i - \frac{1}{2}w_{i0}(\bar{z}_i - \bar{z}_0)^{\mathrm{T}}Q(\bar{z}_i - \bar{z}_0)$$

$$- \frac{1}{4}\sum_{j=1}^{N}w_{ij}(\bar{z}_i - \bar{z}_j)^{\mathrm{T}}Q(\bar{z}_i - \bar{z}_j)\Bigg\} + \chi \tag{5-58}$$

令 $\psi \geqslant \max\{2/\gamma,\ 4/\lambda_{\min}(\bar{L})\}$，根据事件触发协议（5-47），可得

$$\dot{V} \leqslant -\frac{1}{2}\lambda_{\min}(Q)\xi^{\mathrm{T}}\xi + \frac{\psi N}{2}\mathrm{e}^{-\theta t} + \chi \tag{5-59}$$

令 $\delta_1 = \min\limits_{i,j}\{\mu_{ij}\beta_{ij},\ 1/\lambda_{\max}(P)\}$，所以式（5-59）可以写为

$$\dot{V} \leqslant -\delta_1 V + \frac{\psi N}{2}\mathrm{e}^{-\theta t} + \chi \tag{5-60}$$

根据比较引理，可以得到

$$V(t) \leqslant \Big(V(0) - \frac{\chi}{\kappa}\Big)\mathrm{e}^{-\delta_1 t} + \frac{\chi}{\delta_1} + \frac{\psi N}{2}\Pi(t) \tag{5-61}$$

式中，$\Pi(t) = \begin{cases} \eta t\mathrm{e}^{-\delta_1 t}, & \delta_1 = \theta \\ \dfrac{\eta}{\delta_1 - \theta}(\mathrm{e}^{-\theta t} - \mathrm{e}^{-\delta_1 t}), & \delta_1 \neq \theta \end{cases}$

可以验证 $\Pi(t)$ 满足 $\lim\limits_{t \to \infty}\Pi(t) \to 0$，所以得到 $V(t)$ 可以指数收敛到有界集合 $\{\xi,\ \alpha_{ij}|\ V_1 \leqslant \chi/\delta_1\}$。定义 $\delta_2 \triangleq \min\limits_{i,j}\{\mu_{ij}\beta_{ij}\} < 1/\lambda_{\max}(P)$，所以式（5-59）可以写为

$$\dot{V} \leqslant -\delta_2 V - \delta_3\xi^{\mathrm{T}}\xi + \frac{\psi N\eta}{2}\mathrm{e}^{-\theta t} + \chi \tag{5-62}$$

式中，$\delta_3 = (1/2)[1 - \delta_2\lambda_{\max}(P)]$。所以可以得到状态时变编队跟踪误差满足下列公式：

$$\|\xi\|^2 \leqslant \frac{\chi}{\delta_3} \tag{5-63}$$

根据李雅普诺夫函数 V 的定义可以得到

$$V \geqslant \frac{1}{2}\lambda_{\min}(P)\|\xi\|^2 + \sum_{i=1}^{N}\sum_{j=1,\ j\neq i}^{N}\frac{(\alpha_{ij} - \psi)^2}{8\mu_{ij}} + \sum_{i=1}^{N}\frac{(\alpha_{i0} - \psi)^2}{4\mu_{i1}} \tag{5-64}$$

所以可知 $\|\xi\|$ 和 $\alpha_{ij}(t)$ 是一致最终有界的。因此，多无人机系统实现了期望的时

变编队跟踪控制。

定理 5.4：在事件触发协议（5 - 47）和时变编队跟踪控制器（5 - 46）下，多无人机系统（5 - 42）和（5 - 43）不会出现 Zeno 现象。

证明：对于第 i 个无人机，在相邻的两次触发时刻内 $[t_k^i, t_{k+1}^i]$，对误差量 e_i 求导，可得右导数：

$$\dot{e}_i = Ae_i - BK \sum_{j=1}^{N} \alpha_{ij} w_{ij} (\bar{z}_i - \bar{z}_j) \tag{5-65}$$

对 $\| e_i(t) \|$ 在区间 $[t_k^i, t_{k+1}^i)$ 求导，可得

$$
\begin{aligned}
\frac{\mathrm{d} \| e_i(t) \|}{\mathrm{d}t} &= \frac{e_i^{\mathrm{T}}}{\| e_i \|} \dot{e}_i \\
&\leqslant \| \dot{e}_i \| \\
&\leqslant \| A \| \, \| e_i \| + \sum_{j=1}^{N} \alpha_{ij} w_{ij} \| BK \| \, \| \bar{z}_i - \bar{z}_j \|
\end{aligned}
\tag{5-66}
$$

由于 $\xi(t)$、$h(t)$ 和 $\alpha_{ij}(t)$ 是有界的，所以可以得到 $\bar{z}_i - \bar{z}_j$。假设对 $\forall i, j \in \{1, 2, \cdots, N\}$，$\alpha_{ij}(t)$ 的上界为 $\bar{\alpha}$。在两次触发区间 $[t_k^i, t_{k+1}^i)$ 中，$\mathrm{e}^{A(t-t_k^i)}$ 是有界的。可以得到对任意有限时刻 t，$x(t) < \infty$。所以 $\forall t \in [t_k^i, t_{k+1}^i)$，$\bar{z}_i - \bar{z}_j = \mathrm{e}^{A(t-t_k^i)} x_i(t_k^i) - \mathrm{e}^{A(t-t_{k'}^j)} x_j(t_{k'}^j) - \mathrm{e}^{A(t-t_k^i)} h_i(t_k^i) + \mathrm{e}^{A(t-t_{k'}^j)} h_j(t_{k'}^j)$ 是有界的，其中，$t_{k'}^j = \mathrm{argmin}\{t - t_{k'}^j|\}$，因此，根据式（5 - 66）可以得到

$$\frac{\mathrm{d} \| e_i(t) \|}{\mathrm{d}t} \leqslant \| A \| \, \| e_i \| + \bar{\alpha} \sigma_i \tag{5-67}$$

式中，对 $\forall t \in [t_k^i, t_{k+1}^i)$，有 $\sigma_i \geqslant \sum_{j=1}^{N} w_{ij} \| BK \| \, \| \bar{z}_i - \bar{z}_j \|$。考虑满足下面性质的函数 $\varphi(t)$：

$$
\begin{cases}
\dot{\varphi} = \| A \| \varphi + \bar{\alpha} \sigma_i \\
\varphi(0) = \| e_i(t_k^i) \| = 0
\end{cases}
\tag{5-68}
$$

可以解得

$$\varphi(t) = (\bar{\alpha} \sigma_i / \| A \|)(\mathrm{e}^{\| A \| t} - 1) \tag{5-69}$$

由比较引理可得 $\| e_i(t) \| \leqslant \varphi(t - t_k^i)$。

因为事件触发函数（5 - 47）满足 $T_i(t) \leqslant 0$，所以可得

$$\| e_i \|^2 \leqslant \frac{\mu \mathrm{e}^{-\nu t}}{d_i \| K \|^2 (1 + \delta \bar{\alpha})} \tag{5-70}$$

所以跟随者 i 的任意两次触发时刻间隔可以由下面的不等式解得

$$\frac{\bar{\alpha}^2\sigma_i^2}{\|A\|^2}(\mathrm{e}^{\|A\|\tau_k^i}-1)^2 \geqslant \frac{\mu\mathrm{e}^{-\nu(t_k^i+\tau_k^i)}}{d_i\|K\|^2(1+\delta\bar{\alpha})} \qquad (5-71)$$

从而可以得到

$$t_{k+1}^i - t_k^i \geqslant \tau_k^i \geqslant \frac{1}{\|A\|}\ln\left(1 + \frac{\|A\|}{\bar{\alpha}\sigma_i\|K\|}\sqrt{\frac{\mu\mathrm{e}^{-\nu(t_k^i+\tau_k^i)}}{d_i(1+\delta\bar{\alpha})}}\right) \qquad (5-72)$$

所以,系统不会出现 Zeno 现象。

在定理 5.2 中,采用连续非线性函数 $f_{ij}(w)$ 的时变编队跟踪控制器能够有效地避免控制输入的抖振现象。由式(5-61)可知,如果选取相对小的正常数 ψ,那么时变编队跟踪误差能够收敛到原点的一个小的有界邻域。当较小的时变编队跟踪误差能够满足实际应用的需求时,则称多无人机系统实现了状态实用时变编队跟踪。

5.3.4 数值仿真

考虑由 1 个领导者和 5 个跟随者所组成的多无人机系统,无人机间的通信拓扑关系如图 5-5 所示。系统矩阵如下:

$$A = \begin{bmatrix} 0 & 1 & 0 \\ 0 & 0 & 1 \\ 0 & -2 & 0 \end{bmatrix}, \ B = \begin{bmatrix} 0 \\ 0 \\ 1 \end{bmatrix}$$

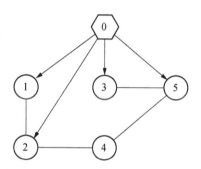

图 5-5 通信拓扑关系 2

令 5 个跟随者形成时变的正五边形编队,并且编队中心能够跟踪上领导者,期望的编队向量设计为

$$h_i = \begin{bmatrix} \sin\left(2t + \dfrac{2(i-1)\pi}{5}\right) \\ -2\cos\left(2t + \dfrac{2(i-1)\pi}{5}\right) \\ -4\sin\left(2t + \dfrac{2(i-1)\pi}{5}\right) \end{bmatrix}, \quad i = 1, 2, 3, 4, 5$$

如果该期望状态时变编队得以实现,那么 5 个跟随者将分别占据正五边形编队的 5 个顶点,并且以 2 rad/s 的角速度围绕领导者旋转。根据算法 5.2 解得控制增益为 $K = \begin{bmatrix} -1 & -2.47 & -2.41 \end{bmatrix}$。6 个无人机的初始状态随机产生。令 $\gamma = 1$, $\eta = 1.5$, $\theta = 0.5$, $\mu_{ij} = 0.5$, $\beta_{ij} = 0$,其中,$i, j = 1, 2, 3, 4, 5$。

图 5-6 给出了多无人机系统在不同时刻的状态位置图,其中,圆形、三角形、正方形、十字形和五角星分别表示 5 个跟随者的状态,菱形表示领导者的状态。图 5-7 给出了 5 个跟随者的通信触发时刻图。图 5-8 给出了跟随者的自适应权值

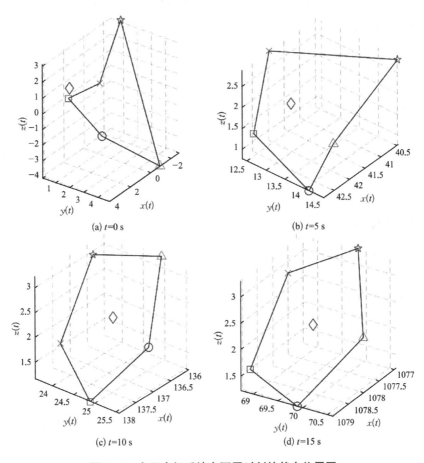

(a) t=0 s

(b) t=5 s

(c) t=10 s

(d) t=15 s

图 5-6　多无人机系统在不同时刻的状态位置图

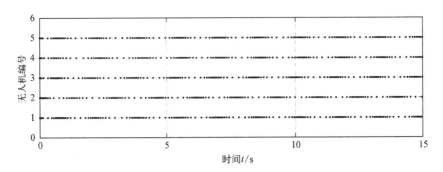

图 5-7　5 个跟随者的通信触发时刻图

系数变化曲线,从图中可以看到跟随者的自适应权值系数最终都收敛到有界的常值。多无人机系统编队跟踪误差曲线如图5-9所示。根据图5-6~图5-9,可以得到,5个跟随者在编队控制器和事件触发协议下形成了期望的时变正五边形编队。

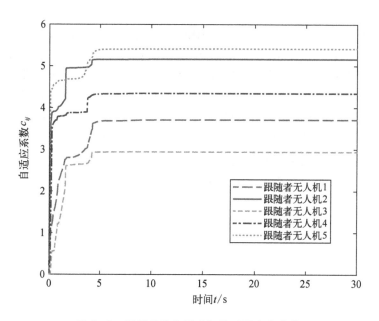

图5-8　跟随者的自适应权值系数变化曲线

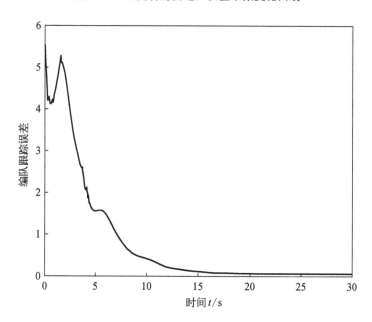

图5-9　多无人机系统编队跟踪误差曲线

5.4　本章小结

　　本章首先研究了基于事件触发机制的多无人机系统的状态时变编队控制问题，首先通过构建误差变量，设计事件触发协议，设计了状态时变编队控制器。然后给出了控制器的参数设计算法和多无人机系统状态时变编队可行性条件。通过在事件触发协议中引入放大因子，证明了多无人机系统不存在 Zeno 现象，并且状态时变编队误差最终有界。在状态时变编队控制的基础上，进一步研究了多无人机系统事件触发状态时变编队跟踪控制问题，提出了一种动态事件触发协议，在此机制下，本章设计了自适应时变编队跟踪控制器，给出实现控制器的算法及编队队形的可行性条件，最后给出了多无人机系统时变编队跟踪误差的收敛性证明。

第 **6** 章

有限时间下的编队跟踪控制

6.1 引言

一般的协同控制方法只能保证时变编队跟踪误差的渐近稳定,但是有限时间控制方法具有更快的收敛速度、更高的控制精度及更强的鲁棒性。因此,本章将进一步研究基于有限时间控制的多无人机系统事件触发时变编队跟踪控制问题。首先,基于邻居的事件触发信息设计有限时间时变编队跟踪控制器,然后给出事件触发协议。最后,基于有限时间控制理论,证明多无人机系统能够在有限时间内实现事件触发时变编队跟踪控制。

6.2 有限时间事件触发编队跟踪控制

6.2.1 问题描述

考虑由 $N+1$ 个无人机组成的多无人机系统,领导者用 0 表示,跟随者用 1, 2, $\cdots$, N 表示,每个跟随者的模型描述如下:

$$\begin{cases} \dot{x}_i(t) = v_i(t) \\ \dot{v}_i(t) = u_i(t) + d_i(t), \quad i = 1, 2, \cdots, N \end{cases} \tag{6-1}$$

式中, $x_i(t)$ 表示跟随者的位置; $v_i(t)$ 表示跟随者的速度; $u_i(t)$ 表示跟随者的控制输入; $d_i(t)$ 表示跟随者受到的未知干扰。

领导者的模型描述如下:

$$\begin{cases} \dot{x}_0(t) = v_0(t) \\ \dot{v}_0(t) = f(x_0(t), v_0(t), t) \end{cases} \tag{6-2}$$

式中，$x_0(t)$ 表示领导者的位置；$v_0(t)$ 表示领导者的速度；$f(x_0(t)，v_0(t)，t)$ 表示领导者的未知干扰项。

假设 6.1：跟随者受到的未知扰动是有界的，即存在正常数 $\delta_d > 0$，使得 $\| d_i(t) \| < \delta_d$。

假设 6.2：领导者的速度 $v_0(t)$ 和干扰项 $f(x_0(t)，v_0(t)，t)$ 是有界的，即存在正常数 $\delta_v > 0$ 和 $\delta_f > 0$，使得 $\| v_0(t) \| < \delta_v$ 且 $\| f(x_0(t)，v_0(t)，t) \| < \delta_f$。

多无人机系统（6-1）和（6-2）的通信拓扑用有向图 G 表示，拉普拉斯矩阵为 L，跟随者系统（6-1）的通信拓扑用子图 $\bar{G}$ 表示，拉普拉斯矩阵为 $\bar{L}$。令 $\Delta = \mathrm{diag}\{a_{10}，\cdots，a_{N0}\}$，$a_{i0}$ 表示跟随者和领导者之间的通信关系，其中，如果第 i 个跟随者能够接收到领导者的信息，令 $a_{i0} = 1$，否则 $a_{i0} = 0$。令 $H = \bar{L} + \Delta$。

假设 6.3：有向图 G 包含以领导者为根节点的生成树，并且子图 $\bar{G}$ 是连通图。

多无人机系统（6-1）和（6-2）期望形成的编队由编队向量 $h(t) = [h_1^{\mathrm{T}}(t)，h_2^{\mathrm{T}}(t)，\cdots，h_N^{\mathrm{T}}(t)]^{\mathrm{T}}$ 来表示，其中，$h_i(t) = [h_{xi}(t) \quad h_{vi}(t)]^{\mathrm{T}}$。

定义 6.1：如果对任意有界初始状态，对于正常数 δ_1 和 δ_2，如果存在有限时间 $T > 0$ 使得跟随者系统（6-1）和领导者系统（6-2）满足下列条件

$$\begin{cases} \| x_i(t) - h_{xi}(t) - x_0(t) \| < \delta_1，\quad t \geq T，\quad i = 1，2，\cdots，N \\ \| v_i(t) - h_{vi}(t) - v_0(t) \| < \delta_2，\quad t \geq T \end{cases} \quad (6-3)$$

那么称多无人机系统（6-1）和（6-2）在有限时间 T 内实现了实用状态时变编队跟踪控制。

考虑实际情况，多无人机的编队通常是有界的，假设存在正常数 $\bar{h}_v$，使得 $\| h_{vi}(t) \| < \bar{h}_{vi}$，$i = 1，2，\cdots，N$ 成立。

引理 6.1：考虑如下的系统：

$$\begin{cases} \dot{x}(t) = f(t，x(t)) \\ x(0) = x_0 \end{cases} \quad (6-4)$$

如果对于系统（6-4），存在一个李雅普诺夫函数 $V(x(t))$ 满足下列条件：

$$\dot{V}(x(t)) \leqslant -aV^m(x(t)) - bV^n(x(t)) + \sigma$$

式中，a、b、$\sigma > 0$，$m > 1$，$n > 1$，系统（6-4）的状态量 $x(t)$ 可以在有限时间 T 内到达下列集合：

$$\left\{ \lim_{t \to T} x(t) \,\middle|\, V(x(t)) \leqslant \min\left\{ a^{-\frac{1}{m}}\left(\frac{\delta}{1-\theta}\right)^{\frac{1}{m}}，b^{-\frac{1}{n}}\left(\frac{\delta}{1-\theta}\right)^{\frac{1}{n}} \right\} \right\}$$

式中，$0 < \theta < 1$，并且有限时间 T 满足：

$$T \le T_{\max} = \frac{1}{a\theta(1-m)} + \frac{1}{b\theta(n-1)}$$

6.2.2　事件触发编队跟踪协议设计

对每个跟随者 i，分别定义位置时变编队跟踪误差如下：

$$\bar{x}_i(t) = x_i(t) - h_{xi}(t) - x_0(t)$$

令 $\bar{x} = [\bar{x}_1,\ \bar{x}_2,\ \cdots,\ \bar{x}_N]^{\mathrm{T}}$，对跟随者设计如下的事件触发状态时变编队跟踪控制器：

$$\begin{cases} u_i(t) = \phi_i(t_k^i) + \dot{h}_{vi}(t) \\ \phi_i(t_k^i) = -\gamma_1\theta q_i^{\omega-1}(t_k^i)p_i(t_k^i) - \gamma_2\beta(1 - \tanh^2(\beta q_i(t_k^i)))p_i(t_k^i) \\ \qquad\quad -\gamma_3 e_i^\rho(t_k^i) - \gamma_4\mathrm{sgn}(e_i(t_k^i)) \end{cases} \quad (6-5)$$

式中，γ_1、γ_2、γ_3、γ_4 为正常数；$\theta > 2$；$\rho > 1$。定义速度编队跟踪误差为 $e_i(t) = v_i(t) - h_{vi}(t) - v_i^*(t)$，$v_i^*(t) = -\gamma_1 q_i^\omega(t) - \gamma_2\tanh(\beta q_i(t)) + \mathrm{sgn}(a_{i0})v_0(t)$ 为跟随者 i 的参考速度，并且

$$\begin{aligned} q_i(t) &= \sum_{j=1}^{N} a_{ij}(x_i(t) - h_{xi}(t) - x_j(t) + h_{xj}(t)) + a_{i0}(x_i(t) - h_{xi}(t) - x_0(t)) \\ &= \sum_{j=0}^{N} a_{ij}(x_i(t) - h_{xi}(t) - x_j(t) + h_{xj}(t)) \end{aligned}$$

$$\begin{aligned} p_i(t) &= \sum_{j=1}^{N} a_{ij}(v_i(t) - h_{vi}(t) - v_j(t) + h_{vj}(t)) + a_{i0}(v_i(t) - h_{vi}(t) - v_j(t)) \\ &= \sum_{j=0}^{N} a_{ij}(v_i(t) - h_{vi}(t) - v_j(t) + h_{vj}(t)) \end{aligned}$$

式中，$h_{x0}(t) = h_{v0}(t) = 0$。

定义跟随者 i 的测量误差为 $\xi_i(t) = \phi_i(t) - \phi_i(t_k^i)$，为跟随者 i 设计如下的事件触发协议：

$$T_i(\xi_i(t), e_i(t), t) = \|\xi_i(t)\| - \zeta\gamma_3\|e_i^\rho(t)\| - \zeta\gamma_4 \le 0 \quad (6-6)$$

式中，$0 < \zeta < 1$ 为待定系数。

6.2.3　编队跟踪稳定性分析

定理 6.1：如果假设 6.1～假设 6.3 成立，当期望的编队满足 $h_{vi}(t) = \dot{h}_{xi}(t)$，$i = 1, 2, \cdots, N$ 并且时变编队跟踪控制器（6-5）的参数满足 $\gamma_2 > \bar{h}_{vi} + \delta_v$，$\gamma_4(1 - $

$\zeta) > \delta_d + \delta_f$ 时,多无人机系统(6-1)和(6-2)可以在有限时间内实现期望的状态时变编队跟踪控制。

证明: 对 $e_i(t) = v_i(t) - h_{vi}(t) - v_i^*(t)$ 求导,可以得到

$$
\begin{aligned}
\dot{e}_i(t) &= u_i(t) + d_i(x_i(t), v_i(t), t) - \dot{h}_{vi}(t) + \gamma_1 \omega q_i^{\omega-1}(t) p_i(t) \\
&\quad + \gamma_2 \beta (1 - \tanh^2(\beta q_i(t))) p_i(t) - \operatorname{sgn}(a_{i0}) f_0(x_0(t), v_0(t), t) \\
&= -\xi_i(t) - \dot{h}_{vi}(t) - \gamma_3 e_i^\rho(t) - \gamma_4 \operatorname{sgn}(e_i(t)) + d_i(x_i(t), v_i(t), t) \\
&\quad - \operatorname{sgn}(a_{i0}) f_0(x_0(t), v_0(t), t)
\end{aligned}
$$

$$(6-7)$$

考虑如下的李雅普诺夫函数:

$$
V_1(t) = \frac{1}{2} \sum_{i=1}^N e_i^2(t) \tag{6-8}
$$

对 $V_1(t)$ 求导,可以得到

$$
\begin{aligned}
\dot{V}_1(t) &= \sum_{i=1}^N e_i(t) \dot{e}_i(t) \\
&= \sum_{i=1}^N e_i(t) (-\xi_i(t) - \gamma_3 e_i^\rho(t) - \gamma_4 \operatorname{sgn}(e_i(t)) \\
&\quad + d_i(x_i(t), v_i(t), t) - \operatorname{sgn}(a_{i0}) f(x_0(t), v_0(t), t)) \\
&\leqslant \sum_{i=1}^N |e_i(t)| (\zeta \gamma_3 |e_i^\rho(t)| + \zeta \gamma_4) - \gamma_3 \sum_{i=1}^N e_i^{\rho+1}(t) \\
&\quad - \gamma_4 \sum_{i=1}^N |e_i(t)| + (\delta_d + \delta_f) \sum_{i=1}^N |e_i(t)| \\
&\leqslant -\gamma_3(1-\zeta) \sum_{i=1}^N |e_i(t)|^{\rho+1} - (\gamma_4(1-\zeta) - \delta_d - \delta_f) \sum_{i=1}^N |e_i(t)| \\
&\leqslant -\gamma_3(1-\zeta) N^{\frac{1-\rho}{2}} \Big(\sum_{i=1}^N e_i^2(t)\Big)^{\frac{\rho+1}{2}} - (\gamma_4(1-\zeta) - \delta_d - \delta_f) \Big(\sum_{i=1}^N e_i^2(t)\Big)^{\frac{1}{2}} \\
&\leqslant -\gamma_3(1-\zeta) N^{\frac{1-\rho}{2}} (2V_1(t))^{\frac{\rho+1}{2}} - (\gamma_4(1-\zeta) - \delta_d - \delta_f) (2V_1(t))^{\frac{1}{2}}
\end{aligned}
$$

$$(6-9)$$

所以根据引理6.1,可知 $e_i(t)$ 可以在时间 T_1 内指数收敛到0,其中,T_1 满足:

$$
T_1 \leqslant T_1^{\max} = \frac{\sqrt{2}}{\gamma_4(1-\zeta) - \delta_d - \delta_f} + \frac{2}{\gamma_3(1-\zeta)(\rho-1) N^{\frac{1-\rho}{2}} 2^{\frac{\rho+1}{2}}} \tag{6-10}
$$

当 $t > T_1$ 时，$e_i(t) = 0$，即 $v_i(t) = h_{vi}(t) + v_i^*(t)$。

然后考虑如下的李雅普诺夫函数：

$$V_2(t) = \frac{1}{2}\bar{x}^{\mathrm{T}}(t)H\bar{x}(t) \tag{6-11}$$

对 $V_2(t)$ 求导，可以得到

$$
\begin{aligned}
\dot{V}_2(t) &= \bar{x}^{\mathrm{T}}(t)H\dot{\bar{x}}(t) \\
&= \sum_{i=1}^{N} q_i(t)(v_i(t) - h_{vi}(t) - v_0(t)) \\
&= \sum_{i=1}^{N} q_i(t)(h_{vi}(t) - \gamma_1 q_i^{\omega}(t) - \gamma_2 \tanh(\beta q_i(t)) + \mathrm{sgn}(a_{i0})v_0(t) - v_0(t)) \\
&< -\gamma_1 \sum_{i=1}^{N} q_i^{\omega+1}(t) - (\gamma_2 - \bar{h}_v)\sum_{i=1}^{N} |q_i(t)| + \delta_v \sum_{i=1}^{N} |q_i(t)| + \frac{N\gamma_2\kappa}{\beta} \\
&\leqslant -\gamma_1 N^{\frac{1-\omega}{2}}\Big(\sum_{i=1}^{N} q_i^2(t)\Big)^{\frac{\omega+1}{2}} - (\gamma_2 - \bar{h}_{vi} - \delta_v)\Big(\sum_{i=1}^{N} q_i^2(t)\Big)^{\frac{1}{2}} + \frac{N\gamma_2\kappa}{\beta} \\
&\leqslant -\gamma_1 N^{\frac{1-\omega}{2}}(2\lambda_1 V_2(t))^{\frac{\omega+1}{2}} - (\gamma_2 - \bar{h}_{vi} - \delta_v)(2\lambda_1 V_2(t))^{\frac{1}{2}} + \frac{N\gamma_2\kappa}{\beta}
\end{aligned}
\tag{6-12}
$$

式中，λ_1 表示矩阵 H 的最小特征值。因此，根据引理 6.1，$V_2(t)$ 会在有限时间 T_2 内收敛到下列有界集合：

$$
\Big\{\lim_{t\to T_1+T_2} x(t) \mid V_2(t) \leqslant \min\Big\{(\gamma_2 - \bar{h}_{vi} - \delta_v)^{-2}(2\lambda_1)^{-1}\Big(\frac{N\gamma_2\kappa}{\beta(1-\theta)}\Big)^2,
$$
$$
\gamma_1^{-\frac{2}{\omega+1}} N^{\frac{\omega-1}{\omega+1}}(2\lambda_1)^{-1}\Big(\frac{N\gamma_2 K}{\beta(1-\theta)}\Big)^{\frac{2}{\omega+1}}\Big\}\Big\}
$$

式中，T_2 满足下列条件：

$$T_2 \leqslant T_2^{\max} = \frac{\sqrt{2}}{(\gamma_2 - \bar{\sigma})\theta\sqrt{\lambda_1}} + \frac{2}{\gamma_1(\omega-1)N^{\frac{1-\omega}{2}}\theta(2\lambda_1)^{\frac{\omega+1}{2}}} \tag{6-13}$$

因此，多无人机系统（6-1）和（6-2）可以在 $T_1 + T_2$ 时间内实现期望的状态时变编队跟踪控制。

下面对多无人机系统（6-1）和（6-2）的 Zeno 现象进行分析。

定理 6.2： 在时变编队跟踪控制器（6-5）和事件触发协议（6-6）的作用下，多无人机系统（6-1）和（6-2）不会出现 Zeno 现象。

证明：在时间区间 $t \in [t_k^i, t_{k+1}^i)$ 内,对测量误差 $\xi_i(t)$ 求导,可以得到

$$D^+ \parallel \xi_i(t) \parallel$$
$$\leq \parallel \dot{\xi}_i(t) \parallel$$
$$\leq \parallel -(\gamma_3 \rho e_i^{\rho-1}(t) + \gamma_4 \beta(1 - \tanh^2(\beta e_i(t))) \dot{e}_i(t)$$
$$- (\gamma_1 \omega q_i^{\omega-1}(t) + \gamma_2 \beta(1 - \tanh^2(\beta q_i(t)))) \dot{p}_i(t)$$
$$- (\gamma_1 \omega(\omega - 1) q_i^{\omega-2}(t) - 2\gamma_2 \beta^2 \tanh(\beta q_i(t)))(1 - \tanh^2(\beta q_i(t))) p_i(t) \dot{q}_i(t) \parallel$$
$$\leq \parallel \gamma_3 \rho (2V_1(0))^{\frac{\rho-1}{2}} + \gamma_4 \beta \parallel \parallel \dot{e}_i(t) \parallel + \parallel \gamma_1 \theta (2\lambda_N V_2(0))^{\frac{a-1}{2}} + \gamma_2 \beta \parallel \parallel \dot{p}_i(t) \parallel$$
$$+ \parallel (\gamma_1 \omega(\omega - 1)(2\lambda_N V_2(0))^{\frac{\omega-2}{2}} + 2\gamma_2 \beta^2) \parallel \parallel p_i^2(t) \parallel$$
$$\leq \eta_1(\parallel u_i(t) \parallel + \bar{d} + \text{sgn}(a_{i0})\bar{f}) + \eta_1 \parallel \gamma_1 \omega(2\lambda_N V_2(0))^{\frac{\omega-1}{2}} + \gamma_2 \beta \parallel \parallel p_i(t) \parallel$$
$$+ \eta_2 \parallel \dot{p}_i(t) \parallel + \eta_3 \parallel p_i^2(t) \parallel$$
$$\leq \eta_1(\parallel u_i(t) \parallel + \bar{d} + \text{sgn}(a_{i0})\bar{f}) + \eta_1 \eta_4 \parallel p_i(t) \parallel$$
$$+ \eta_2 (\parallel \sum_{j=0}^{N} a_{ij}(u_i(t) - u_j(t)) \parallel + 2\hat{l}_{ii}\bar{d}) + \eta_3 \parallel p_i^2(t) \parallel$$

$$(6-14)$$

式中, λ_N 为矩阵 H 的最大特征根,并且

$$\eta_1 = \parallel \gamma_3 \rho (2V_1(0))^{\frac{\rho-1}{2}} + \gamma_4 \beta \parallel$$
$$\eta_2 = \parallel \gamma_1 \omega (2\lambda_N V_2(0))^{\frac{\omega-1}{2}} + \gamma_2 \beta \parallel$$
$$\eta_3 = \parallel (\gamma_1 \omega(\omega - 1)(2\lambda_N V_2(0))^{\frac{\omega-2}{2}} + 2\gamma_2 \beta^2) \parallel$$
$$\eta_4 = \parallel \gamma_1 \omega (2\lambda_N V_2(0))^{\frac{\omega-1}{2}} + \gamma_2 \beta \parallel$$

因为控制输入 $u_i(t)$ 和 $p_i(t)$ 是有界的,所以可以得到 $\parallel \dot{\xi}_i(t) \parallel$ 也是有界的,假设 $\parallel \dot{\xi}_i(t) \parallel$ 的上确界为 $\bar{\xi}_i$。因此,有

$$\parallel \xi_i(t) \parallel \leq \int_{t_k^i}^{t} \parallel \dot{\xi}_i(t) \parallel \mathrm{d}s \leq \int_{t_k^i}^{t} \bar{\xi}_i \mathrm{d}s \qquad (6-15)$$

结合事件触发协议(6-6),可以得到

$$\parallel \xi_i(t_{k+1}^i) \parallel = \zeta\gamma_3 \parallel e_i^\rho(t_{k+1}^t) \parallel + \zeta\gamma_4 \leq \int_{t_k^i}^{t_{k+1}^i} \bar{\xi}_i \mathrm{d}s \qquad (6-16)$$

因此,可知 $t_{k+1}^i - t_k^i \geq \dfrac{\zeta\gamma_4}{\bar{\xi}_i}$, 所以多无人机系统不会出现 Zeno 现象。

6.2.4　数值仿真

考虑多无人机系统包含 1 个领导者和 4 个跟
随者,无人机间的通信拓扑关系如图 6-1 所示。

多无人机系统在 $X-Y$ 平面运行,则系统矩阵
如下:

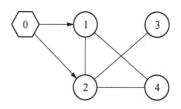

$$A = I_2 \otimes \begin{bmatrix} 0 & 1 \\ 0 & 0 \end{bmatrix}, \quad B = I_2 \otimes \begin{bmatrix} 0 \\ 1 \end{bmatrix}$$

图 6-1　无人机间的通信拓扑关系

4 个跟随者的干扰设置如下所示。

跟随者 1: $d_1 = 0.05$;跟随者 2: $d_2 = 0.2\sin t$;跟随者 3: $d_3 = 0.2e^{-t}$;跟随者 4:
$d_4 = 0.1\cos(0.5t)$。

将领导者的未知干扰项设置为 $[0,1]$ 区间内的随机数,速度上界为 $\delta_v = 1$。

令 4 个跟随者形成时变的正方形编队,并且编队中心能够实现对领导者的跟
踪,将期望的编队向量设计为

$$h_{Xi} = \begin{bmatrix} \cos\left(2t + \dfrac{(i-1)\pi}{2}\right) \\ -2\sin\left(2t + \dfrac{(i-1)\pi}{2}\right) \end{bmatrix}, \quad i = 1,2,3,4$$

$$h_{Yi} = \begin{bmatrix} \sin\left(2t + \dfrac{(i-1)\pi}{2}\right) \\ 2\cos\left(2t + \dfrac{(i-1)\pi}{2}\right) \end{bmatrix}, \quad i = 1,2,3,4$$

如果该期望状态时变编队得以实现,那么 4 个跟随者将分别占据正方形编队
的 4 个顶点,并且以 2 rad/s 的角速度围绕领导者旋转。

根据以上设置,可以得出 $\delta_d = 0.2$, $\delta_f = 1$。 令控制器参数分别为 $\omega = 2$, $\rho =
1.5$, $\gamma_1 = 0.5$, $\gamma_2 = 3.5$, $\gamma_3 = 2$, $\gamma_4 = 1.5$, $\zeta = 0.3$ 和 $\beta = 100$。 5 个无人机的初始
状态随机产生。

图 6-2 给出了多无人机系统在不同时刻的状态位置图,其中,圆形、三角形、正
方形、菱形和五角星分别表示 5 个无人机的状态。图 6-3 给出了 4 个跟随者的通信
触发时刻。多无人机系统时变编队跟踪误差曲线如图 6-4 所示。根据图 6-2~
图 6-4,可以得到 4 个跟随者在编队控制器和事件触发协议下,在有限时间内形成
了期望的时变正方形编队,并且编队中心实现了对领导者的跟踪。

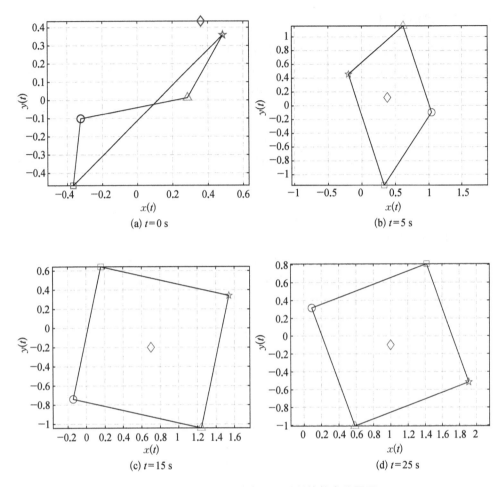

(a) $t=0$ s　　　　　　　　　　　(b) $t=5$ s

(c) $t=15$ s　　　　　　　　　　(d) $t=25$ s

图 6-2 多无人机系统在不同时刻的状态位置图

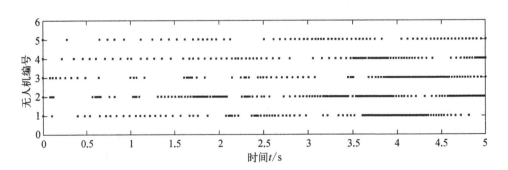

图 6-3 4 个跟随者的通信触发时刻

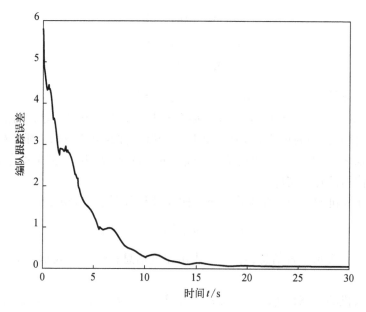

图6-4 多无人机系统时变编队跟踪误差曲线

6.3 有限时间时变编队合围跟踪控制

6.3.1 问题描述

考虑一个由 $N+M+1$ 个无人机组成的三层结构式多无人机系统,其无人机间的通信拓扑关系由一个有向图 $\bar{G}$ 表示。系统由指引层、外保护层和内层三层结构组成,其中,指引层只包含一个无人机,称为虚拟领导者,用下标 $i=0$ 表示;外保护层的无人机称为真实领导者,下标集记作 $\Gamma_1 = \{1, 2, \cdots, N\}$;内层由跟随者构成,下标集为 $\Gamma_2 = \{N+1, N+2, \cdots, N+M\}$。假设层与层间的通信为单向的,并且只能在相邻层间进行。假定层内无人机的消息传递为双向互通的。

假设6.4: 指引层和外保护层的无人机间的拓扑图至少存在一个生成树,其根节点是虚拟领导者。

假设6.5: 对于任意一个内层的跟随者,至少存在一条从外保护层的真实领导者到它的路径。

令假设6.4和假设6.5成立,与通信拓扑图 $\bar{G}$ 相关的拉普拉斯矩阵 $\bar{L} \in \mathbb{R}^{(N+M+1) \times (N+M+1)}$ 可以表示成如下形式:

$$\bar{L} = \begin{bmatrix} 0 & 0_{1 \times N} & 0_{1 \times M} \\ L_{12} & L_1 & 0_{N \times M} \\ 0_{M \times 1} & L_2 & L_3 \end{bmatrix} \qquad (6-17)$$

式中，$L_{12} \in \mathbb{R}^{N \times 1}$；$L_1 \in \mathbb{R}^{N \times N}$；$L_2 \in \mathbb{R}^{M \times N}$；$L_3 \in \mathbb{R}^{M \times M}$。

记 $B = \mathrm{diag}\{L_{12}^{\mathrm{T}}\}$，令 $L = L_1 - B$。那么 L 表示不考虑虚拟领导者的信息传递情况下，真实领导者间的拓扑关系的拉普拉斯矩阵。注意到 L_1 和 L_3 都是对称矩阵。

引理 6.2：在假设 6.4 和假设 6.5 成立的条件下，L_1 和 L_3 都是正定矩阵，即所有的特征值均具有正实部。

每个无人机的动力学模型由如下二阶连续积分器模型表示：

$$\dot{x}_i = v_i, \ \dot{v}_i = u_i, \ i \in \Gamma \cup \{0\} \qquad (6-18)$$

式中，$x_i \in \mathbb{R}^n$ 表示位置信息；$v_i \in \mathbb{R}^n$ 表示速度信息；$u_i \in \mathbb{R}^n$ 表示各个无人机的控制输入。

将无人机的状态记为 $\chi_i = [x_i^{\mathrm{T}}, v_i^{\mathrm{T}}]^{\mathrm{T}} \in \mathbb{R}^{2n}$，$i \in \Gamma \cup \{0\}$。对真实领导者，期望的编队由 $h = [h_1^{\mathrm{T}}, h_2^{\mathrm{T}}, \cdots, h_N^{\mathrm{T}}]^{\mathrm{T}}$ 表示，其中，$h_i = [h_{ix}^{\mathrm{T}}, h_{iv}^{\mathrm{T}}]^{\mathrm{T}} \in \mathbb{R}^{2n}$，$\forall i = 1, 2, \cdots, N$。需要注意的是，假设编队为时变的，$h$ 为分段连续可微函数，记 $\dot{h}_{ix} = h_{iv}$。

不失一般性，在下述章节中，除非特别提出，在其余情况下假设 $n = 1$。

定义 6.2：对所有真实领导者和任意给定初始条件，如果有式(6-19)成立，

$$\lim_{t \to +\infty} (\chi_i - h_i - \chi_0) = 0, \ i \in \Gamma_1 \qquad (6-19)$$

那么称多无人机系统(6-2)实现了期望的由 h 定义的编队跟踪。

定义 6.3：多无人机系统(6-2)实现了编队合围跟踪当且仅当定义 6.2 与定义 6.3 分别对真实领导者和跟随者同时成立。

6.3.2 时变编队合围跟踪协议设计

对于真实领导者定义分布式有限时间观测器：

$$\dot{\hat{x}}_i = \dot{h}_i + \frac{1}{\sum\limits_{j=1}^{N} a_{ij} + b_i} \Big(\sum_{j=1}^{N} a_{ij}(\dot{\hat{x}}_j - \dot{h}_j) + b_i \dot{x}_0 \Big)$$

$$- \frac{\eta}{\sum\limits_{j=1}^{N} a_{ij} + b_i} \mathrm{sig}^{\alpha} \Big[\sum_{j=1}^{N} a_{ij}((\hat{x}_i - h_i) - (\hat{x}_j - h_j)) + b_i(\hat{x}_i - h_i - x_0) \Big], \ i \in \Gamma_1$$

$$(6-20)$$

式中，$\hat{x}_i \in \mathbb{R}$、$0 < \alpha < 1$ 和 $\eta > 0$ 为常数，$\mathrm{sig}^{\alpha}(\cdot) = \mathrm{sgn}(\cdot) |\cdot|^{\alpha}$。

下面提出对于跟随者的分布式有限时间观测器:

$$\dot{\hat{x}}_i = \frac{\sum\limits_{j=1}^{N+M} a_{ij} \dot{\hat{x}}_j}{\sum\limits_{j=1}^{N+M} a_{ij}} - \frac{\eta}{\sum\limits_{j=1}^{N+M} a_{ij}} \mathrm{sig}^\alpha \Big[\sum\limits_{j=1}^{N+M} a_{ij}(\hat{x}_i - \hat{x}_j) \Big] , \ i \in \Gamma_2 \qquad (6-21)$$

令 $\bar{x}_i = x_i - \hat{x}_i$, $i \in \Gamma$ 为观测器误差,其中, $\hat{v}_i = \dot{\hat{x}}_i$,并且定义 $\bar{x}_0 = 0$。那么有 $\bar{x}_i = x_i - \hat{x}_i$, $\bar{v}_i = v_i - \hat{v}_i$, $i \in \Gamma \cup \{0\}$。考虑下述编队合围跟踪协议:

$$\bar{u}_i = -r_1 \Big[\bar{v}_i^p + r_2^p \Big(\sum\limits_{j=1}^{N} a_{ij}(\bar{x}_i - \bar{x}_j) + b_i(\bar{x}_i - \bar{x}_0) \Big) \Big]^{\frac{2}{p}-1} , \ i \in \Gamma_1 \qquad (6-22)$$

$$\bar{u}_i = -r_3 \Big[\bar{v}_i^p + r_4^p \Big(\sum\limits_{j=1}^{N+M} a_{ij}(\bar{x}_i - \bar{x}_j) \Big) \Big]^{\frac{2}{p}-1} , \ i \in \Gamma_2 \qquad (6-23)$$

式中, p 满足 $1 < p = \dfrac{p_1}{p_2} < 2$, p_1 和 p_2 为正奇整数; r_1、r_2、r_3 和 r_4 为增益系数。

6.3.3　编队合围跟踪稳定性分析

引理 6.3: 考虑如下在 $U \subset \mathbb{R}^n$ 区间上定义的正定连续系统: $\dot{z} = f(z)$, $f(0) = 0$, $z \in \mathbb{R}^n$, $V: U \to \mathbb{R}$。 c 为绝对正常数, $\alpha \in (0, 1)$。如果存在一个零附近的开区间 $U_0 \subset U$,使得不等式 $\dot{V}(z) + c(V(z))^\alpha \leqslant 0$ 对于 $z \in U_0 \backslash \{0\}$ 成立,那么 $V(z)$ 能够在有限时间内收敛至零,该有限时间 T 满足 $T \leqslant \dfrac{V(z(0))^{1-\alpha}}{c(1-\alpha)}$。

引理 6.4: 对任意 z_1、z_2、c、$d \in \mathbb{R}$,如果 c、$d > 0$, $0 < p = p_1/p_2 \leqslant 1$,其中, p_1 和 p_2 为正整数,那么① $| z_1^p - z_2^p | \leqslant 2^{1-p} | z_1 - z_2 |^p$; ② $| z_1 |^c | z_2 |^d \leqslant \dfrac{c}{c+d} | z_1 |^{c+d} + \dfrac{d}{c+d} | z_2 |^{c+d}$。

引理 6.5: $n \in \mathbb{Z}$,对于 $z_i \in \mathbb{R}$, $i \in \{1, 2, \cdots, n\}$ 和 $0 < p \leqslant 1$,从而有 $\Big(\sum\limits_{i=1}^{n} | z_i | \Big)^p \leqslant \sum\limits_{i=1}^{n} | z_i |^p \leqslant n^{1-p} \Big(\sum\limits_{i=1}^{n} | z_i | \Big)^p$。

引理 6.6: 一个实对称矩阵 $M \in \mathbb{R}^{n \times n}$ 是可对角化的,并且它的所有特征值为实数。如果 M 是绝对正定的,假设其特征值记作 λ_1, λ_2, $\cdots$, λ_n 满足 $0 \leqslant \lambda_1 \leqslant \lambda_2 \leqslant \cdots \leqslant \lambda_n$。令 λ 为非零的最小特征值, $\lambda = \lambda_k$ 满足 $k = \max\{i | \ \forall j < i, \lambda_j = 0\}$,那么有如下的命题成立:

$$\forall z \in \mathbb{R}^n, \ z^T M^2 z \geqslant \lambda z^T M z$$

定理 6.3: 如果 r_1 和 r_2 满足如下条件,那么多无人机系统(6-18)可以在协议

(6-22)的作用下在有限时间内实现期望的编队跟踪。

$$r_1 \geqslant r_p \left(\frac{2^{1-1/p} + (N\gamma + \beta)p}{1+p} + \frac{(N\gamma + \beta)2^{1-1/p}}{r_2} + \sigma_1 \right) \qquad (6-24)$$

$$r_2 \geqslant \frac{p2^{1-1/p} + (N\gamma + \beta)}{1+p} + \sigma_1 \qquad (6-25)$$

式中, σ_1 为正常数; $r_p = (2 - 1/p)2^{1-1/p}r_2^{1+p}$; $\beta = \max\limits_{i \in \Gamma_1}\{| \sum\limits_{j \in \Gamma_1} a_{ij} + b_i |\}$ 及 $\gamma = \max\limits_{\forall i, j \in \Gamma_1}\{| a_{ij} |\}$。

证明: 考虑如下李雅普诺夫函数:

$$V = V_0 + \sum_{i=1}^{N} V_i \qquad (6-26)$$

式中,

$$V_0 = \frac{1}{2}\bar{x}^T L_1 \bar{x} = \frac{1}{2}\bar{x}^T (L + B)\bar{x} \qquad (6-27)$$

$$V_i = \frac{1}{r_p}\int_{v_i^*}^{v_i} (s^p - v_i^{*p})^{2-1/p}\mathrm{d}s \qquad (6-28)$$

式中, $\bar{x} = [\bar{x}_1, \bar{x}_2, \cdots, \bar{x}_N]^T \in \mathbb{R}^N$; $v_i^* = -r_2 q_i^{1/p}$, $q_i = \sum\limits_{j \in N_i} a_{ij}(\bar{x}_i - \bar{x}_j)$, $i \in \Gamma_1$。

令 $d_1 = 1 + 1/p$, $d_2 = 1 - 1/p$, $w_i = \bar{v}_i^p - v_i^{*p}$, $i \in \Gamma_1$。从系统架构来看,真实领导者的邻居只能为虚拟领导者或者其他真实领导者,那么 q_i 也可以被写成 $q_i = \sum\limits_{j \in N_i} a_{ij}(\bar{x}_i - \bar{x}_j) = \sum\limits_{j=1}^{N} a_{ij}(\bar{x}_i - \bar{x}_j) + b_i\bar{x}_i$。

由此可以得到

$$\begin{aligned}
V_0 &= \frac{1}{2}\bar{x}^T L_1 \bar{x} = \frac{1}{4}\sum_{i=1}^{N}\sum_{j=1}^{N} a_{ij}(\bar{x}_i - \bar{x}_j)^2 + \frac{1}{2}\sum_{i=1}^{N} b_i\bar{x}_i^2 \\
&= \frac{1}{2}\sum_{i=1}^{N}\left(\sum_{j=1}^{N} a_{ij}(\bar{x}_i - \bar{x}_j) + b_i\bar{x}_i\right)\bar{x}_i = \frac{1}{2}\sum_{i=1}^{N} q_i\bar{x}_i
\end{aligned} \qquad (6-29)$$

由于 $[q_1, q_2, \cdots, q_N]^T = L_1\bar{x}$, 且 $L_1 = L_1^T$ 是对称的,那么有

$$\sum_{i=1}^{N} q_i^2 = (L_1\bar{x})^T L_1\bar{x} = \bar{x}^T L_1^T L_1\bar{x} = \bar{x}^T L_1^2\bar{x} \qquad (6-30)$$

由引理 6.2 可知, $L_1 > 0$, L_1 的所有特征值都是正定的。把 L_1 的最小特征值记作 λ_1, 即 $\lambda_1 = \lambda_{\min}(L_1)$。由引理 6.6 可得

$$\forall \bar{x} \in \mathbb{R}^N, \ \bar{x}^T L_1^2 \bar{x} \geqslant \lambda_1 \bar{x}^T L_1 \bar{x} \qquad (6-31)$$

结合式(6-30)和式(6-31),可以得到

$$\sum_{i=1}^{N} q_i^2 = \bar{x}^T L_1^2 \bar{x} \geqslant \lambda_1 \bar{x}^T L_1 \bar{x} = 2\lambda_1 V_0 \qquad (6-32)$$

因此,

$$V_0 \leqslant \frac{1}{2\lambda_1} \sum_{i=1}^{N} q_i^2 \qquad (6-33)$$

注意到 $a_{ij} = a_{ji}, \ \forall i, j \in \Gamma_1$,所以

$$
\begin{aligned}
\dot{V}_0 &= \sum_{i=1}^{N} q_i \bar{v}_i = \sum_{i=1}^{N} q_i v_i^* + q_i(\bar{v}_i - v_i^*) \\
&\leqslant \sum_{i=1}^{N} (-r_2 q_i^{d_1} + |q_i| |\bar{v}_i - v_i^*|) \\
&\leqslant \sum_{i=1}^{N} -r_2 q_i^{d_1} + 2^{d_2} \left(\frac{1}{d_1} |q_i|^{d_1} + \left(1 - \frac{1}{d_1}\right) |\bar{v}_i^p - v_i^{*p}|^{d_1} \right) \\
&\leqslant \sum_{i=1}^{N} -r_2 q_i^{d_1} + 2^{d_2} \left(\frac{p}{1+p} |q_i|^{d_1} + \frac{1}{1+p} |w_i|^{d_1} \right)
\end{aligned}
\qquad (6-34)
$$

且有

$$
\begin{aligned}
\dot{V}_i &= \frac{\mathrm{d}}{\mathrm{d}t} \left(\frac{1}{r_p} \int_{v_i^*}^{\bar{v}_i} (s^p - v_i^{*p})^{1+d_2} \mathrm{d}s \right) \\
&= \frac{1+d_2}{r_p} \frac{\mathrm{d}(-v_i^{*p})}{\mathrm{d}t} \int_{v_i^*}^{\bar{v}_i} (s^p - v_i^{*p})^{d_2} \mathrm{d}s + \frac{1}{r_p} (\bar{v}_i^p - v_i^*)^{1+d_2} \frac{\mathrm{d}\bar{v}_i}{\mathrm{d}t} \quad (6-35) \\
&= -\frac{1}{r_p} \frac{\mathrm{d}v_i^{*p}}{\mathrm{d}t} \int_{v_i^*}^{\bar{v}_i} (s^p - v_i^{*p})^{d_2} \mathrm{d}s + \frac{1}{r_p} w_i^{1+d_2} u_i, \ i \in \Gamma_1
\end{aligned}
$$

根据 β 和 γ 的定义,可得

$$
\begin{aligned}
\frac{\mathrm{d}v_i^{*p}}{\mathrm{d}t} &= \frac{\mathrm{d}(-r_2 q_i^{1/p})^p}{\mathrm{d}t} = -r_2^p \frac{\mathrm{d}q_i}{\mathrm{d}t} = -r_2^p \left(\sum_{j=1}^{N} a_{ij}(\bar{v}_i - \bar{v}_j) + b_i \bar{v}_i \right) \\
&\leqslant r_2^p \left(\left| \left(\sum_{j=1}^{N} a_{ij} + b_i \right) \bar{v}_i \right| + \left| \sum_{j=1}^{N} a_{ij} \bar{v}_j \right| \right) \\
&\leqslant r_2^p \left(\beta |\bar{v}_i| + \gamma \sum_{m=1}^{N} |\bar{v}_m| \right)
\end{aligned}
\qquad (6-36)
$$

所以有 $|\int_{v_i^*}^{\bar{v}_i} (s^p - v_i^{*p})^{d_2} \mathrm{d}s| \leqslant |\bar{v}_i - v_i^*| |w_i|^{d_2}$，因此

$$\dot{V}_i \leqslant \frac{1}{2^{d_2}r_2}(\beta|\bar{v}_i| + \gamma\sum_{m=1}^{n}|v_m|)|\bar{v}_i - v_i^*||w_i|^{d_2} + \frac{1}{r_p}w_i^{1+d_2}u_i, \quad i \in \Gamma_1$$

$$(6-37)$$

由引理 6.4 可知，对于所有 $i, m \in \Gamma$，

$|v_m||\bar{v}_i - v_i^*||w_i|^{d_2}$

$=|v_m||(\bar{v}_i^p)^{1/p} - (v_i^*)^{1/p}||w_i|^{d_2}$

$\leqslant 2^{d_2}|\bar{v}_m||\bar{v}_i^p - v_i^{*p}|^{1-d_2}|w_i|^{d_2}$

$= 2^{d_2}|\bar{v}_m||w_i|$

$\leqslant 2^{d_2}(2^{d_2}|w_i||w_m|^{1/p} + r_2|w_i||q_m|^{1/p})$

$\leqslant 2^{d_2}\left(2^{d_2}\left(\frac{p}{1+p}|w_i|^{d_1} + \frac{1}{1+p}|w_m|^{d_1}\right) + r_2\left(\frac{p}{1+p}|w_i|^{d_1} + \frac{1}{1+p}|q_m|^{d_1}\right)\right)$

$= \frac{2^{d_2}}{1+p}((r_2 + 2^{d_2})p|w_i|^{d_1} + 2^{d_2}|w_m|^{d_1} + r_2|q_m|^{d_1})$

$$(6-38)$$

那么可以得到

$$\dot{V}_i \leqslant \frac{\beta}{r_2(1+p)}((2^{d_2} + r_2)p|w_i|^{d_1} + 2^{d_2}|w_i|^{d_1} + r_2|q_i|^{d_1})$$

$$+ \frac{\gamma}{r_2(1+p)}\sum_{m=1}^{N}((r_2 + 2^{d_2})p|w_i|^{d_1} + 2^{d_2}|w_m|^{d_1} + r_2|q_m|^{d_1}) + \frac{1}{r_p}w_i^{1+d_2}u_i$$

$$= \frac{r_5}{r_2}|w_i|^{d_1} + \frac{\beta}{1+p}|q_i|^{d_1} + \frac{\gamma 2^{d_2}}{r_2(1+p)}\sum_{m=1}^{N}|w_m|^{d_1}$$

$$+ \frac{\gamma}{1+p}\sum_{m=1}^{N}|q_m|^{d_1} + \frac{1}{r_p}w_i^{1+d_2}u_i, \quad i \in \Gamma_1$$

$$(6-39)$$

式中，$r_5 = (N\gamma + \beta)(2^{d_2} + r_2)\dfrac{p}{1+p} + \dfrac{2^{d_2}\beta}{1+p}$。

注意到 p_1 和 p_2 都是奇数，那么 $|q_i|^{d_1} = |q_i|^{1+1/p} = |q_i|^{\frac{p_1}{p_1+p_2}} = q_i^{\frac{p_1}{p_1+p_2}}$，且 $|w_i|^{d_1} = w_i^{d_1}$，则

$$\dot{V} \leqslant \sum_{i=1}^{N}\left(-r_2 q_i^{d_1}+\left(\frac{p}{1+p}q_i^{d_1}+\frac{1}{1+p}w_i^{d_1}\right)\right)$$

$$+\sum_{i=1}^{N}\left(\frac{r_5}{r_2}w_i^{d_1}+\frac{\beta}{1+p}q_i^{d_1}+\frac{\gamma 2^{1-1/p}}{r_2(1+p)}\sum_{m=1}^{N}w_m^{d_1}+\frac{\gamma}{1+p}\sum_{m=1}^{N}q_m^{d_1}+\frac{w_i^{1+d_2}u_i}{r_p}\right)$$

$$=-\left(r_2-\frac{2^{d_2}p}{1+p}-\frac{N\gamma+\beta}{1+p}\right)\sum_{i=1}^{N}q_i^{d_1}+\left(\frac{2^{d_2}}{1+p}+\frac{r_5}{r_2}+\frac{N\gamma 2^{d_2}}{r_2(1+p)}\right)\sum_{i=1}^{N}w_i^{d_1}$$

$$+\frac{1}{r_p}\sum_{i=1}^{N}w_i^{1+d_2}u_i$$

$$(6-40)$$

由 r_5 的定义可得

$$\frac{2^{d_2}}{1+p}+\frac{r_5}{r_2}+\frac{N\gamma 2^{d_2}}{r_2(1+p)}=\frac{2^{d_2}}{1+p}+\frac{(N\gamma+\beta)(2^{d_2}+r_2)\frac{p}{1+p}+\frac{\beta 2^{d_2}}{1+p}}{r_2}+\frac{N\gamma 2^{d_2}}{r_2(1+p)}$$

$$=\frac{2^{d_2}+(N\gamma+\beta)p}{1+p}+\frac{(N\gamma+\beta)2^{d_2}}{r_2}$$

$$(6-41)$$

注意到控制协议也可以被写作 $u_i=-r_1 w_i^{\frac{2}{p}-1}$，因此，上述不等式可以化简为

$$\dot{V} \leqslant -\left(r_2-\frac{2^{d_2}p}{1+p}-\frac{N\gamma+\beta}{1+p}\right)\sum_{i=1}^{N}q_i^{d_1}$$

$$+\left(\frac{2^{d_2}+(N\gamma+\beta)p}{1+p}+\frac{(N\gamma+\beta)2^{d_2}}{r_2}\right)\sum_{i=1}^{N}w_i^{d_1}-\frac{1}{r_p}\sum_{i=1}^{N}w_i^{1+d_2}r_1 w_i^{2/p-1}$$

$$=-\left(r_2-\frac{2^{d_2}p}{1+p}-\frac{N\gamma+\beta}{1+p}\right)\sum_{i=1}^{N}q_i^{d_1}$$

$$-\left(\frac{r_1}{r_p}-\frac{(N\gamma+\beta)p+2^{d_2}}{1+p}+\frac{(N\gamma+\beta)2^{d_2}}{r_2}\right)\sum_{i=1}^{N}w_i^{d_1}$$

$$\leqslant -\sigma_1\sum_{i=1}^{N}q_i^{d_1}-\sigma_1\sum_{i=1}^{N}w_i^{d_1}$$

$$(6-42)$$

由引理 6.4 和式(6-28)，可得

$$V_i = \frac{1}{r_p} \int_{v_i^*}^{\bar{v}_i} (s^p - v_i^{*p})^{1+d_2} ds$$

$$\leqslant \frac{1}{r_p} \int_{v_i^*}^{\bar{v}_i} |\bar{v}_i^p - v_i^{*p}|^{1+d_2} ds$$

$$\leqslant \frac{1}{r_p} |\bar{v}_i - v_i^*| |\bar{v}_i^p - v_i^{*p}|^{1+d_2} \qquad (6-43)$$

$$\leqslant \frac{2^{1-1/p}}{r_p} |w_i|^{1/p} |w_i|^{1+d_2} = \frac{w_i^2}{(1+d_2)r_2^{1+p}}, \quad i \in \Gamma_1$$

结合式(6-33)和式(6-43),得到

$$V = V_0 + \sum_{i=1}^{N} V_i$$

$$\leqslant \frac{1}{2\lambda_1} \sum_{i=1}^{N} q_i^2 + \frac{1}{(1+d_2)r_2^{1+p}} \sum_{i=1}^{N} w_i^2 \qquad (6-44)$$

$$\leqslant c_1 \sum_{i=1}^{N} (q_i^2 + w_i^2)$$

式中, $c_1 = \max\left\{\dfrac{1}{2\lambda_1}, \dfrac{1}{(1+d_2)r_2^{1+p}}\right\}$。

由引理 6.5 可知

$$V^{d_1/2} \leqslant c_1^{d_1/2} \left(\sum_{i=1}^{N} (q_i^2 + w_i^2) \right)^{d_1/2}$$

$$\leqslant c_1^{d_1/2} \sum_{i=1}^{N} ((q_i^2)^{d_1/2} + (w_i^2)^{d_1/2}) \qquad (6-45)$$

$$= c_1^{d_1/2} \sum_{i=1}^{N} (q_i^{d_1} + w_i^{d_1})$$

令 $c_2 = \dfrac{\sigma_1}{2c_1^{d_1/2}}$,则有 $\dot{V} + c_2 V^{d_1/2} \leqslant -\dfrac{\sigma_1}{2} \sum_{i=1}^{N} (q_i^{d_1} + w_i^{d_1}) \leqslant 0$。根据引理6.3,存

在一个有限时间 T_1,满足 $T_1 \leqslant \dfrac{V(0)^{1-d_1/2}}{c_2(1-d_1/2)}$ 使得 $\forall t \geqslant T_1$, $V = 0$,即 $V_0 = 0$, $V_i =$

0, $\forall i \in \Gamma_1$, $\forall t \geqslant T_1$。由 $V_0 = \dfrac{1}{4} \sum_{i=1}^{N} \sum_{j=1}^{N} a_{ij}(\bar{x}_i - \bar{x}_j)^2 + \dfrac{1}{2} \sum_{i=1}^{N} b_i \bar{x}_i^2 = 0$ 可知 $\bar{x}_i = \bar{x}_j =$

0, $x_i - \hat{x}_i = 0$, $\forall i, j \in \Gamma_1$, $\forall t \geqslant T_1$。由 $V_i = 0$ 可得 $\bar{v}_i = v_i^* = 0$, $v_i - \hat{v}_i = 0$, $\forall i \in$

Γ_1, $\forall t \geqslant T_1$。因此,观测器的状态可以在有限时间内实现跟踪。

根据假设 6.4，$\sum\limits_{j\in N_i} a_{ij} + b_i \neq 0$，$\forall i \in \Gamma_1$。由式（6-20）可得

$$\sum_{j=1}^{N} a_{ij}((\dot{\hat{x}}_i - h_{iv}) - (\dot{\hat{x}}_j - h_{jv})) + b_i(\dot{\hat{x}}_i - h_{iv} - \dot{x}_0)$$

$$= -\eta\,\mathrm{sgn}^{\alpha}\Big(\sum_{j=1}^{N} a_{ij}((\hat{x}_i - h_{ix}) - (\hat{x}_j - h_{jx})) + b_i(\hat{x}_i - h_{ix} - x_0)\Big) \tag{6-46}$$

令 $g_i = \sum\limits_{j=1}^{N} a_{ij}((\hat{x}_i - h_{ix}) - (\hat{x}_j - h_{jx})) + b_i(\hat{x}_i - h_{ix} - x_0)$。考虑李雅普诺夫函数 $\Lambda_i = \dfrac{1}{2} g_i^2$，则有

$$\dot{\Lambda}_i = g_i\dot{g}_i = -\eta g_i\,\mathrm{sgn}(g_i)\,|g_i|^{\alpha} = -\eta\,|g_i|^{\alpha+1} \tag{6-47}$$

那么

$$\dot{\Lambda}_i + \eta 2^{\frac{\alpha+1}{2}}(V_i)^{\frac{\alpha+1}{2}} = -\eta\,|g_i|^{\alpha+1} + \eta 2^{\frac{\alpha-1}{2}}\Big(\frac{1}{2}g_i^2\Big)^{\frac{\alpha+1}{2}} = -\eta\,|g_i|^{\alpha+1} + \frac{\eta}{2}\,|g_i|^{\alpha+1} \leqslant 0 \tag{6-48}$$

由引理 6.3 可以推得 Λ_i 可在有限时间内趋于零，即对每个无人机 $i \in \Gamma_1$，存在 $T_{i'} < +\infty$ 使得 $\Lambda_i = 0$，$\forall t \geqslant T_{i'}$。

定义 $T' = \max\{T_{1'}, T_{2'}, \cdots, T_{N'}\}$，那么 $g_i = \sum\limits_{j=1}^{N+M} a_{ij}((\hat{x}_i - h_{ix}) - (\hat{x}_j - h_{jx})) + b_i(\hat{x}_i - h_{ix} - x_0) = 0$，$\forall t \geqslant T'$。根据 L_1 的定义，可以得到 $[g_1, g_2, \cdots, g_n]^{\mathrm{T}} = L_1[\hat{x}_1 - h_{1x} - x_0, \hat{x}_2 - h_{2x} - x_0, \cdots, \hat{x}_N - h_{Nx} - x_0]^{\mathrm{T}} = 0$，从而推得 $\hat{x}_i - h_{ix} - x_0 = 0$，也就是说 $\hat{x}_i = x_0 + h_{ix}$，$\hat{v}_i = v_0 + h_{iv}$，$\forall t \geqslant T'$，$i \in \Gamma_1$。

令 $T_l = \max\{T', T_1\}$，那么 $\forall t \geqslant T_l$，$x_i - h_{ix} - x_0 = \hat{x}_i - h_{ix} - x_0 + \bar{x}_i = 0$，$v_i - h_{iv} - v_0 = 0$，因此，多无人机系统可在有限时间内实现期望的编队跟踪。

定理 6.4：在协议（6-22）和（6-23）的作用下，如果定理 6.3 中的条件成立，且 r_3 和 r_4 满足下述条件，那么带有完全未知输入虚拟领导者的多无人机系统（6-18）可以在有限时间内实现编队合围跟踪。

$$r_3 \geqslant (2 - 1/p)2^{1-1/p}r_4^{1+p}\Big(\frac{2^{1-1/p} + (\mu + M\zeta)p}{1+p} + \frac{(\mu + M\zeta)2^{1-1/p}}{r_4} + \sigma_2\Big) \tag{6-49}$$

$$r_4 \geqslant \frac{p2^{1-1/p}}{1+p} + \frac{\mu + M\zeta}{1+p} + \sigma_2 \tag{6-50}$$

式中，σ_2 为正常数；记 $s_i = \sum\limits_{j=1}^{N} a_{ij}$，$\mu = \max_{i\in\Gamma_2}\{|\sum\limits_{j\in\Gamma_2} a_{ij} + s_i|\}$，$\zeta = \max_{\forall i,j\in\Gamma_2}\{|a_{ij}|\}$。

证明： 考虑由跟随者组成的子系统，由图 G_f 刻画，其对应的拉普拉斯矩阵为 $L_3 - D$，真实领导者对跟随者作用的权值表示为 $D = \mathrm{diag}\{\sum\limits_{j=1}^{N} a_{N+1,j},$ $\sum\limits_{j=1}^{N} a_{N+2,j},\cdots,\sum\limits_{j=1}^{N} a_{N+M,j}\}$。由于定理 6.3 中的条件被满足，那么有 $\forall t \geqslant T$，$\bar{x}_i = 0$，$\forall i\in\Gamma_1$ 对所有真实领导者成立。类似地，可以证明在控制协议（6-23）的作用下，$\bar{x}_i = 0$，$\bar{v}_i = 0$，$\forall i\in\Gamma_2$ 可以在有限时间内实现，该时间记作 T_2。

由假设 6.5 可知 $\sum\limits_{j=1}^{N+M} a_{ij} \neq 0$，$\forall i\in\Gamma_2$，因此，分布式有限时间观测器对跟随者有定义。

由式（6-21），有

$$\sum_{j=1}^{N+M} a_{ij}(\dot{\hat{x}}_i - \dot{\hat{x}}_j) = -\eta\,\mathrm{sig}^\alpha\Big[\sum_{j=1}^{N+M} a_{ij}(\hat{x}_i - \hat{x}_j)\Big] \tag{6-51}$$

令 $\delta_i = \sum\limits_{j=1}^{N+M} a_{ij}(\hat{x}_i - \hat{x}_j)$，那么式（6-51）转化为 $\dot{\delta}_i = -\eta\,\mathrm{sig}^\alpha\delta_i$。考虑李雅普诺夫函数 $\Delta_i = \frac{1}{2}\delta_i^2$，与对真实领导者的分析类似，可以证明 Δ_i 在有限时间内趋于零，$\exists T_i^* < +\infty$ 使得 $\Delta_i = 0$，$\forall t \geqslant T_i^*$，$i\in\Gamma_2$。定义 $T_t = \max\{T_2, T_{N+1}^*, T_{N+2}^*, \cdots, T_{N+M}^*\}$，那么 $\delta_i = 0$，$\forall t \geqslant T_t$，$\forall i\in\Gamma_2$。因此，

$$\delta_i = \sum_{j=1}^{N+M} a_{ij}(\hat{x}_i - \hat{x}_j) = 0,\ \forall t \geqslant T_t,\ \forall i\in\Gamma_2 \tag{6-52}$$

由定理 6.3 和上述证明可知，$\forall t \geqslant T_t$，$i\in\Gamma$，$x_i - \hat{x}_i = 0$，$v_i - \hat{v}_i = 0$，所以 $\sum\limits_{j=1}^{N+M} a_{ij}(x_i - x_j) = \sum\limits_{j=1}^{N+M} a_{ij}((\hat{x}_i - \hat{x}_j) + (\bar{x}_i - \bar{x}_j)) = 0$，$\forall t \geqslant T_t$。相似地，$\sum\limits_{j=1}^{N+M} a_{ij}(v_i - v_j) = 0$，$\forall t \geqslant T_t$。因此，在定理 6.4 成立的条件下，有限时间内多无人机系统可以实现预期的编队合围跟踪。

6.3.4 数值仿真

在 X-Y 二维平面上考虑有限时间编队合围跟踪问题。假设多无人机系统由 8 个无人机构成，其中，虚拟领导者下标集为 $i = 0$，真实领导者由下标集 $\Gamma_1 = \{1, 2, 3, 4\}$ 表示，跟随者的下标集为 $\Gamma_2 = \{5, 6, 7\}$。多无人机间的信息交换由 0-1 有向权值矩阵表示，见图 6-5。无人机的动力学方程为式（6-18），$x_i = [x_{i1}, x_{i2}]^{\mathrm{T}} \in$

$\mathbb{R}^2$, $v_i = [v_{i1}, v_{i2}]^T \in \mathbb{R}^2$, $\chi_i = [x_i^T, v_i^T]^T \in \mathbb{R}^4$, $i = 0, 1, \cdots, 7$, 其中, x_{i1} 与 x_{i2} 分别表示无人机在 X 轴和 Y 轴上的位置, v_{i1} 与 v_{i2} 分别为 X 轴和 Y 轴上的速度分量。对真实领导者而言, 编队由 $h_i = [h_{i1x}, h_{i2x}, h_{i1v}, h_{i2v}]^T \in \mathbb{R}^4$, $i = 1, 2, 3, 4$ 表出, h_{i1} 与 h_{i2} 分别表示编队项在 X 和 Y 方向上的信息。假设虚拟领导者按照如下轨迹引导整个无人机系统的运动: $x_{01} = t$, $x_{02} = 0.01t^2$, $v_{01} = 1$, $v_{02} = 0.02t$。

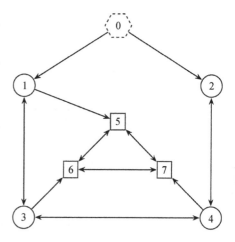

图 6-5　通信拓扑关系

　　虚拟领导者和真实领导者需要实现圆形的编队跟踪, 编队队形由以下函数刻画:

$$h_i = \begin{bmatrix} 2\cos\left(t + \dfrac{i\pi}{2}\right) \\[2mm] 2\sin\left(t + \dfrac{i\pi}{2}\right) \\[2mm] -2\sin\left(t + \dfrac{i\pi}{2}\right) \\[2mm] 2\cos\left(t + \dfrac{i\pi}{2}\right) \end{bmatrix} \in \mathbb{R}^4, \quad \forall i \in \Gamma_1 \qquad (6-53)$$

　　如果期望的时变编队 $h = [h_1^T, h_2^T, h_3^T, h_4^T]^T$ 实现, 那么真实领导者将以虚拟领导者为中心, 在半径为 2 m 的圆上均匀分布, 两两相位差为 π/2。

　　设置初始条件如下: $x_{ij}(0) = 5\Theta$ ($i = 1, 2, 3, 4, 5, 6, 7; j = 1, 2$), 其中, Θ 为 ($-1, 1$) 区间内的一个随机数, $v_{ij}(0) = 0$ ($i = 1, 2, 3, 4, 5, 6, 7; j = 1, 2$), 协议(6-54)和(6-23)中的增益常数选取为 $r_1 = 15$, $r_2 = 2.7$, $r_3 = 15$, $r_4 = 2.7$, $p = 9/7$。取 $\alpha = 0.5$, $\eta = 1$。

　　图 6-6 给出了无人机在 15 s 内运动轨迹。图 6-7 展示了多无人机系统在 $t = 1$ s, 2 s, 5 s 和 9 s 时刻的位置图。五角星代表虚拟领导者, 正十字、星号、圆圈和叉号分别代表四个真实领导者, 正三角形代表跟随者。图 6-8 中表示的编队跟踪误差定义为 $\|\epsilon\| = \|\epsilon\|_1$, $\epsilon = [\epsilon_1, \epsilon_2, \epsilon_3, \epsilon_4]^T$, 其中, $\forall i = 1, 2, 3, 4$, $\|\epsilon_i\| = \|\chi_i - h_i - \chi_0\|_1$。

　　从图 6-6 和图 6-7 中可以看出, 真实领导者实现正方形编队的同时追踪了虚拟领导者的运动轨迹。在初始时刻, 无人机随机地分布在空间中。1 s 以后, 真实领导者开始形成凸包。在 $t = 2$ s 时, 跟随者进入到真实领导者形成的凸包内部。

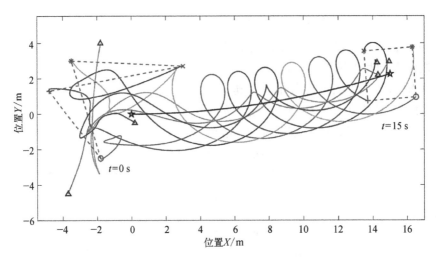

图 6-6 各无人机在 15 s 内运动轨迹

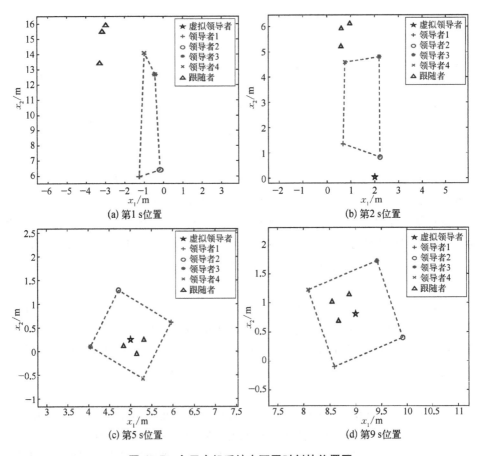

图 6-7 多无人机系统在不同时刻的位置图

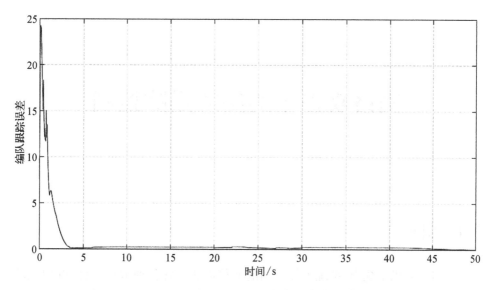

图 6-8　多无人机系统编队误差

$t = 5\,\mathrm{s}$ 和 $9\,\mathrm{s}$ 的时刻图展示出真实领导者已经以虚拟领导者为中心形成了时变的正方形队形,并且跟随者保持在该凸包内部。由于编队跟踪误差在有限时间内趋于零,因此,实现的编队即为期望的编队队形。因此,多无人机系统实现了有限时间内的编队合围跟踪。

6.4　本章小结

　　本章研究了多约束条件下的多无人机系统事件触发状态时变编队跟踪控制问题,分别考虑干扰和有限时间收敛的约束,研究多无人机事件触发状态时变编队跟踪控制问题。针对干扰情况,本章提出了鲁棒状态时变编队跟踪控制器设计方法及对应的动态事件触发协议。通过引入平滑函数,避免了系统出现控制输入的突变现象,提出了多无人机系统编队队形的可行性条件,并且证明了多无人机系统状态时变编队跟踪误差的收敛性。进一步考虑有限时间收敛性条件,提出了一种状态时变编队跟踪控制器,证明了多无人机系统在所设计的状态时变编队跟踪控制器和事件触发协议下能够在有限时间内实现期望的实用状态时变编队跟踪。

第7章

网络攻击下的编队跟踪控制

7.1 引言

在多无人机系统中,系统个体之间的通信可能包含各种敏感信息,例如,系统设计、运行状态、传感器数据等。攻击者可能通过窃听攻击窃取、篡改或伪造通信内容,对多无人机系统进行攻击。通过对通信内容进行隐私保护,可以在一定程度上避免敏感信息被未经授权的人员获取,保障多无人机系统的信息安全。此外,在网络攻击的影响下,多无人机系统中的一个或多个个体可能会被攻击者劫持转化为敌对节点,或者攻击者冒充多无人机系统中的节点,向其他个体发送错误信息。单个或部分节点的失控状态可能通过无人机之间的通信传递至整个网络,导致多无人机系统中正常的个体也无法正确地更新状态信息,无法形成预期的编队。拜占庭攻击是一种敌对节点攻击,拜占庭节点是指不遵循给定的控制协议进行状态更新,每次传输时可以向不同的邻居节点传输不同的错误信息的敌对节点。这种攻击可能导致集群系统失控、无法完成预期的任务或直接造成系统崩溃。

本章以多无人机系统为研究对象,分别针对基于隐私保护的安全编队控制问题和拜占庭攻击下的弹性编队跟踪控制问题进行研究,提出相应的隐私保护机制和弹性控制协议,通过理论分析证明设计的编队控制协议的收敛性,并通过MATLAB 数值仿真对控制协议的有效性进行进一步验证。

7.2 基于隐私保护的安全编队控制

本节采用 Paillier 公钥密码系统对无人机通信内容进行保护。由于 Paillier 密码系统只能处理整数信息,首先设计了基于量化数据和事件触发机制的时变编队控制协议。通过引入量化灵敏度参数可变的动态量化机制来处理无人机状态信息,减弱量化误差对系统的影响,从而使得系统的编队误差能够渐近趋向于零;采用事件触发机制大大减少了编队控制过程中多无人机系统对通信的需求。然后，把 Paillier 公钥加密系统和所设计的基于量化数据和事件触发机制的时变编队控制协议结合，设计加密控制架构，并对其进行了详细介绍。最后，通过仿真结果验证了所设计的时变编队控制协议的收敛性和有效性。

7.2.1　问题描述

考虑一个包含 N 架无人机的多无人机系统，个体间的通信关系由无向图 $G = \{V, E\}$ 来表示，其中，$V = \{1, 2, \cdots, N\}$ 表示节点集，$E \subseteq V \times V$ 表示边集。$(j, i) \in E$ 表示无人机 j 能直接向无人机 i 发送信息。使用 $A = [a_{ij}] \in \mathbb{Z}^{N \times N}$ 表示图 G 的邻接矩阵，满足 $a_{ij} > 0$ 当且仅当 $(j, i) \in E$；否则，$a_{ij} = 0$。把向无人机 i 发送消息的无人机组成的集合称为 i 的入邻居集合，表示为 $N_i^+ = \{j \in V | (j, i) \in E\}$，能接收到无人机 i 消息的无人机组成的集合称为 i 的出邻居集合，表示为 $N_i^- = \{j \in V | (i, j) \in E\}$。假设图 G 不存在自环，即 $a_{ii} = 0$。图 G 的拉普拉斯矩阵用 $L = [l_{ij}] \in \mathbb{Z}^{N \times N}$ 表示，其中，$l_{ij} = -a_{ij}$，$i \neq j$；$l_{ii} = \sum_{j=1}^{N} a_{ij}$。称图 G 是连通的当且仅当图中任意两个节点之间都存在路径。

无人机动力学方程如下：

$$\begin{cases} \dot{\bar{p}}_i(t) = \bar{v}_i(t) \\ \dot{\bar{v}}_i(t) = u_i(t) \end{cases} \tag{7-1}$$

式中，$i \in V$；$\bar{p}_i(t) \in \mathbb{R}^n$、$\bar{v}_i(t) \in \mathbb{R}^n$ 和 $u_i(t) \in \mathbb{R}^n$ 分别表示无人机 i 在时刻 t 的位置、速度和控制输入向量。为了简化描述，如果没有特别说明，选择 $n = 1$。定义 $x_i(t) = [\bar{p}_i(t), \bar{v}_i(t)]^T$，则式（7-1）中的动力学方程可以表示为

$$\dot{x}_i(t) = A x_i(t) + B u_i(t) \tag{7-2}$$

式中，$A = \begin{bmatrix} 0 & 1 \\ 0 & 0 \end{bmatrix}$；$B = [0 \quad 1]^T$。

使用 $\phi(t) = [\phi_1^T(t), \phi_2^T(t), \cdots, \phi_N^T(t)]^T$ 表示多无人机系统的期望编队向量，其中，$\phi_i(t) \in \mathbb{R}^2$ 表示无人机 i 的编队向量函数，满足分段连续可微的条件。

定义编队可行性条件如下：

$$A \phi_i(t) - \dot{\phi}_i(t) + B \varphi_i(t) = 0 \tag{7-3}$$

式中，$\varphi_i(t)$ 表示无人机 i 的编队补偿输入。如果存在 $\varphi_i(t)$ 使得时变编队构型 $\phi(t)$ 满足编队可行性条件（7-3），那么认为 $\phi(t)$ 对多无人机系统可行；否则，编队构型 $\phi(t)$ 不可行。

令 $\eta_i(t) = x_i(t) - \phi_i(t)$，$\delta_i(t) = \eta_i(t) - \bar{\eta}(t)$，$\delta(t) = [\delta_1^{\mathrm{T}}(t), \delta_2^{\mathrm{T}}(t), \cdots, \delta_N^{\mathrm{T}}(t)]^{\mathrm{T}}$，其中，$\bar{\eta}(t) = 1/N \sum_{i=1}^{N} \eta_i(t)$。

定义 7.1：对任意初始状态 $x_i(t_0) \in \mathbb{R}^2$，$i \in V$，如果对于多无人机系统有如下等式成立，那么称该多无人机系统实现了期望的编队构型：

$$\lim_{t \to +\infty} \| \delta(t) \| = 0 \tag{7-4}$$

假设 7.1：通信拓扑图 G 是无向连通的。

引理 7.1[16]：无向连通图 G 的拉普拉斯矩阵 L 具有单一特征值 0，并且其余 $N-1$ 个特征值为正，即 $\lambda_1 = 0$，$0 < \lambda_2 \leqslant \cdots \leqslant \lambda_N$。

7.2.2　基于量化数据和事件触发机制的控制律设计

本节提出一种基于量化数据和事件触发机制的时变编队控制协议的理论架构，图 7-1 给出了动态量化器参数设计方法，使得多无人机系统在所设计的控制协议的作用下能够形成期望的时变编队构型。

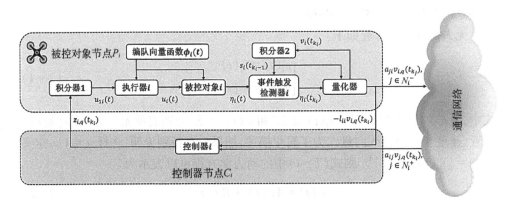

图 7-1　基于量化数据和事件触发机制的编队控制协议理论架构

1. 动态量化机制

有限级量化器（finite-level quantizer）是一个分段常数函数 $q: \mathbb{R}^n \to D$，其中，D 是 $\mathbb{R}^n$ 的一个有限子集。对于需要量化的变量 $y \in \mathbb{R}^n$，存在实数常数 $M > \Delta > 0$，满足以下条件：

$$\begin{aligned}
\| y \| \leqslant M &\Rightarrow \| q(y) - y \| \leqslant \Delta \\
\| y \| > M &\Rightarrow \| q(y) \| > M - \Delta
\end{aligned} \tag{7-5}$$

式中，M 与 Δ 被称为量化测量饱和参数和量化误差参数。在这种情况下，可以观察到量化范围受 M 的限制，在该量化范围内，量化误差受 Δ 的限制。

本节内容使用如下动态量化器：

$$q_{\tau(t)}(x(t)) = \tau(t) \cdot q\left(\frac{x(t)}{\tau(t)}\right), \quad \tau(t) > 0 \tag{7-6}$$

式中，$q_{\tau(t)}(\cdot)$ 是量化灵敏度参数为 $\tau(t)$ 的均匀量化器。量化器(7-6)将连续信号向量 $x(t)$ 的每个分量处理为集合 $\mathbb{S} = \{-\lceil M \rceil \tau(t), (-\lceil M \rceil + 1)\tau(t), \cdots, (\lceil M \rceil - 1)\tau(t), \lceil M \rceil \tau(t)\}$ 中分段常数信号，其中，集合 $\mathbb{S}$ 的基数等于 $|\mathbb{S}| = 2\lceil M \rceil + 1$ 是有限且不变的。因此，随着量化器灵敏度参数 $\tau(t)$ 的演化，$\mathbb{S}$ 是一个具有不变基数的可变集合。符号 $\lceil a \rceil$ 表示将实数 a 四舍五入到离它最近的整数，且向上取整。

$\tau(t)$ 是时间变量 t 的分段常数函数，其定义如下：

$$\tau(t) = \Omega^m \tau_0, \ t \in [mT_\tau, (m+1)T_\tau), \ m = 0, 1, 2, \cdots \tag{7-7}$$

式中，$T_\tau > 0$ 和 $\Omega \in (0, 1)$ 是两个固定常数，表示 $\tau(t)$ 的调谐周期和缩放参数，将在后面设计。

2. 编队控制协议设计

定义如下事件触发机制：

$$t_{k+1}^i = \inf\{t \in (t_k^i, +\infty): \|\tilde{e}_i(t)\| > \gamma\tau(t)\Delta\} \tag{7-8}$$

式中，$\tilde{e}_i(t) = \eta_i(t) - s_i(t_{k_i})$，$\{t_k^i\}_{k \in \mathbb{N}}$ 表示无人机 i 事件触发时刻的时间序列，满足 $0 = t_0^i < t_1^i < \cdots < t_k^i < t_{k+1}^i < \cdots$，参数 $\gamma > 1$，$s_i(t_{k_i})$ 在式(7-14)中进行定义。当式(7-8)中的条件被触发时，无人机 i 与入邻居节点进行通信，并接收其状态数据。

设计如下基于量化数据和事件触发的控制律：

$$u_i(t) = u_{1i}(t) + \varphi_i(t), \quad t \in [t_{k_i}, t_{k_i+1}) \tag{7-9}$$

式中，

$$u_{1i}(t) = \sum_{k=0}^{k_i} K z_{i,q}(t_k)\tau(t_k) \tag{7-10}$$

$$z_{i,q}(t_{k_i}) = \sum_{j=1}^N a_{ij}(v_{j,q}(t_{k_i}) - v_{i,q}(t_{k_i})) = \sum_{j=1}^N a_{ij}v_{j,q}(t_{k_i}) - l_{ii}v_{i,q}(t_{k_i}) \tag{7-11}$$

$$v_{i,q}(t_{k_i}) = q\left(\frac{\eta_i(t_{k_i}) - s_i(t_{k_i-1})}{\tau(t_{k_i})}\right) \tag{7-12}$$

$$v_i(t_{k_i}) = v_{i,q}(t_{k_i})\tau(t_{k_i}) = q_{\tau(t_{k_i})}(\eta_i(t_{k_i}) - s_i(t_{k_i-1})) \tag{7-13}$$

$$s_i(t_{k_i}) = \sum_{k=0}^{k_i} v_i(t_k), \quad s_i(t_{-1}) = 0 \tag{7-14}$$

K 是反馈增益矩阵，设计为 $K = cB^{\mathrm{T}}P$，$c \geqslant \max\left\{\dfrac{1}{2\lambda_2}, \dfrac{\epsilon}{2\|L\|\|PBB^{\mathrm{T}}P\|}\right\}$ 是一个常数，λ_2 是 L 的最小非零特征值，$\epsilon > 0$ 是一个常数，$P > 0$ 是以下代数里卡蒂方程的解：

$$A^{\mathrm{T}}P + PA - PBB^{\mathrm{T}}P + \epsilon I_n = 0 \tag{7-15}$$

根据式（7-11）、式（7-13）和式（7-14），控制律（7-9）可以转化为以下形式：

$$u_{1i}(t) = K \sum_{j=1}^{N} a_{ij}(s_j(t_{k_i}) - s_i(t_{k_i})) \tag{7-16}$$

令 $\bar{u}_1(t) = [u_{11}^{\mathrm{T}}(t), u_{12}^{\mathrm{T}}(t), \cdots, u_{1N}^{\mathrm{T}}(t)]^{\mathrm{T}}$，由此可得

$$\bar{u}_1(t) = -(L \otimes K)s(t_{k_i}) \tag{7-17}$$

令 $e_i(t_{k_i})$ 表示 $\eta_i(t_{k_i}) - s_i(t_{k_i-1})$ 灵敏度为 $\tau(t_{k_i})$ 时的量化误差：

$$e_i(t_{k_i}) = \eta_i(t_{k_i}) - s_i(t_{k_i-1}) - q_{\tau(t_{k_i})}(\eta_i(t_{k_i}) - s_i(t_{k_i-1})) \tag{7-18}$$

当量化器不饱和时，可知

$$\|e_i(t_{k_i})\| \leqslant \Delta \tau(t_{k_i}) \tag{7-19}$$

由式（7-12）、式（7-13）和式（7-18），可得

$$v_i(t_{k_i}) = q_{\tau(t_{k_i})}(\eta_i(t_{k_i}) - s_i(t_{k_i-1})) = \eta_i(t_{k_i}) - s_i(t_{k_i-1}) - e_i(t_{k_i}) \tag{7-20}$$

由式（7-13）和式（7-20），可得

$$s_i(t_{k_i}) = v_i(t_{k_i}) + s_i(t_{k_i-1}) = \eta_i(t_{k_i}) - e_i(t_{k_i}) \tag{7-21}$$

选择 τ_0 满足 $M\tau_0 \geqslant \max_{i \in V}\|x_i(0)\|$。令 $\varpi = \dfrac{2c\|L\|\|PBB^{\mathrm{T}}P\|}{\epsilon}$，其中，$c \geqslant \dfrac{\epsilon}{2\|L\|\|PBB^{\mathrm{T}}P\|}$，则有 $\varpi \geqslant 1$。选取量化器灵敏度参数 $\tau(t)$ 的调谐周期 T_τ，如下：

$$T_\tau = \frac{\lambda_P M^2}{\epsilon \gamma_1(\gamma + \gamma_1)\varpi^2 \Delta^2} - \frac{\lambda_P(\gamma + \gamma_1)}{\epsilon \gamma_1} \tag{7-22}$$

式中，M_{th} 表示量化测量饱和参数 M 的下界，即 $M > M_{th}$，定义为

$$M_{th} = (\gamma + \gamma_1)\,\varpi\Delta \geq \gamma\Delta \qquad (7-23)$$

因为 $M > M_{th}$，可知 $T_\tau > 0$。令量化器灵敏度参数 $\tau(t)$ 的缩放参数取值为 $\Omega = \dfrac{M_{th}}{M} \in (0,1)$。

7.2.3　Paillier 加密系统和加密控制架构的设计

本节通过将 Paillier 公钥加密系统和 7.2.2 节中设计的基于量化数据和事件触发机制的时变编队控制协议相结合，设计加密控制架构，以实现在编队控制过程中对多无人机系统通信内容进行保护的目的。首先对 Paillier 公钥加密系统进行介绍，接着设计加密控制架构，并对其各部分信息处理过程进行详细介绍。

1. Paillier 公钥密码系统

使用 Paillier 公钥密码系统对无人机之间传输的信息进行加密，来保护无人机的信息安全。公钥密码系统适用于开放和动态的网络，无须任何可信第三方协助进行密钥管理。公钥密码系统使用两个密钥：一个私钥和一个公开分发的公钥。任何人都可以使用公钥加密消息，但此类消息只能由有权访问私钥的代理人解密。Paillier 加密算法介绍如下，主要分为密钥生成、加密和解密三个过程。

1）密钥生成

（1）选择两个等位长的大素数 $p \in \mathbb{Z}$ 和 $q \in \mathbb{Z}$，并计算 $n = pq$。

（2）计算 $\lambda = \phi(n) = (p-1)(q-1)$，其中，$\phi(\cdot)$ 是欧拉函数。

（3）令 $\mu = \phi(n)^{-1}\bmod n$，表示 $\phi(n)$ 的模乘逆元。

（4）令公钥 k_p 为 n。

（5）令私钥 k_s 为 (λ, μ)。

2）加密（$c = \epsilon(m) \in \mathbb{Z}_{n^2}^*$）

（1）定义 $\mathbb{Z}_n = \{z \mid z \in \mathbb{Z}, 0 \leq z < n\}$ 和 $\mathbb{Z}_n^* = \{z \mid z \in \mathbb{Z}, 0 \leq z < n, \gcd(z, n) = 1\}$，其中，$\gcd(a,b)$ 表示 a 和 b 的最大公约数。

（2）生成随机数 $r \in \mathbb{Z}_n^*$。

（3）生成密文 $c = (n+1)^m r^n \bmod n^2$，其中，$m \in \mathbb{Z}_n$，$c \in \mathbb{Z}_{n^2}^*$。

3）解密（$m = D(c) \in \mathbb{Z}_n$）

（1）定义整数除法函数 $L(u) = \dfrac{u-1}{n}$。

（2）生成明文 $m = L(c^\lambda \bmod n^2)\mu \bmod n$。

c 表示密文；m 表示明文；$\epsilon(\cdot)$ 表示由公钥产生的加密函数；D 表示由私钥产生的解密函数。如果一个密码系统允许对加密的密文进行某些计算，那么它就是

同态的。Paillier 密码系统是加法同态的,满足如下性质:

$$\epsilon(m_1) \cdot \epsilon(m_2) = \epsilon(m_1 + m_2) \tag{7-24}$$

$$(\epsilon(m_1))^k = \epsilon(k \cdot m_1) \tag{7-25}$$

式中,m_1 和 m_2 表示明文,$k \in \mathbb{Z}^+$。

2. 加密控制架构设计

设计如图 7 - 2 所示的加密控制架构,使得多无人机系统能够在不向其他个体或者自身的控制器节点暴露隐私状态信息的情况下实现期望的编队构型。把无人机 i 抽象为控制器节点 C_i 和被控对象节点 P_i。

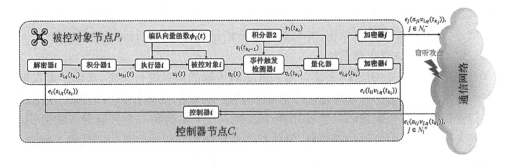

图 7 - 2　加密控制架构

如表 7 - 1 所示,无人机 i 的私钥 k_{si} 存储在 P_i 中,公钥 k_{pi} 由 P_i 分发给其入邻居节点的被控对象节点 $P_j(j \in N_i^+)$,C_i 中不存储任何公钥和私钥。

表 7 - 1　密钥存储位置

P_i	公钥	$k_{pj}, j \in N_i^-$
	私钥	k_{si}
C_i	公钥	无
	私钥	无

加密控制架构各部分信息处理过程如下所示。

对于无人机 i,使用 ϵ_i 表示其加密函数。C_i 使用从无人机 i 的入邻居节点的被控对象节点 $P_j(j \in N_i^+)$ 获取的加密数据进行计算,在过程中不需要明文的数据信息,因此,称为加密控制器。P_i 使用从 C_i 接收到的数据构建控制输入,将其应用于无人机(被控对象)i,并将与状态相关的数据加密后发送到其出邻居节点的控制器节点 $C_j(j \in N_i^-)$。

加密控制架构运行机制如下所示。

（1）P_i：根据式（7-8）中设计的事件触发机制，当事件触发检测器 i 被触发时，量化器采样 t_{k_i} 时刻无人机状态量与编队向量函数的差值 $\eta_i(t_{k_i})$，并将其与积分器 2 的输出信号 $s_i(t_{k_{i-1}})$ 的差值进行量化：

$$\eta_i(t_{k_i}) \rightarrow v_{i,q}(t_{k_i}) \left[\text{式}(7-12)\right]$$

（2）P_i：对于每个出邻居节点 $j \in N_i^-$，加密器 j 在 t_{k_j} 时刻使用无人机 j 的公钥将量化数据加密为 $\epsilon_j(v_{i,q}(t_{k_j}))$，并相乘 a_{ji} 次：

$$v_{i,q}(t_{k_j}) \rightarrow \epsilon_j(v_{i,q}(t_{k_j})) \rightarrow \epsilon_j(a_{ji}v_{i,q}(t_{k_j})) \left[\text{式}(7-25)\right]$$

因为 a_{ji} 和 $v_{i,q}(t_{k_j})$ 都为整数，所以此过程只对整数进行处理，符合 Paillier 加密的特点。也可以在加密之前乘以 a_{ji}：

$$v_{i,q}(t_{k_j}) \rightarrow a_{ji}v_{i,q}(t_{k_j}) \rightarrow \epsilon_j(a_{ji}v_{i,q}(t_{k_j}))$$

（3）P_i：加密器 i 在 t_{k_i} 时刻使用 l_{ii} 执行与上面相同的操作，并将 $\epsilon_i(l_{ii}v_{i,q}(t_{k_i}))$ 发送给 C_i：

$$v_{i,q}(t_{k_i}) \rightarrow \epsilon_i(v_{i,q}(t_{k_i})) \rightarrow \epsilon_i(l_{ii}v_{i,q}(t_{k_i}))$$

此处，P_i 可以计算值 l_{ii}，因为它有所有 a_{ij} 的信息。

（4）C_i：在接收到入邻居节点 $j \in N_i^+$ 的信息 $\epsilon_i(a_{ij}v_{j,q}(t_{k_i}))$ 和来自其自身节点 P_i 的信息 $\epsilon_i(l_{ii}v_{i,q}(t_{k_i}))$ 后，控制器使用密文计算 $\epsilon_i(z_{i,q}(t_{k_i}))$，并将其发送给节点 P_i：

$$\begin{aligned}
\epsilon_i(z_{i,q}(t_{k_i})) &= \epsilon_i\Big(\sum_{j=1}^{N} a_{ij}v_{j,q}(t_{k_i}) - l_{ii}v_{i,q}(t_{k_i})\Big) \\
&= \epsilon_i(a_{i1}v_{1,q}(t_{k_i})) \cdots \epsilon_i(a_{iN}v_{N,q}(t_{k_i})) \cdot \epsilon_i(-l_{ii}v_{i,q}(t_{k_i}))
\end{aligned}$$
$$\left[\text{式}(7-11)\text{、式}(7-24)\right]$$

（5）P_i：接收到数据 $\epsilon_i(z_{i,q}(t_{k_i}))$ 后，解密器 i 将密文解密为明文 $z_{i,q}(t_{k_i})$：

$$\epsilon_i(z_{i,q}(t_{k_i})) \rightarrow z_{i,q}(t_{k_i})$$

（6）P_i：积分器根据数据 $z_{i,q}(t_{k_i})$ 构建 $u_{1i}(t)$ 并将其发送给执行器：

$$z_{i,q}(t_{k_i}) \rightarrow Kz_{i,q}(t_{k_i})\tau(t_{k_i}) \rightarrow u_{1i}(t) = \sum_{k=0}^{k_i} Kz_{i,q}(t_k)\tau(t_k) \left[\text{式}(7-10)\right]$$

（7）P_i：执行器根据编队向量函数构建编队补偿输入 $\varphi_i(t)$，与 $u_{1i}(t)$ 生成 $u_i(t)$ 并将其作用于无人机 i：

$$u_{1i}(t) \rightarrow u_i(t) = u_{1i}(t) + \phi_i(t) \quad [式(7-9)]$$

7.2.4 编队控制稳定性分析

定理 7.1：如果假设 7.1 成立，量化灵敏度参数 $\tau(t)$ 的调谐周期 T_τ 和量化测量饱和参数 M 的下界 M_{th} 分别满足式(7-22)和式(7-23)，量化器缩放参数 $\Omega = \dfrac{M_{\mathrm{th}}}{M} \in (0,1)$，在事件触发机制(7-8)和控制律(7-9)的作用下，多无人机系统能够实现期望的编队构型。

证明：由于 $\tilde{e}_i(t) = \eta_i(t) - s_i(t_{k_i})$，根据式(7-2)、式(7-3)，可得

$$
\begin{aligned}
\dot{\eta}(t) &= (I_N \otimes A)\eta(t) + (I_N \otimes B)\bar{u}_1(t) = (I_N \otimes A)\eta(t) - (L \otimes BK)s(t_{k_i}) \\
&= (I_N \otimes A - L \otimes BK)\eta(t) + (L \otimes BK)\tilde{e}(t)
\end{aligned}
\tag{7-26}
$$

因为 $\bar{\eta}(t) = 1/N \sum\limits_{i=1}^{N} \eta_i(t)$，根据 $1_N^{\mathrm{T}} L = 0$，可以得到

$$
\dot{\bar{\eta}}(t) = \frac{1}{N}(1_N^{\mathrm{T}} \otimes A - 1_N^{\mathrm{T}} L \otimes BK)\eta(t) + \frac{1}{N}(1_N^{\mathrm{T}} L \otimes BK)\tilde{e}(t) = A\bar{\eta}(t)
\tag{7-27}
$$

由式(7-27)可得

$$
\dot{\delta}(t) = (I_N \otimes A - L \otimes BK)\delta(t) + (L \otimes BK)\tilde{e}(t)
\tag{7-28}
$$

构建如下李雅普诺夫函数：

$$
V(t) = \frac{1}{2}\delta^{\mathrm{T}}(t)(I_N \otimes P)\delta(t)
\tag{7-29}
$$

由式(7-15)可得

$$
\begin{aligned}
D^+ V(t) &= \frac{1}{2}\delta^{\mathrm{T}}(t)(I_N \otimes (A^{\mathrm{T}}P + PA) - 2cL \otimes PBB^{\mathrm{T}}P)\delta(t) \\
&\quad + \delta^{\mathrm{T}}(t)(cL \otimes PBB^{\mathrm{T}}P)\tilde{e}(t) \\
&\leqslant \frac{1}{2}\delta^{\mathrm{T}}(t)(I_N \otimes (A^{\mathrm{T}}P + PA - PBB^{\mathrm{T}}P))\delta(t) + \delta^{\mathrm{T}}(t)(cL \otimes PBB^{\mathrm{T}}P)\tilde{e}(t) \\
&= -\frac{\epsilon}{2}\delta^{\mathrm{T}}(t)\delta(t) + \delta^{\mathrm{T}}(t)(cL \otimes PBB^{\mathrm{T}}P)\tilde{e}(t)
\end{aligned}
\tag{7-30}
$$

由事件触发机制 (7-8) 可知 $\|\tilde{e}_i(t)\| \leqslant \gamma\Delta\tau(t)$，故 $\|\tilde{e}(t)\| \leqslant$

$\sqrt{N}\gamma\Delta\tau(t)$。可得

$$D^{+}V(t) \leqslant - \parallel \delta(t) \parallel \left(\frac{\epsilon}{2} \parallel \delta(t) \parallel - \gamma c \parallel L \parallel \parallel PBB^{\mathrm{T}}P \parallel \sqrt{N}\Delta\tau(t) \right)$$

$$= - \frac{\epsilon}{2} \parallel \delta(t) \parallel (\parallel \delta(t) \parallel - \gamma \varpi \sqrt{N}\Delta\tau(t))$$

$$(7-31)$$

定义一个区域 $R(t) = \{\delta \in \mathbb{R}^{Nn} | \parallel \delta \parallel \geqslant (\gamma + \gamma_1) \varpi \sqrt{N}\Delta\tau(t)\}$，其中，$\gamma_1 > 0$ 是一个小的固定常数。当 $\delta(t)$ 位于区域 $R(t)$ 中时，即对任意 $\delta(t) \in R(t)$，有如下结果：

$$D^{+}V(t) \leqslant - \frac{\epsilon}{2}\gamma_1(\gamma + \gamma_1)N \varpi^2\Delta^2\tau^2(t) < 0 \qquad (7-32)$$

首先，考虑系统处于时间区间 $[0, T_\tau)$ 时的情况，此时 $\tau(t) = \tau_0$，需要证明如下结论：

$$V(T_\tau) \leqslant \frac{\lambda_P}{2}(\gamma + \gamma_1)^2 N \varpi^2\Delta^2\tau_0^2 \qquad (7-33)$$

式中，λ_P 表示 P 的最大特征值。

为了证明式 (7-33)，令 $\tilde{T}_0 = \inf\left\{ t \geqslant 0 | V(t) \leqslant \frac{\lambda_P}{2}(\gamma + \gamma_1)^2 N \varpi^2\Delta^2\tau_0^2 \right\}$。

首先证明：$T_\tau \geqslant \tilde{T}_0$。

当 $\tilde{T}_0 = 0$ 时，因为 $T_\tau > 0$，直接有 $T_\tau \geqslant \tilde{T}_0$ 的结论。

当 $\tilde{T}_0 > 0$ 时，通过反证法进行证明。假设 $T_\tau < \tilde{T}_0$。根据 $\tilde{T}_0$ 的定义及 $V(t)$ 的连续性，对任意 $\delta(t) \in R(t)$ 及 $t \in [0, T_\tau] \subset [0, \tilde{T}_0)$，有如下结果：

$$V(T_\tau) > V(\tilde{T}_0) = \frac{\lambda_P}{2}(\gamma + \gamma_1)^2 N \varpi^2\Delta^2\tau_0^2 \qquad (7-34)$$

此外，因为 $M\tau_0 \geqslant \max_{i \in V} \parallel x_i(0) \parallel$，可知

$$V(0) \leqslant \frac{\lambda_P}{2} \parallel \delta(0) \parallel^2 = \frac{\lambda_P}{2} \parallel (\Theta_N \otimes I_n)x(0) \parallel^2$$

$$\leqslant \frac{\lambda_P}{2} \parallel \Theta_N \parallel^2 \parallel x(0) \parallel^2 \leqslant \frac{\lambda_P}{2}N\tau_0^2 M^2$$

$$(7-35)$$

式中，$\Theta_N = I_N - \frac{1}{N}1_N 1_N^{\mathrm{T}}$。由于 $\parallel \Theta_N \parallel = 1$，所以式 (7-35) 中最后一个不等式成

立。根据式(7-22)中 T_τ 的取值,有如下矛盾结果:

$$-\frac{\epsilon}{2}\gamma_1(\gamma+\gamma_1)N\varpi^2\Delta^2\tau_0^2T_\tau = \frac{\lambda_P}{2}(\gamma+\gamma_1)^2N\varpi^2\Delta^2\tau_0^2 \leqslant V(\tilde{T}_0)-V(0) < V(T_\tau)-V(0)$$

$$\leqslant \int_{[0,T_\tau)}D^+V(t)\,\mathrm{d}t \leqslant -\frac{\epsilon}{2}\gamma_1(\gamma+\gamma_1)N\varpi^2\Delta^2\tau_0^2T_\tau$$

$$(7-36)$$

到此证明了 $T_\tau \geqslant \tilde{T}_0$ 的结论成立。

接下来证明,对任意 $t \in [\tilde{T}_0, T_\tau)$,有如下不等式成立:

$$V(t) \leqslant \frac{\lambda_P}{2}(\gamma+\gamma_1)^2N\varpi^2\Delta^2\tau_0^2 \qquad (7-37)$$

如果式(7-37)不成立,那么存在 $t^* \in [\tilde{T}_0, T_\tau)$,使得

$$V(t^*) = \frac{\lambda_P}{2}(\gamma+\gamma_1)^2N\varpi^2\Delta^2\tau_0^2 \qquad (7-38)$$

及

$$D^+V(t^*) \geqslant 0 \qquad (7-39)$$

另外,式(7-38)表明了 $\delta(t^*) \in R(t^*)$,与式(7-32)相矛盾。因此,式(7-37)成立。根据式(7-37)的结论及 $V(\cdot)$ 的连续性,可知式(7-33)成立。

现在证明对任意 $t \in [0, T_\tau)$,以下不等式成立:

$$V(t) \leqslant V(0) \leqslant \frac{\lambda_P}{2}N\tau_0^2M^2 \qquad (7-40)$$

如果式(7-40)不成立,那么一定存在 $t^{**} \in [0, T_\tau)$,使得

$$V(t^{**}) = \frac{\lambda_P}{2}N\tau_0^2M^2 > \frac{\lambda_P}{2}(\gamma+\gamma_1)^2N\varpi^2\Delta^2\tau_0^2 \qquad (7-41)$$

及

$$D^+V(t^{**}) \geqslant 0 \qquad (7-42)$$

式中,式(7-41)中不等式成立是因为 $M > M_{\mathrm{th}}$。式(7-41)表明 $\delta(t^{**}) \in R(t^{**})$,与式(7-32)相矛盾。因此,式(7-40)中结论成立。

接下来考虑系统处于时间区间 $[T_\tau, 2T_\tau)$ 的情况。注意到量化器缩放参数 $\Omega = \dfrac{M_{\mathrm{th}}}{M} = \dfrac{(\gamma+\gamma_1)\varpi\Delta}{M}$ 且 $\tau_1 = \Omega\tau_0$,故式(7-33)等价于

$$V(T_\tau) \leqslant \frac{\lambda_P}{2} N \tau_1^2 M^2 \qquad (7-43)$$

定义 $\tilde{T}_1 = \inf\left\{ t \geqslant T_\tau \mid V(t) \leqslant \frac{\lambda_P}{2}(\gamma + \gamma_1)^2 N \varpi^2 \Delta^2 \tau_1^2 \right\}$，类比式（7-33）和式（7-40）的证明方法，可以得到如下结论：

$$V(2T_\tau) \leqslant \frac{\lambda_P}{2}(\gamma + \gamma_1)^2 N \varpi^2 \Delta^2 \tau_1^2 \qquad (7-44)$$

且

$$V(t) \leqslant \frac{\lambda_P}{2} N \tau_1^2 M^2, \quad \forall t \in [T_\tau, 2T_\tau) \qquad (7-45)$$

使用归纳法在时间区间 $[mT_\tau, (m+1)T_\tau)$，$m = 1, 2, \cdots$ 上重复以上过程，最终可以得到，对任意 $t \geqslant 0$ 都有如下结论成立：

$$V(t) \leqslant \frac{\lambda_P}{2} N \tau^2(t) M^2 \qquad (7-46)$$

由式（7-29）和式（7-46）可知

$$\| \delta(t) \| \leqslant \sqrt{\frac{\lambda_P}{\lambda_p} N} \tau(t) M = \sqrt{\frac{\lambda_P}{\lambda_p} N} \tau \left|\frac{t}{\tau}\right| M \leqslant \sqrt{\frac{\lambda_P}{\lambda_p} N} \frac{\tau_0 M}{\Omega} \mathrm{e}^{-at}$$
$$(7-47)$$

式中，$\Omega = \dfrac{M_{\mathrm{th}}}{M} \in (0, 1)$；$a = -\dfrac{\ln \Omega}{T_\tau} > 0$；$\lambda_p$ 表示 P 的最小特征值。可知，$\| \delta(t) \|$ 渐近趋向于 0。

通过上述证明可知，多无人机系统能够实现期望的编队构型。证毕。

接下来证明在任意有限时间内，系统不存在 Zeno 现象，即所设计的事件触发机制不会在有限时间被无限次触发。

定理 7.2： 如果假设 7.1 成立，量化灵敏度参数 $\tau(t)$ 的调谐周期 T_τ 和量化测量饱和参数 M 的下界 M_{th} 分别满足式（7-22）和式（7-23），量化器缩放参数 $\Omega = \dfrac{M_{\mathrm{th}}}{M} \in (0, 1)$，在事件触发机制（7-8）和控制律（7-9）的作用下，系统不存在 Zeno 现象。

证明： 考虑区间 $[mT_\tau, (m+1)T_\tau)$，$m = 0, 1, \cdots$ 上的两个连续触发时刻 t_{k_i} 和 t_{k_i+1}。

已知 $\tilde{e}_i(t) = \eta_i(t) - s_i(t_{k_i})$，根据式（7-21）可得 $\tilde{e}_i(t_{k_i}) = \eta_i(t_{k_i}) - s_i(t_{k_i}) = e_i(t_{k_i})$。由式（7-18）可知

$$\| \tilde{e}_i(t_{k_i}) \| = \| e_i(t_{k_i}) \| = \| \eta_i(t_{k_i}) - s_i(t_{k_i-1}) - q_{\tau(t_{k_i})}(\eta_i(t_{k_i}) - s_i(t_{k_i-1})) \|$$
$$(7-48)$$

根据式（7-23）可以得到

$$M\Omega = M_{\text{th}} \geqslant \gamma\Delta \tag{7-49}$$

下面证明量化器 $q_{\tau(t_{k_i})}(\eta_i(t_{k_i}) - s_i(t_{k_i-1}))$ 不饱和。

根据事件触发机制（7-8）和（7-49），可以得到

$$\| \tilde{e}_i(t) \| \leqslant \gamma\Delta\tau(t) \leqslant M\Omega\tau(t) \tag{7-50}$$

则有如下结果：

$$\| \eta_i(t_{k_i}) - s_i(t_{k_i-1}) \| = \| \eta_i(t_{k_i}^-) - s_i(t_{k_i-1}) \| = \| \tilde{e}_i(t_{k_i}^-) \|$$
$$\leqslant M\Omega\tau(t_{k_i}^-) \leqslant M\Omega\tau_{m-1} = M\tau_m \tag{7-51}$$

由此可知，量化器 $q_{\tau(t_{k_i})}(\eta_i(t_{k_i}) - s_i(t_{k_i-1}))$ 不饱和。由式（7-19）可知，量化误差 $\| e_i(t_{k_i}) \| \leqslant \tau_m\Delta$。

根据式（7-48）可得

$$\| \tilde{e}_i(t_{k_i}) \| \leqslant \tau_m\Delta \tag{7-52}$$

根据事件触发机制（7-8）可知

$$\| \tilde{e}_i(t_{k_i+1}^-) \| = \gamma\tau_m\Delta \tag{7-53}$$

在 $[mT_\tau, (m+1)T_\tau)$ 上有如下结果：

$$\frac{\mathrm{d}}{\mathrm{d}t}\| \tilde{e}_i(t) \| = \frac{\tilde{e}_i^{\mathrm{T}}(t)\dot{\tilde{e}}_i(t)}{\| \tilde{e}_i(t) \|} \leqslant \| \dot{\tilde{e}}_i(t) \| = \| \dot{\eta}_i(t) \| \leqslant \| \dot{\eta}(t) \|$$
$$= \| (I_N \otimes A)\eta(t) + (I_N \otimes B)u(t) \|$$
$$= \| (I_N \otimes A)\eta(t) + (L \otimes BK)s(t_{k_i}) \|$$
$$= \| (I_N \otimes A)\eta(t) + (L \otimes BK)(\eta(t) - \tilde{e}(t)) \|$$
$$= \| (I_N \otimes A - L \otimes BK)\eta(t) + (L \otimes BK)\tilde{e}(t) \| \tag{7-54}$$

根据式（7-50）和式（7-54），可以得到

$$\frac{\mathrm{d}}{\mathrm{d}t}\parallel \tilde{e}_i(t)\parallel \ \leqslant \ \parallel I_N \otimes A - L \otimes BK\parallel \ \parallel \eta(t)\parallel \ + \ \parallel L \otimes BK\parallel \ \parallel \tilde{e}(t)\parallel$$

$$\leqslant \ \parallel I_N \otimes A - L \otimes BK\parallel \ \parallel \eta(t)\parallel \ + \ \parallel L \otimes BK\parallel \ \sqrt{N}M\Omega\tau(t)$$

$$= \ \parallel I_N \otimes A - L \otimes BK\parallel \ \parallel \eta(t)\parallel \ + \ \parallel L \otimes BK\parallel \ \sqrt{N}M\Omega\tau_m$$

$$(7-55)$$

由式(7-52)、式(7-53)和式(7-55),可得

$$(\gamma - 1)\tau_m \Delta \ \leqslant \ \parallel \tilde{e}_i(t_{k_i+1}^-)\parallel \ - \ \parallel \tilde{e}_i(t_{k_i})\parallel \ \leqslant \int_{[t_{k_i}, t_{k_i+1})} \frac{\mathrm{d}}{\mathrm{d}t}\parallel \tilde{e}_i(t)\parallel \mathrm{d}t$$

$$\leqslant (\ \parallel I_N \otimes A - L \otimes BK\parallel \ \parallel \eta(t)\parallel \ + \ \parallel L \otimes BK\parallel \ \sqrt{N}M\Omega\tau_m)(t_{k_i+1} - t_{k_i})$$

$$(7-56)$$

因此,

$$t_{k_i+1} - t_{k_i} \geqslant \frac{(\gamma - 1)\Delta}{\dfrac{\parallel I_N \otimes A - L \otimes BK\parallel}{\tau_m}\parallel \eta(t)\parallel \ + \ \parallel L \otimes BK\parallel \ \sqrt{N}M\Omega}$$

$$(7-57)$$

任意有限时间区间 $[0, T)$ 属于 $[mT_\tau, (m+1)T_\tau)$ 的有限个并集, $m = 0$, $1, \cdots$,由此可知 $\tau(t) \geqslant \tau_m$ 且 $\parallel \eta(t)\parallel$ 取值是有限的。因此,在任意有限时间内, $t_{k_i+1} - t_{k_i}$ 有常数下界,在 $[mT_\tau, (m+1)T_\tau)$ 上最多可能发生有限次触发。另外,任何具有有限值 T 的区间 $[0, T)$ 都属于 $[mT_\tau, (m+1)T_\tau)$ 的有限并集,表示不可能在 $[0, T)$ 上无限触发。由此可得结论:在任意有限时间内,两个相邻触发时刻的时间间隔满足 $t_{k_i+1} - t_{k_i} > 0$,系统不存在 Zeno 现象,不会进行无限次触发。证毕。

7.2.5　数值仿真

这里使用一个仿真示例来对本节提出的基于量化数据和事件触发机制的时变编队控制律进行验证。针对 6 个无人机构成的多无人机系统在 $X-Y$ 平面上的运动,令状态向量 $x_i(t) = [x_{iX}(t), v_{iX}(t), x_{iY}(t), v_{iY}(t)]$,其中, $x_{iX}(t)$ 和 $x_{iY}(t)$ 分别表示无人机 i 在 X 和 Y 方向上的位置, $v_{iX}(t)$ 和 $v_{iY}(t)$ 分别表示无人机 i 在 X 和 Y 方向上的速度。

无人机之间通信拓扑图如图 7-3 所示。

期望编队为圆形编队,编队向量函数设计如下:

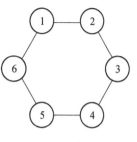

图 7-3　无人机之间通信拓扑图

$$\phi_i(t) = r \begin{bmatrix} \sin\left(\omega t + \dfrac{2i-1}{6}\pi\right) \\ \omega\cos\left(\omega t + \dfrac{2i-1}{6}\pi\right) \\ v\cos\left(\omega t + \dfrac{2i-1}{6}\pi\right) \\ -\omega\sin\left(\omega t + \dfrac{2i-1}{6}\pi\right) \end{bmatrix}, \quad i \in \{1, 2, \cdots, 6\} \quad (7-58)$$

式中，$r = 2$ m 与 $\omega = 0.1$ rad/s 分别表示圆形编队的半径和角速度。令 $\epsilon = 1$，求解式(7-15)，可将控制器增益矩阵设计为

$$K = \begin{bmatrix} 1.500\,0 & 2.598\,1 & 0 & 0 \\ 0 & 0 & 1.500\,0 & 2.598\,1 \end{bmatrix} \quad (7-59)$$

对于动态量化器(7-6)，量化误差参数 $\Delta = 0.5$。令 $\gamma = 1.2$，$\gamma_1 = 0.2$，则 $M_{th} = 33.6$。取量化误差饱和参数 $M = 39.6$，则量化灵敏度参数 $\tau(t)$ 的缩放参数 $\Omega = 0.848\,5$，调谐周期 $T_\tau = 7.44$ s。将仿真频率设置为 200 Hz。

图7-4~图7-7显示了100 s内的仿真结果。图7-4与图7-5分别展示了多无人机系统的运动轨迹和编队误差变化，其中，$e(t) = \|\delta(t)\|$，可见多无人机系统已经形成了期望的圆形编队，且编队误差随着时间的变化逐渐趋向于0，与定

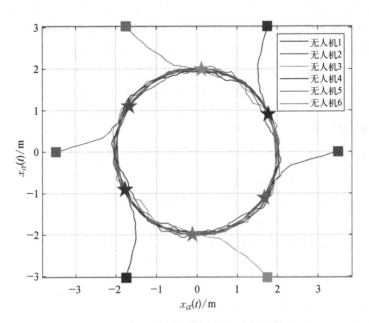

图7-4   100 s内多无人机系统运动轨迹图

义 7.1 和定理 7.1 的结论一致。图 7-6 显示了量化灵敏度参数变化情况,可见其以 T_τ 为周期不断地减小,与式(7-7)中的定义一致。图 7-7 显示了各无人机的事件触发时刻,可以看出事件触发机制大大减少了多无人机系统对通信的需求。

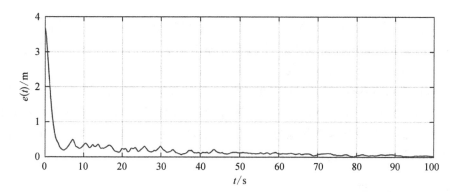

图 7-5　100 s 内多无人机系统编队误差变化图

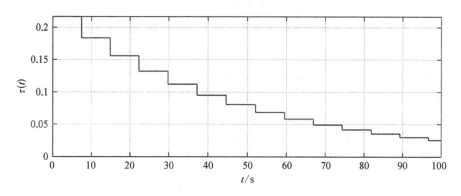

图 7-6　100 s 内量化灵敏度参数变化图

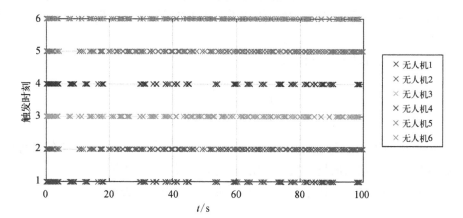

图 7-7　100 s 内多无人机系统事件触发时刻图

7.3　拜占庭攻击下的弹性编队跟踪控制

本节旨在解决在对抗环境下的多无人机系统时变输出编队跟踪控制问题,在存在拜占庭节点的情况下实现弹性的时变输出编队跟踪控制。为了解决这个问题,本节首先提出一个带有参数 f 的弹性一致性协议(resilient consensus protocol-f,RCP-f),然后将其推广到向量空间。接着,设计弹性状态观测器,以确保在拜占庭节点的干扰下,正常节点仍能够跟踪领导者的输出信号。最后,基于设计的弹性状态观测器,本节设计编队跟踪控制器,用于驱动多无人机系统实现期望的时变输出编队跟踪,并通过仿真结果对理论进行了验证。

7.3.1　问题描述

对于 N 个无人机组成的集群,使用有向图 $G = (V, E)$ 表示个体间的通信拓扑。$(j, i) \in E$ 表示无人机 j 能直接向无人机 i 发送信息。使用 $A = [a_{ij}] \in \mathbb{R}^{N \times N}$ 表示图 G 的邻接矩阵,满足 $a_{ij} > 0$ 当且仅当 $(j, i) \in E$;否则,$a_{ij} = 0$。把向无人机 i 发送消息的无人机组成的集合称为 i 的入邻居集合,表示为 $N_i^+ \triangleq \{j \in V \mid (j, i) \in E\}$,能接收到无人机 i 消息的无人机组成的集合称为 i 的出邻居集合,表示为 $N_i^- \triangleq \{j \in V \mid (i, j) \in E\}$。假设图 G 不存在自环,即 $a_{ii} = 0$。

使用图 $G_{\sigma(t)} = (V, E_{\sigma(t)})$,$E_{\sigma(t)} \subseteq V \times V$ 来表示动态变化的通信拓扑,其中,$\sigma(t): \mathbb{R}^+ \to \mathbb{S}$ 是分段函数,表示图 $G_{\sigma(t)}$ 的切换信号,其中,$\mathbb{S} = \{1, 2, \cdots, s\}$,$s$ 是正整数。存在一个序列 $0 = t_0 < t_1 < t_2 < \cdots$,满足对所有 $k \geqslant 0$ 和某个常数 ι,都有 $t_{k+1} - t_k \geqslant \iota > 0$,$\iota$ 被称为驻留时间。对于任意的 $t \in [t_k, t_{k+1}]$,存在对应的 $\sigma(t) = i$,其中,$i \in \mathbb{S}$。此外,对于任意 $T \geqslant 0$,时间段 $[t, t + T]$ 内的图的并集可以表示为 $G(t, T) \triangleq \bigcup_{\tau \in [t, t+T]} G_{\sigma(\tau)}$。

跟随者无人机动力学方程如下:

$$\begin{cases} \dot{\bar{p}}_i(t) = \bar{v}_i(t) \\ \dot{\bar{v}}_i(t) = u_i(t) \end{cases} \tag{7-60}$$

式中,$i \in V$,$\bar{p}_i(t) \in \mathbb{R}^n$、$\bar{v}_i(t) \in \mathbb{R}^n$ 和 $u_i(t) \in \mathbb{R}^n$ 分别表示无人机 i 在时刻 t 的位置、速度和控制输入向量。为了简化描述,如果没有特别说明,选择 $n = 1$。定义 $x_i(t) = [\bar{p}_i(t), \bar{v}_i(t)]^T$,则式(7-60)中的动力学方程可以表示为

$$\dot{x}_i(t) = Ax_i(t) + Bu_i(t) \tag{7-61}$$

式中, $A = \begin{bmatrix} 0 & 1 \\ 0 & 0 \end{bmatrix}$; $B = \begin{bmatrix} 0 & 1 \end{bmatrix}^{\mathrm{T}}$。

领导者信号用如下二阶系统表示:

$$\begin{cases} \dot{v}_{01}(t) = v_{02}(t) \\ \dot{v}_{02}(t) = av_{01}(t) \end{cases} \quad (7-62)$$

式中, $v_{01}(t) \in \mathbb{R}$ 和 $v_{02}(t) \in \mathbb{R}$ 是领导者信号在 t 时刻的状态变量; $a \in \mathbb{R}^{-}$。定义 $v(t) = \begin{bmatrix} v_{01}(t), v_{02}(t) \end{bmatrix}^{\mathrm{T}}$, 则式(7-62)中的二阶系统可以表示为

$$\dot{v}(t) = Sv(t) \quad (7-63)$$

式中, $S = \begin{bmatrix} 0 & 1 \\ a & 0 \end{bmatrix}$。

跟随者系统(7-61)中个体之间的通信拓扑可以由一个时变有向图 $G_{\sigma(t)}$ 表示。在时间 t, 无人机 i 和其入邻居节点 j 之间的通信时延用 $\bar{\tau}_{ij}(t) \in \begin{bmatrix} 0, \bar{\tau} \end{bmatrix}$ 表示。跟随者系统(7-61)和领导者信号(7-63)构成了一个领导者-跟随者集群系统。定义有向图 $\bar{G}_{\sigma(t)} = \{\bar{V}, \bar{E}_{\sigma(t)}\}$ 来描述领导者-跟随者集群系统的通信拓扑结构, 其中, $\bar{V} = \{0\} \cup \{V\}$, $\bar{E}_{\sigma(t)} \subseteq \bar{V} \times \bar{V}$。在 $\bar{G}_{\sigma(t)}$ 中, 领导者(7-63)由节点 0 表示, 跟随者(7-61)由其他节点表示。领导者和跟随者 j 之间的通信时延用 $\bar{\tau}_{j0}(t)$ 表示, 满足 $0 \leqslant \bar{\tau}_{j0}(t) \leqslant \bar{\tau}$。

图7-8给出了含有拜占庭节点的多无人机系统示意图。为了方便说明, 将那些可以直接获取领导者信号的跟随者称为目标节点, 组成的集合用 X 表示; 其余的跟随者称为非目标节点, 组成的集合用 Y 表示。拜占庭节点是指可能会干扰算法性能、阻止全局目标实现的节点, 组成的集合用 B 表示; 正常节点是指总是遵循预

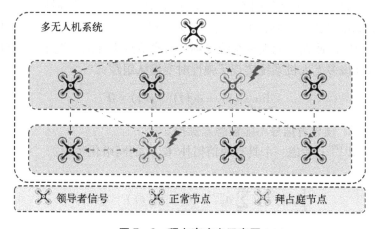

图 7-8　拜占庭攻击示意图

定义控制规则的节点,组成的集合用 H 表示。假设 $H = \{1, 2, \cdots, h\}$,其中,h 是多无人机系统中正常节点的数量。需要注意的是,目标节点和非目标节点都可以是拜占庭节点或正常节点。为了简洁起见,用 X_H 与 Y_H 分别表示正常目标节点和正常非目标节点的集合。

使用 $\phi(t) = [\phi_1^{\mathrm{T}}(t), \phi_2^{\mathrm{T}}(t), \cdots, \phi_N^{\mathrm{T}}(t)]^{\mathrm{T}}$ 表示多无人机系统的期望编队向量,其中,$\phi_i(t) \in \mathbb{R}^2$ 表示无人机 i 的编队向量函数,满足分段连续可微的条件。

定义编队可行性条件如下:

$$A\phi_i(t) - \dot{\phi}_i(t) + B\delta_i(t) = 0 \tag{7-64}$$

式中,$\delta_i(t)$ 表示无人机 i 的编队补偿输入。如果存在 $\delta_i(t)$ 使得时变编队构型 $\phi(t)$ 满足编队可行性条件(7-64),那么认为 $\phi(t)$ 对多无人机系统可行;否则,编队构型 $\phi(t)$ 不可行。

定义 7.2(f-局部攻击):在任何正常节点的邻居节点中,最多存在 f 个拜占庭节点。即对于所有 $i \in H$,都满足 $|B \cap N_i^+| \leqslant f$。其中,$N_i^+$ 表示节点 i 的入邻居节点集合。

定义 7.3(r-可达集):考虑有向图 $G = (V, E)$ 和一个非空集合 $X' \subseteq V$。对于 $r \in \mathbb{Z}^+$,若存在 X' 中的节点 i,它至少有 r 个不属于 X' 的邻居节点,即 $|N_i^+ \setminus X'| \geqslant r$,则称 X' 为 r-可达集。

定义 7.4(关于 X' 的强 r-鲁棒性):考虑有向图 $G = (V, E)$ 和一个非空集合 $X' \subseteq V$。如果对于任意的非空子集 $X'' \subseteq V \setminus X'$,都有 X'' 是 r-可达集,那么称 G 相对于 X' 具有强 r-鲁棒性。

定义 7.5(关于 X' 的联合强 r-鲁棒性):考虑时变有向图 $G_{\sigma(t)} = (V, E_{\sigma(t)})$ 和一个非空集合 $X' \subseteq V$。如果存在 $T > 0$,使得对于任意的 $t \in \mathbb{R}^+$,$G(t, T)$ 都对于 X' 具有强 r-鲁棒性,那么称图 $G_{\sigma(t)}$ 相对 X' 具有联合强 r-鲁棒性。

定义 7.6:考虑含有拜占庭节点的多无人机系统(7-61),如果对于任何正常无人机 $i \in H$,即使在多无人机系统受到拜占庭节点干扰的情况下,仍有以下等式成立,那么称该多无人机系统实现了弹性时变编队跟踪:

$$\lim_{t \to +\infty} x_i(t) - \phi_i(t) - v(t) = 0 \tag{7-65}$$

假设 7.2:领导者信号不能被恶意操控。

引理 7.2[120]:考虑一个具有通信拓扑 $\bar{G}_{\sigma(t)}$ 的网络化系统:

$$\begin{cases} \dot{z}_i(t) = \mu \sum_{j=0}^{N} a_{ij}^{\sigma(t)}(z_j(t - \tau_{ij}(t)) - z_i(t)) \\ z_0(t) = z_c \end{cases} \tag{7-66}$$

式中,$z_i(t) \in \mathbb{R}^n$, $i \in V$; z_c 是一个常向量。如果存在正数 T 使得在并集图 $\bar{G}(t, T) \triangleq \bigcup_{\tau \in [t, t+T]} \bar{G}_{\sigma(\tau)}$ 中,对任意节点 $i \in V$, 都存在一条从节点 0 开始的有向路径,那么对任意 $i \in V$, 都有 $z_i(t)$ 指数收敛到 z_c。

7.3.2 弹性状态观测器设计与分析

为了介绍所设计的弹性观测器,本节首先介绍 RCP-f。该协议在 f-局部攻击的情况下,仍能够使正常节点达成一致。本节首先介绍 RCP-f 在一维空间中的设计,并将其拓展到多维向量空间中。在此基础上,本节设计一种基于多维 RCP-f 的弹性观测器,并通过理论分析证明,即使存在 f-局部攻击,正常节点仍能够使用该弹性观测器观测到领导者信号的状态信息。

1. 一维弹性一致性协议设计

假设每个正常节点 i 初始状态为某个"虚拟状态" $z_i(0) \in \mathbb{R}$。对任意 $t \geq 0$, 令 $N_i^+(t, T) \triangleq \bigcup_{\tau = \max(0, t-T)}^{t} N_i^+(\tau)$。如果 $t \geq T$, 表示时间区间 $[t-T, t]$ 内 i 的入邻居节点集合的并集;否则,表示时间区间 $[0, t]$ 内 i 的入邻居节点集合的并集。在任意时刻 $t \geq 0$, 每个正常节点 i 都会关注从 $N_i^+(t, T)$ 接收到的信息,并在 $\Lambda_i(t)$ 中保存最近接收到的入邻居节点的虚拟状态值。即

$$\Lambda_i(t) = \{z_j(\tau_{ij}(t)) : j \in N_i^+(t, T)\} \quad (7-67)$$

式中,对任意 $j \in N_i^+(t, T)$, $\tau_{ij}(t) = \max(\{\tau \in [t-T', t] : j \in N_i^+(\tau)\})$, $T' \triangleq \min(t, T)$; $z_j(\tau_{ij}(t))$ 是在 $\tau_{ij}(t)$ 时刻节点 i 从节点 j 接收到的虚拟状态值。

考虑到相邻节点之间的通信时延,令 $\tilde{\tau}_{ij}(t) = t - \tau_{ij}(t) + \bar{\tau}_{ij}(t)$, 则节点 i 保存的最近接收到的入邻居节点的虚拟状态值变成了

$$\Lambda_i(t) = \{z_j(t - \tilde{\tau}_{ij}(t)) : j \in N_i^+(t, T)\} \quad (7-68)$$

接下来对一维 RCP-f 进行介绍。在任意时刻 t, 正常节点 i 按照以下步骤执行 RCP-f:

(1) 收集所有入邻居节点(不包括领导者信号)的状态,并将其存入一个列表 $\Lambda_i(t, T)$ 中。$\Lambda_i(t, T)$ 在式(7-68)进行了定义。

(2) 在 $\Lambda_i(t, T)$ 中,移除大于 $z_i(t)$ 的 f 个最大值;如果只有小于 f 个值大于 $z_i(t)$, 那么移除所有这些值。

(3) 在 $\Lambda_i(t, T)$ 中,移除小于 $z_i(t)$ 的 f 个最小值;如果只有小于 f 个值小于 $z_i(t)$, 那么移除所有这些值。

(4) 将经过第 2 步和第 3 步后其状态值仍保留在 $\Lambda_i(t, T)$ 中节点组成的集合记为 $J_i(k)$, 节点 i 的虚拟状态按照以下规则进行更新:

$$\dot{z}_i(t) = \mu \sum_{j \in J_i(t)} a_{ij}(t) \left[z_j(t - \tilde{\tau}_{ij}(t)) - z_i(t) \right] + \mu a_{i0}(t) \left[z_0(t - \tilde{\tau}_{i0}(t)) - z_i(t) \right]$$

$$(7-69)$$

式中，$z_0(t)$ 是领导者信号的虚拟状态，式（7-69）中的权值满足：

$$\begin{cases} a_{ij}(t) = 0 \text{ 且 } a_{i0}(t) = 0, & i = 0 \\ a_{ij}(t) > 0 \text{ 且 } a_{i0}(t) > 0, & i \in X_H \\ a_{ij}(t) > 0 \text{ 且 } a_{i0}(t) = 0, & i \in Y_H \end{cases} \qquad (7-70)$$

引理 7.3： 考虑在 f-局部攻击下的多无人机系统，假设每个正常跟随者节点都通过 RCP$-f$ 进行更新，且对于任意的 $j \in Y_H$，都有 $| N_i^+(t, T) | \geqslant 2f + 1$，则对于任意的 $i \in H$，以下结果成立。

（1）存在一个非空集合 $M_i(t) \subseteq (N_i^+(t, T) \cap H)$ 和一组非负权值 $\bar{a}_{ij}(t)$，使得更新律（7-69）在数学上等价于以下形式：

$$\dot{z}_i(t) = \mu \sum_{j \in M_i(t)} \bar{a}_{ij}(t) \left[z_j(t - \tilde{\tau}_{ij}(t)) - z_i(t) \right] + \mu a_{i0}(t) \left[z_0(t - \tilde{\tau}_{i0}(t)) - z_i(t) \right]$$

$$(7-71)$$

式中，$a_{i0}(t)$ 定义在式（7-70）中。

（2）对于 $J_i(t)$ 中的任意正常节点 w，即 $w \in (J_i(t) \cap H)$，都满足 $w \in M_i(t)$ 且 $\bar{a}_{iw}(t) \geqslant a_{iw}(t)$。

证明： 下面分为以下三种情况进行证明。

（1）$i = 0$：由于节点 0 没有任何入邻居节点，因此，结论显然成立，即 $J_0(t) = \varnothing$ 且 $\bar{a}_{0i}(t) = 0, \forall j$。

（2）$i \in Y_H$：对于每个正常节点 i，在任意时刻最多移除 $3f$ 个入邻居节点虚拟状态值。由于 $| N_i^+(t, T) | \geqslant 2f + 1$，因此，有 $J_i(t) \neq \varnothing$。可以分为以下两种情况：

① $J_i(t) \cap B = \varnothing$，即集合 $J_i(t)$ 中没有拜占庭节点。

② $J_i(t) \cap B \neq \varnothing$，即集合 $J_i(t)$ 中含有拜占庭节点。

在第（1）种情况下，只需令 $\bar{a}_{ij}(t) = a_{ij}(t)$，即可得出结论。接下来主要对（2）的情况进行分析。

对于任意拜占庭节点 $l \in J_i(t) \cap B$，因为 $z_l(t - \tilde{\tau}_{il}(t))$ 被保留在 $J_i(t)$ 中，所以必须满足以下两种情况之一。

① 节点 i 有 f 个虚拟状态值大于或等于 $z_l(t - \tilde{\tau}_{il}(t))$ 的入邻居节点，或者节点 i 自身的虚拟状态值 $z_i(t)$ 大于或等于 $z_l(t - \tilde{\tau}_{il}(t))$。

② 节点 i 有 f 个虚拟状态值小于或等于 $z_l(t - \tilde{\tau}_{il}(t))$ 的入邻居节点，或者节点

i 自身的虚拟状态值 $z_i(t)$ 小于或等于 $z_l(t - \tilde{\tau}_{il}(t))$。

在 f-局部攻击模型下,总是可以找到一对正常节点 p, $q \in H$,使得 $z_p(t - \tilde{\tau}_{ip}(t)) \leqslant z_l(t - \tilde{\tau}_{il}(t)) \leqslant z_q(t - \tilde{\tau}_{iq}(t))$。因此,存在 $\gamma \in [0, 1]$,使得 $z_l(t - \tilde{\tau}_{il}(t)) = \gamma z_p(t - \tilde{\tau}_{ip}(t)) + (1 - \gamma) z_q(t - \tilde{\tau}_{iq}(t))$。

令 $\bar{a}_{ip}(t) = a_{ip}(t) + \gamma a_{il}(t)$ 和 $\bar{a}_{iq}(t) = a_{iq}(t) + (1 - \gamma) a_{il}(t)$,拜占庭节点 l 对节点 i 的影响可以转换为对两个正常节点 p 和 q 的影响。通过对 $J_i(t)$ 中的每个拜占庭节点重复上述过程,可以建立式(7-71)。此外,需要注意的是,对于 $J_i(t)$ 中的任意正常节点 w,即 $w \in J_i(t) \cap H$,都有 $\bar{a}_{iw}(t) \geqslant a_{iw}(t)$。证明完成。

(3) $i \in X_H$:这种情况与情况 0 类似,不同之处在于节点 0,即领导者信号的虚拟状态信息会被目标节点保留并使用。证明过程不再赘述。证毕。

对于任意节点 $i \in V$,令 $\bar{a}_{i0}(t) \triangleq a_{i0}(t)$。利用权值 $\{\bar{a}_{ij}(t)\}$,其中,i, $j \in \bar{V}$,令矩阵 $\bar{M}(t) \triangleq [\bar{m}_{ij}(t)] \in \mathbb{R}^{(h+1) \times (h+1)}$,使得

$$
\bar{m}_{ij}(t) = \begin{cases} \sum_{j \in M_i(t)} \bar{a}_{ij}(t), & j = i \\ -\bar{a}_{ij}(t), & j \in \{0\} \cup M_i(t) \\ 0, & \text{其他} \end{cases} \tag{7-72}
$$

令 $G(\bar{M}(t)) = (H \cup 0, \bar{E}(t))$ 表示以 $\bar{M}(t)$ 为拉普拉斯矩阵的有向图。集合 $M_i(t)$ 由正常节点组成,这表明 RCP-f 可以限制拜占庭节点对正常节点的影响,避免它们对正常节点的动态进行任意操纵。这种安全性保证了正常节点不会受到拜占庭节点的显著误导。

图 $G(\bar{M}(t))$ 具有以下性质。

引理 7.4 对于受到 f-局部攻击的多无人机系统,假设 $G_{\sigma(t)}$ 对于 X 具有联合强 $(3f + 1)$-鲁棒性,每个正常的跟随者节点都使用 RCP-f 进行更新,则在图 $G(\bar{M}(t))$ 中,对任意跟随者节点,总存在从节点 0 到其的有向路径。

证明: 由于 $G_{\sigma(t)}$ 对于 X 具有联合强 $(3f + 1)$-鲁棒性,存在 $S_1 \subset Y_H \subset V\backslash X$,使得对于任意 $i \in S_1$,都满足 $|N_i^+(t, T)\backslash Y_H| \geqslant 3f + 1$。因为 $|N_i^+(t, T) \cap B| \leqslant f$,且 $V\backslash Y_H = X \cup B$,所以有 $|N_i^+(t, T) \cap X_H| \geqslant 2f + 1$。根据 RCP-$f$,节点 i 最多移除 $2f$ 个入邻居节点状态值。因此,至少一个正常目标节点会被保留在 $J_i(t)$ 中。结合引理 7.3,这个正常的目标节点是节点 i 在图 $G(\bar{M}(t))$ 中的一个入邻居节点。

接下来,令 $Y_H^1 \triangleq Y_H\backslash S_1 \subset V\backslash X$。假设 $Y_H^1 \neq \varnothing$,因为 $G_{\sigma(t)}$ 对于 X 是联合强 $(3f + 1)$-鲁棒的,因此,总是可以找到一个非空集合 $S_2 \subset Y_H^1$,其中的节点有不少

于 $3f+1$ 个不属于 Y_H^1 的入邻居节点。对于任意 $j \in S_2$，因为 $|N_j^+(t, T) \backslash Y_H^1| \geqslant 3f+$ 1，所以必定存在一个属于集合 X_H 或 S_1 的正常节点被节点 j 保留在 $J_j(t)$ 中。根据引理 7.3，存在一个正常的目标节点，在图 $G(\bar{M}(t))$ 中，能够经过长度不超过 2 的有向路径，到达节点 j。

与以上证明类似，可以递归地定义 $Y_H^\tau \triangleq Y_H^{\tau-1} \backslash S_\tau$。只要 $Y_H^\tau \neq \varnothing$，令 $S_{\tau+1} \subset Y_H^\tau$ 表示有不少于 $3f+1$ 个不属于 Y_H^τ 的入邻居节点组成的集合。重复上述分析可以得到结论：$S_{\tau+1}$ 中的任意节点 k 总是能够将一个正常节点保留在 $J_k(t)$ 中，把该正常节点记为 q，满足 $q \in (\bigcup_{i=1}^\tau S_i) \cup X_H$。因此，总是可以找到一个有向路径长度不超过 $\tau+1$ 的正常目标节点到达节点 k。令 $S_0 \triangleq X_H$，注意到 S_0 中的每个节点都可以直接被节点 0 到达。

由以上分析可知，对 $G(\bar{M}(t))$ 中的任意跟随者节点，总是存在一条从节点 0 到达该节点的有向路径。证毕。

2. 多维弹性一致性协议设计

以上 RCP $-f$ 是针对状态仅为标量的一维系统提出的，为了处理多维情况，接下来将其扩展到向量空间。

对于任意的虚拟状态向量 $z_i(t) \in R^q$，引入如下表示方法：

$$\Phi_f(\{\bar{z}_{ij}(t)\}_{j \in N_i^+(t, T)}) \triangleq \mu \begin{bmatrix} \sum\limits_{j \in J_i^1(t)} a_{ij}^1[\bar{z}_{ij}^1(t) - z_i^1(t)] + a_{i0}^1[\bar{z}_{i0}^1(t) - z_i^1(t)] \\ \sum\limits_{j \in J_i^2(t)} a_{ij}^2[\bar{z}_{ij}^2(t) - z_i^2(t)] + a_{i0}^2[\bar{z}_{i0}^2(t) - z_i^2(t)] \\ \vdots \\ \sum\limits_{j \in J_i^q(t)} a_{ij}^q[\bar{z}_{ij}^q(t) - z_i^q(t)] + a_{i0}^q[\bar{z}_{i0}^q(t) - z_i^q(t)] \end{bmatrix}$$

$$(7-73)$$

式中，$\bar{z}_{ij}(t) = z_j(t - \tilde{\tau}_{ij}(t))$。在式（7-73）中，RCP $-f$ 被独立地应用于虚拟状态向量的每个分量 $s(s = 1, 2, \cdots, q)$，$J_i^s(t)$ 是对应维度上状态分量被节点 i 保留下来节点组成的集合。

引理 7.5：任意节点 $i \in H \cup \{0\}$，对于以下更新律：

$$\dot{z}_i(t) = \Phi_f(\{\bar{z}_{ij}(t)\}_{j \in N_i^+(t, T)}) \qquad (7-74)$$

假设引理 7.4 中的条件成立，则对于任意虚拟状态 $z_i(t) \in \mathbb{R}^q$，$z_i(t)$ 指数收敛到 $z_0(0)$。

证明：因为 $G_{\sigma(t)}$ 对于 X 是联合强 $(3f+1)$-鲁棒的，所以任意节点 $i \in Y_H$ 都至少有 $3f+1$ 个入邻居节点，满足引理 7.3 的条件。

把引理 7.3 独立地应用到式(7-74)的每一维元素,可知式(7-74)在数学上等价于:

$$\dot{z}_i(t) \triangleq \mu \begin{bmatrix} \sum\limits_{j \in M_i^1(t)} \bar{a}_{ij}^1 [\bar{z}_{ij}^1(t) - z_i^1(t)] + a_{i0}^1 [z_{i0}^1(t) - z_i^1(t)] \\ \sum\limits_{j \in M_i^2(t)} \bar{a}_{ij}^2 [\bar{z}_{ij}^2(t) - z_i^2(t)] + a_{i0}^2 [z_{i0}^2(t) - z_i^2(t)] \\ \vdots \\ \sum\limits_{j \in M_i^q(t)} \bar{a}_{ij}^q [\bar{z}_{ij}^q(t) - z_i^q(t)] + a_{i0}^q [z_{i0}^q(t) - z_i^q(t)] \end{bmatrix} \qquad (7-75)$$

式中,对任意 $s \in \{1, 2, \cdots, q\}$,都有 $M_i^s(t) \subseteq (N_i^+(t, T) \cap H)$。

对任意 $s \in \{1, 2, \cdots, q\}$,可以得到如下动态方程:

$$\begin{cases} \dot{z}_i^s(t) = \mu \sum\limits_{j \in M_i^s(t)} \bar{a}_{ij}^s [\bar{z}_{ij}^s(t) - z_i^s(t)] + \mu a_{i0}^s [z_{i0}^s(t) - z_i^s(t)] \\ z_0^s(t) = z_0^s(0) \end{cases} \qquad (7-76)$$

与式(7-76)相关的有向图可以表示为 $G(\bar{M}^s(t))$,其中,$\bar{M}^s(t) = [\bar{m}_{ij}^s(t)]$,

$$\bar{m}_{ij}^s(t) = \begin{cases} \sum\limits_{i \in M_i^s(t)} \bar{a}_{ij}^s(t), & j = i \\ -\bar{a}_{ij}^s(t), & j \in \{0\} \cup M_i^s(t) \\ 0, & \text{否则} \end{cases} \qquad (7-77)$$

由于领导者信号没有入邻居节点,故 $\dot{z}_0(t) \equiv 0$。根据引理 7.4 可知,如果多无人机系统受到 f-局部攻击的影响,$G_{\sigma(t)}$ 关于 X 具有联合强 $(3f+1)$-鲁棒性,并且正常跟随者节点使用 $RCP-f$ 来更新动态,那么在图 $G(\bar{M}^s(t))$ 中,对于任意跟随者节点,总是存在一条从节点 0 到其的有向路径。通过引理 7.2 可知,对任意 $i \in H \cup \{0\}$,$z_i^s(t)$ 指数收敛到 $z_0^s(0)$。

以上分析对任意 $s \in \{1, 2, \cdots, q\}$ 都成立,故对于任意虚拟状态向量 $z_i(t) \in \mathbb{R}^q$,$z_i(t)$ 指数收敛到 $z_0(0)$。证毕。

3. 弹性状态观测器设计与分析

接下来基于 $RCP-f$ 算法设计弹性状态观测器,对领导者信号进行观测。对任意正常跟随者节点 $i \in H$,设计弹性状态观测器:

$$\dot{v}_i(t) = S v_i(t) + e^{St} \Phi_f(\{e^{-St} \bar{v}_{ij}(t)\}_{j \in N_i^+(t, T)}) \qquad (7-78)$$

式中,$\bar{v}_{ij}(t) = e^{S\tilde{\tau}_{ij}(t)} v_j(t - \tilde{\tau}_{ij}(t))$。

定理 7.3: 考虑受到 f-局部攻击的多无人机系统 (7-61), $G_{\sigma(t)}$ 对于 X 具有联合强 $(3f+1)$-鲁棒性。使用弹性状态观测器 (7-78),则对于任意 $i \in H$ 和任意初始状态 $v_i(0)$,观测器误差 $v_i(t) - v(t)$ 指数收敛到 0。

证明: 对任意 $i \in V$, 定义 $z_i(t) \triangleq e^{-St} v_i(t)$, $z_0(t) \triangleq e^{-St} v(t)$, 容易得到 $e^{-St}\bar{v}_{ij}(t) = e^{-S(t-\bar{\tau}_{ij}(t))} v_j(t - \bar{\tau}_{ij}(t)) = z_j(t - \bar{\tau}_{ij}(t)) = \bar{z}_{ij}(t)$, 且 $z_i(0) = v_i(0)$, $z_0(0) = v(0)$。对 $z_i(t)$ 求导,由于 $S e^{-St} = e^{-St} S$, 可得

$$
\begin{aligned}
\dot{z}_i(t) &= -S e^{-St} v_i(t) + e^{-St} \left[S v_i(t) + e^{St} \Phi_f \left(\{ \bar{z}_{ij}(t) \}_{j \in N_i^+(t,T)} \right) \right] \\
&= \Phi_f \left(\{ \bar{z}_{ij}(t) \}_{j \in N_i^+(t,T)} \right)
\end{aligned}
\tag{7-79}
$$

因为 $z_0(t) = e^{-St} v(t) = e^{-St} e^{St} v(0) = v(0)$, 由引理 7.5 的结论可知, $z_i(t)$ 指数收敛到 $z_0(0)$。

由 S 的特征值位于虚轴可知, $\| e^{St} \|$ 不发散。又因为

$$
\begin{aligned}
\lim_{t \to +\infty} \| v_i(t) - v(t) \| &= \lim_{t \to +\infty} \| e^{St} z_i(t) - e^{St} z_0(t) \| \\
&= \lim_{t \to +\infty} \| e^{St} \| \, \| z_i(t) - z_0(0) \|
\end{aligned}
\tag{7-80}
$$

所以对任意 $i \in H$, $v_i(t) - v(t)$ 指数收敛到 0。证毕。

7.3.3　编队跟踪控制器设计与分析

本节根据 7.3.2 节中设计的弹性状态观测器,设计时变编队跟踪控制器,其理论架构如图 7-9 所示。

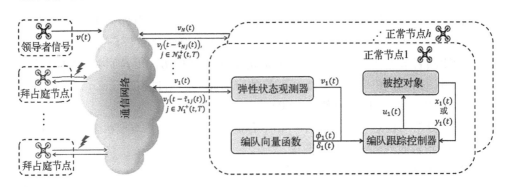

图 7-9　弹性时变编队跟踪控制协议理论架构

编队跟踪控制器设计如下:

$$
u_i(t) = K_1 (x_i(t) - \phi_i(t)) + K_2 v_i(t) + \delta_i(t)
\tag{7-81}
$$

式中, K_1 的选取满足 $A + BK_1$ 是 Hurwitz 的; $K_2 = \Gamma - K_1$, $\Gamma = [a, 0]$, 满足 $A +$

$B\Gamma = S$。

定理 7.4: 考虑受到 f-局部攻击的多无人机系统 $(7-61)$,且假设 7.2 成立,$G_{\sigma(t)}$ 对于 X 具有联合强 $(3f+1)$-鲁棒性。那么,基于弹性状态观测器 $(7-78)$ 设计的分布式时变编队跟踪控制器 $(7-81)$ 能够解决具有时延和切换拓扑的弹性时变编队跟踪控制问题。

证明: 令 $\epsilon_i(t) = x_i(t) - \phi_i(t) - v(t)$。根据式 $(7-61)$ 和式 $(7-63)$ 可以得到

$$\dot{\epsilon}_i(t) = \dot{x}_i(t) - \dot{\phi}_i(t) - \dot{v}(t)$$
$$= (A + BK_1)\epsilon_i(t) + BK_2(v_i(t) - v(t)) + (A_i\phi_i(t) - \dot{\phi}_i(t) + B_i\delta_i(t))$$

$$(7-82)$$

定理 7.3 证明了对任意 $i \in H$,$v_i(t) - v(t)$ 指数收敛到 0。由式 $(7-64)$ 可知,$A\phi_i(t) - \dot{\phi}_i(t) + B\delta_i(t) = 0$。又因为 $A + BK_1$ 是 Hurwitz 的,可知 $\epsilon_i(t)$ 渐近收敛到 0。这表明在多无人机系统中,正常节点已经成功实现了预期的时变编队跟踪任务。证毕。

7.3 节设计的带有参数 f 的弹性时变编队跟踪控制器的工作机制如算法 7.1 所示。

算法 7.1: 带有参数 f 的弹性时变编队跟踪控制器的工作机制

对于所有正常节点 $i \in H$:

1. 接收所有入邻居节点 $j \in N_i^+$ 的领导者状态观测值 v_j 并储存在节点中。
2. 根据多维 RCP-f 及式 $(7-78)$ 中的弹性状态观测器对领导者信号进行观测。
3. 把领导者信号观测值 v_i 应用到编队跟踪控制器 $(7-81)$ 中。
4. 向出邻居节点广播领导者信号观测值 v_i。

7.3.4 数值仿真

本节使用一个仿真示例来对算法 7.1 中描述的带有参数 f 的弹性时变编队跟踪控制器的效果进行验证。

针对 1 个领导者信号节点和 8 个跟随者无人机节点组成的多无人机系统,领导者信号 $(7-63)$ 中系统矩阵设计如下:

$$S = I_2 \otimes \begin{bmatrix} 0 & 1 \\ -1 & 0 \end{bmatrix} \qquad (7-83)$$

图 $7-10$ 是多无人机系统的通信拓扑图,其中,领导者编号为 0,目标跟随者集合为 $X = \{1, 2, 3, 4\}$,非目标跟随者集合为 $Y = \{5, 6, 7, 8\}$,节点 2 为拜占庭节点。切换信号 $\sigma(t)$ 设计如下:

$$\sigma(t) = \begin{cases} 1, & kT \leqslant t \leqslant \left(k + \dfrac{1}{4}\right)T \\ 2, & \left(k + \dfrac{1}{4}\right)T < t \leqslant \left(k + \dfrac{1}{2}\right)T \\ 3, & \left(k + \dfrac{1}{2}\right)T < t \leqslant \left(k + \dfrac{3}{4}\right)T \\ 4, & \left(k + \dfrac{3}{4}\right)T < t \leqslant (k + 1)T \end{cases} \tag{7-84}$$

式中，$k \in \mathbb{Z}^+$；$T = 1$ s 是切换周期。可知对任意 $t \geqslant 0$，$\bar{G}(t, T)$ 对于 X 具有强 4 -鲁棒性。由定理 7.3 可知，多无人机系统可以承受 1 -局部攻击。

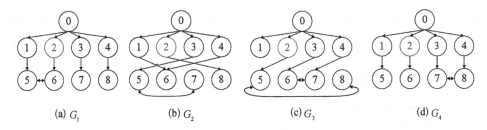

(a) G_1 (b) G_2 (c) G_3 (d) G_4

图 7 - 10 多无人机系统的通信拓扑图

将通信时延设计为

$$\tau_{ij} = \begin{cases} 0.005 \text{ s}, & j = 0 \\ 0.01 \text{ s}, & j \in \{1, 2, 3, 4\} \\ 0.015 \text{ s}, & j \in \{5, 6, 7, 8\} \end{cases} \tag{7-85}$$

式(7-73)中 μ 取值为 10。期望编队为圆形时变编队，编队向量函数如下：

$$h_i(t) = \begin{bmatrix} r\cos\left(\omega t + \dfrac{(i-1)}{4}\pi\right) \\ -r\omega\sin\left(\omega t + \dfrac{(i-1)}{4}\pi\right) \\ r\sin\left(\omega t + \dfrac{(i-1)}{4}\pi\right) \\ r\omega\cos\left(\omega t + \dfrac{(i-1)}{4}\pi\right) \end{bmatrix}, \quad i \in \{1, 2, \cdots, 8\} \tag{7-86}$$

式中，$r = 1$ m 与 $\omega = 0.3$ rad/s 分别表示期望圆形编队的半径和角速度。

控制器增益矩阵设计如下：

$$K_1 = \begin{bmatrix} -10.0529 & -6.3439 & 0.2914 & 0.0924 \\ 0.2751 & 0.0873 & -9.7771 & -6.2561 \end{bmatrix}$$

$$K_2 = \begin{bmatrix} 9.0529 & 6.3439 & -0.2914 & -0.0924 \\ -0.2751 & -0.0873 & 8.7771 & 6.2561 \end{bmatrix} \qquad (7-87)$$

将仿真频率设置为 200 Hz。本节使用 RCP $-f$ 机制和未使用 RCP $-f$ 机制的两种情况进行对比,仿真结果如图 7-11 和图 7-12 所示。

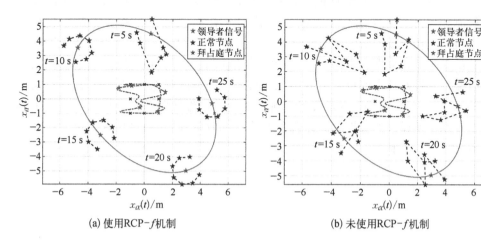

(a) 使用RCP-f机制　　　　　　　　(b) 未使用RCP-f机制

图 7-11　25 s 内多无人机系统位置轨迹图

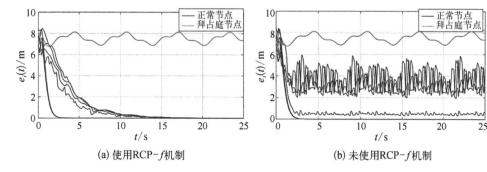

(a) 使用RCP-f机制　　　　　　　　(b) 未使用RCP-f机制

图 7-12　25 s 内多无人机系统编队跟踪误差变化图

图 7-11 展示了 25 s 内多无人机系统的位置轨迹,符号 × 代表无人机的初始位置,五角星表示仿真过程中相应时刻的位置。可以看出,在使用 RCP $-f$ 机制的情况下,正常节点在拜占庭节点的影响下仍然能够形成期望的时变编队构型,在未使用 RCP $-f$ 机制时无法实现期望的时变编队构型。

图 7-12 展示了无人机的编队跟踪误差,其中,$e_i(t) = \| y_i(t) - h_i(t) - y_0(t) \|$。可以看出,在使用 RCP $-f$ 机制时,正常节点的编队跟踪误差趋向于 0,而未使用

RCP $-f$ 机制时,部分正常节点的编队跟踪误差不能收敛到 0。 仿真结果证明了所设计的弹性编队跟踪控制协议在拜占庭攻击下的有效性。

7.4 本章小结

本章首先针对窃听攻击下的多无人机系统时变编队控制问题,设计了隐私保护机制和加密控制器,介绍了 Paillier 公钥加密系统,设计了加密控制结构,使得多无人机系统在形成编队的同时能够对隐私信息进行保护。通过理论分析证明了所设计的基于量化数据和事件触发机制的编队控制协议的有效性,并通过仿真结果进行验证。针对拜占庭攻击下的多无人机系统的编队跟踪控制问题,在存在切换拓扑和通信时延情况下,本章设计了弹性时变输出编队跟踪控制协议。通过理论分析证明了所设计的弹性编队跟踪控制协议的收敛性,并通过仿真结果对控制协议有效性进行了验证。

第8章

多无人机编队跟踪控制仿真验证

8.1 引言

为了更好地验证多无人机编队跟踪理论算法的可行性,开发了一套半实物多无人机虚拟仿真平台,相比以往的 MATLAB 数字仿真可以更加具体地考虑到实际物理参量,仿真结果更加具有参考价值,可以极大地缩短仿真和实验之间的差距。为了使半实物虚拟仿真尽可能贴近真实实验,利用机器人操作系统(robot operating system,ROS)和 GAZEBO 仿真器来搭建多无人机半实物虚拟编队跟踪仿真平台。ROS 是用于机器人软件开发软件框架的集合,并提供为异构计算机集群设计的服务,例如,硬件抽象、低级设备控制等。作为一个经过精心设计的开源 3D 机器人模拟器,GAZEBO 可以使用多个高性能物理引擎,例如,ODE、Bullet 等。可以在 GAZEBO 中构建多无人机半实物虚拟仿真环境,在该环境中重力、摩擦力、接触力和其他物理环境参数均能有效地进行模拟。通过与 ROS 集成,GAZEBO 仿真器已成为机器人研究的事实标准。

半实物虚拟编队跟踪仿真平台架构图如图 8-1 所示。进程之间的消息传递是 ROS 通信网络的主要功能。节点是在 ROS 中运行的单个进程。话题称为总线,节点通过该总线发送和接收信息。在编队跟踪平台中,GAZEBO 模拟器、编队跟踪控制器和比例-积分-微分(proportion-integral-differential,PID)控制器是三个典型节点。无人机状态信息和控制输入是两个典型的话题。整个编队跟踪平台的工作流程如下所示。首先,GAZEBO 通过 ROS 话题发送状态信息,例如,每个无人机的位置、速度和姿态。然后,编队跟踪控制器和 PID 控制器节点订阅无人机的状态,计算无人机的俯仰、滚转、偏航和高度通道的控制输入,然后将它们发布到相应的 ROS 话题。最后,GAZEBO 根据其控制输入模拟无人机的运动,实时显示无人机的轨迹,并更新无人机的状态。

本章将依次以多无人机协同运输编队跟踪控制问题和离散时间下的多无人机编队跟踪控制问题为例,给出多无人机编队跟踪的问题描述、编队跟踪控制算法设计、编队跟踪稳定性分析及 ROS/GAZEBO 半实物虚拟仿真平台设置与结果分析。

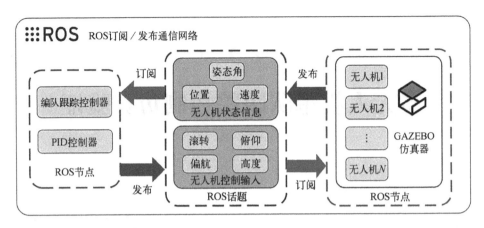

图 8-1　半实物虚拟编队跟踪仿真平台架构图

8.2　多无人机协同运输系统编队跟踪控制

本节从多无人机编队的角度研究多无人机协同运输系统的控制问题。多无人机协同运输系统的作业环境复杂,各种环境干扰会使得集中式的控制方法失效,所以本节从分布式控制的角度对多无人机协同运输系统进行建模和控制。在多无人机协同运输系统的运输过程中,希望无人机的状态可以跟踪预期轨迹,以此控制负载的位置和速度。在具体应用中,竖直方向上的相对位置一般不发生变化,即多无人机协同运输系统按照一定高度运行。从俯视角度看,负载位于多无人机编队的中心位置,因此,多无人机编队可以建模成以负载为虚拟领导者,多无人机系统为跟随者组成的领导-跟随者多无人机编队,考虑领导者具有未知加速度的领导者-跟随者多无人机编队。多无人机协同运输系统编队示意图如图 8-2 所示。

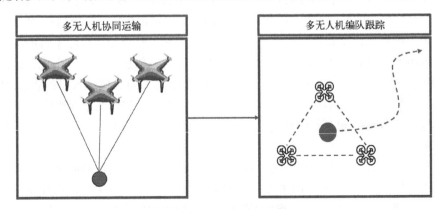

图 8-2　多无人机协同运输系统编队示意图

本节对多无人机协同运输系统进行了分布式编队控制器设计。将多无人机协同运输系统控制问题转化成多无人机领导-跟随者编队跟踪控制问题,考虑领导者具有未知的机动加速度,编队受到外部扰动等约束条件,设计有限时间收敛的分布式编队跟踪控制器,控制器只使用领导者与跟随者之间的相对位置和相对速度信息,利用李雅普诺夫稳定性理论和齐次系统理论给出系统有限时间收敛的充分条件。最后,通过 ROS/GAZEBO 半实物虚拟仿真平台,对多无人机领导-跟随者编队跟踪控制进行仿真,验证算法的有效性。

8.2.1　问题描述

本节对控制器设计的基本数学理论进行解释。记 $1_N = [1, 1, \cdots, 1]^T \in \mathbb{R}^N$,记对称矩阵 $L \in \mathbb{R}^{N \times N}$,其特征根可以表示为 $\lambda_{\min}(L) = \lambda_1 \leqslant \lambda_2, \cdots, \leqslant \lambda_N = \lambda_{\max}(L)$。假设 $x = [x_1, x_2, \cdots, x_N] \in \mathbb{R}^{N \times N}$,$\alpha \in \mathbb{R}$,$\mathrm{sgn}(x) = [\mathrm{sgn}(x_1), \mathrm{sgn}(x_2), \cdots, \mathrm{sgn}(x_N)]^T$ 和 $\mathrm{sig}^\alpha(x_i) = |x_i|^\alpha \mathrm{sgn}(x_i)$。此外,$L_1$ 和 L_2 的范数不等式可以表示为 $\|x\|_2 \leqslant \|x\|_1 \leqslant N\|x\|_2$,其中,$N$ 是向量 x 的维度。

考虑一个有限时间收敛的领导跟随者编队,其中,N 个跟随者的编号为 1,2,$\cdots$,N。N 个跟随者之间的通信拓扑可以表示为一个无向图 $G = (V, E, A)$,其中,$V = \{v_1, v_2, \cdots, v_n\}$ 表示了图中节点,$E \in V \times V$ 表示图中的边集,$A = [a_{ij}] \in \mathbb{R}^{N \times N}$,$e_{ij}$ 表示从母节点 v_j 到子节点 v_i 的边。此外,如果存在从 v_j 到 v_i 的边,那么 $a_{ij} > 0$。如果不存在相应的边集,那么 $a_{ij} = 0$,且有 $a_{ii} = 0$。考虑图 G,如果有 $(u, v) \in E$,那么 $u, v \in N$ 可以被认为是相邻节点或者是邻居节点,记 i 的邻居节点为 N_i。

在领导跟随者多无人机编队中,领导者和跟随者之间通信拓扑是单向的。即领导者的状态信息可以被跟随者获取,但是跟随者的状态不可以被领导者所获取,对于跟随者无人机 $i, j = 1, 2, \cdots, N$,记跟随者之间的通信拓扑为 $L = [l_{ij}]$,领导和跟随者之间的通信拓扑为 $\bar{L} = [\bar{l}_{ij}]$。拉普拉斯矩阵 L 中的元素为 $l_{ii} = \sum_{j=1}^{N} a_{ij}$ 和 $l_{ij} = -a_{ij}$,其中,$i \neq j$。如果跟随者 i 可以获得领导者的状态信息,那么领导和跟随者 i 之间的通信拓扑可以描述为 b_i,其满足 $b_i > 0$;反之,记 $b_i = 0$。记领导者的邻接矩阵为 $B = \mathrm{diag}\{b_1, b_2, \cdots, b_N\}$,则整个多无人机编队的通信拓扑可以表示为 $\bar{L} = L + B$。

为了使后续的证明更加清晰,现给出一些后续使用到的定理。定义一阶系统的表达式为

$$\dot{x} = f(x), f(0) = 0, x \in \mathbb{R}^N \tag{8-1}$$

其中,$f: U \to \mathbb{R}^N$ 代表原点开区间 U 中的一个连续方程。

引理 8.1[20]:考虑系统(8-1)和正定连续的方程 $V(x) \in R$,如果方程

$$\dot{V}(x) + \alpha V^{\gamma}(x) \leqslant 0 \tag{8-2}$$

在 $\alpha > 0$ 和 $0 < \gamma < 1$ 的条件下成立,那么 $V(x)$ 可以在有限时间内收敛到 0,并且其收敛时间满足

$$T \leqslant \frac{V^{(1-\gamma)}x(0)}{\alpha(1-\gamma)} \tag{8-3}$$

引理 8.2[121]:定义方程 $f(x): \mathbb{R}^{N} \to \mathbb{R}^{N}$。假设一组参数 $r_1, r_2, \cdots, r_N$ 满足 $\forall \sigma > 0, f_i(\sigma^{r_1}, \sigma^{r_2}, \cdots, \sigma^{r,N}) = \sigma^{k-r_i}f_i(x)$,$i = 1, 2, \cdots, N$,其中,$k \geqslant -\max r_i$,则 $f(x)$ 有 $r_1, r_2, \cdots, r_N$ 的齐次度 k。基于以上的理论,系统(8-1)可以看作一个齐次系统。

引理 8.3[122]:如果原点是一个全局渐近稳定的平衡点,且满足(8-1)的表达式。此外,若 $f(x)$ 是一个有着负齐次度的齐次系统,则对于 $f(x)$ 来说,原点是全局有限时间稳定点。

引理 8.4[123]:如果 $L(t)$ 是一个时变正定的连续方程,那么其满足

$$L(t) > \mathrm{e}^{b(t-t_0)}L(0) \tag{8-4}$$

式中,$L(0)$ 是 $L(t)$ 的初始有界值;b 是一个正值常数,满足对于 $t \geqslant t_0$,$\bar{L}(t) > bL(t)$。

根据文献[5]和[6]可知,在多无人机领导-跟随者编队跟踪控制问题中,无人机系统可以转化为位置环-姿态环控制结构,且由于无人机姿态环的响应速度比位置环的响应速度快,现有的多无人机编队主要在无人机位置环进行编队控制设计。

本节考虑无人机的位置环控制设计,通过将无人机的水平运动转换成扰动下的二阶系统,使用积分终端滑模控制方法来控制多无人机系统编队。在多无人机编队中,记跟随者无人机的位置状态信息为 $X_1 = [p_{1x}, p_{2x}, \cdots, p_{Nx}]^{\mathrm{T}}$,跟随者无人机的速度状态为 $X_2 = [v_{1x}, v_{2x}, \cdots, v_{Nx}]^{\mathrm{T}}$,在 x 方向上受到的扰动为 $\Delta = [d_{1x}, d_{2x}, \cdots, d_{Nx}]$,在 x 方向上的控制输入为 $U = [u_{1x}, u_{2x}, \cdots, u_{Nx}]^{\mathrm{T}}$,跟随者无人机的位置环动力学模型为

$$\begin{cases} \dot{X}_1 = X_2 \\ \dot{X}_2 = U + \Delta \end{cases} \tag{8-5}$$

领导者无人机的编号为 0,跟随者无人机的编号为 $1 \sim N$。期望的编队参考由一组向量定义,记 $f_i(t) = [f_{ip}(t), f_{iv}(t)]^{\mathrm{T}}$,其中,$i = 1, 2, \cdots, N$。$f_{ip}(t)$ 与 $f_{iv}(t)$ 为无人机编队控制的位置和速度的参考量,对 $f_{ip}(t)$ 求导,得到 $\dot{f}_{ip}(t) = f_{iv}(t)$。

定义 8.1:如果存在常数 δ 满足

$$\lim_{t \to \infty} \| x_i(t) - f_{ip}(t) - x_0(t) \| \leqslant \delta \tag{8-6}$$

那么由 N 个跟随者和领导者组成领导-跟随者多无人机编队跟踪系统达到了期望的编队。

考虑一个由三个跟随者和一个领导者组成的多无人机编队跟踪系统,如图 8-3 所示。示例中的时变领导-跟随者编队有两个控制目标。首先,设置跟随者的期望队形为三角,并且以领导者为中心进行顺时针圆周运动。其次,跟随者需要对具有未知加速度的领导者进行跟踪。在同时实现上面的两个编队目标后,就达成了期望的时变编队。

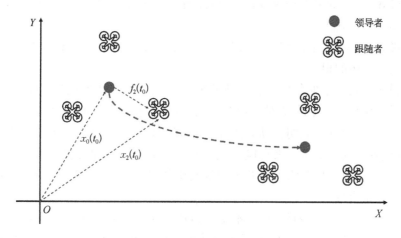

图 8-3 多无人机编队跟踪示意图

对于一个多无人机领导-跟随者编队跟踪系统,定义系统的编队误差为 $\xi_1(t) = [e_{11}(t), e_{21}(t), \cdots, e_{N1}(t)]^{\mathrm{T}}$ 和 $\xi_2(t) = [e_{12}(t), e_{22}(t), \cdots, e_{N2}(t)]^{\mathrm{T}}$,其中,$e_{i1}(t)$ 和 $e_{i2}(t)$ 元素的数学表达为

$$
\begin{cases}
e_{i1}(t) = \sum_{j=1}^{N} a_{ij}(p_{ix}(t) - f_{ip}(t) - (p_{jx}(t) - f_{jp}(t))) + b_i(p_{ix}(t) - f_{ip}(t) - p_{0x}(t)) \\
e_{i2}(t) = \sum_{j=1}^{N} a_{ij}(v_{ix}(t) - f_{iv}(t) - (v_{jx}(t) - f_{jv}(t))) + b_i(v_{ix}(t) - f_{iv}(t) - v_{0x}(t))
\end{cases}
$$

$$(8-7)$$

全局编队跟踪误差 $\xi_1(t) \in \mathbb{R}^N$ 和 $\xi_2(t) \in \mathbb{R}^N$ 可以定义为

$$
\begin{cases}
\xi_1(t) = \bar{L}(X_1(t) - f_p(t)) - B1_N p_{0x}(t) \\
\xi_2(t) = \bar{L}(X_2(t) - f_v(t)) - B1_N v_{0x}(t)
\end{cases}
$$

$$(8-8)$$

式中,$f_p(t) = [f_{1p}(t), f_{2p}(t), \cdots, f_{Np}(t)]^{\mathrm{T}}$ 和 $f_v(t) = [f_{1v}(t), f_{2v}(t), \cdots, f_{Nv}(t)]^{\mathrm{T}}$。对式(8-8)求导后,可以获得编队跟踪的误差状态方程为

$$\dot{\xi}_1(t) = \bar{L}(\dot{X}_1(t) - \dot{f}_p(t)) - B1_N \dot{p}_{0x}(t) = \xi_2(t) \qquad (8-9)$$

$$\dot{\xi}_2(t) = \bar{L}(\dot{X}_2(t) - \dot{f}_v(t)) - B1_N \dot{v}_{0x}(t) \qquad (8-10)$$

在对编队误差的定义后,为了保证系统的稳定性,需要对领导者的加速度、外部扰动和通信拓扑进行基本假设。

假设 8.1: 对扰动 $d_i(i=1, 2, \cdots, N)$,编队参考速度 $f_{iv}(i=1, 2, \cdots, N)$ 存在常数 D 满足 $\forall i = 1, 2, \cdots, N$, $D \geq \max(|d_i - f_{iv}|)$。

假设 8.2: 领导者的控制输入 u_0 和扰动 d_0 是有上界的,且存在常数 $\bar{u}_0$ 满足 $\bar{u}_0 \geq \max|u_0 + d_0|$。

假设 8.3: 对于领导-跟随者编队的通信拓扑,最少存在一个有向生成树,且以领导者为生成树的根。

假设 8.3 表示至少存在一个 b_i 满足 $b_i > 0$。此外,如果假设 8.3 成立,可以进一步推导出拉普拉斯矩阵 $\bar{L}$ 是正定的,这表示 $0 < \lambda_{\min}(\bar{L}) = \lambda_1 \leq \lambda_2, \cdots, \leq \lambda_N = \lambda_{\max}(\bar{L})$ [7]。假设 8.1 表明扰动和跟随者的编队速度是有界的。在真实的飞行过程中,在位置环的扰动主要来自风力扰动和绳子的拉力,因此,这样的假设是合理的。此外,无人机的控制输入来源于螺旋桨中的电机,其输出也是具有上界的,所以假设 8.2 是合理的。

由于在轨迹规划规划环节中,不易得到其轨迹的加速度,并且随着应用环境的不同,领导者受到的扰动不同,参考轨迹的加速度也会变化,因此,不使用领导者的加速度是合理的控制律设计方法。本节将轨迹的中心视为虚拟领导者,考虑领导者具有未知的控制输入和加速度,从而设计多无人机编队控制器,使得多无人机协同运输系统可以按照期望的轨迹运行。

8.2.2　编队跟踪控制协议设计

本节提出的控制器示意图如图 8-4 所示,在领导-跟随者多无人机编队中,需要输入领导者的参考轨迹状态信息和跟随者编队误差,输出编队中每一个无人机的预期加速度,将预期加速度信息输入到姿态控制器后,姿态环进行姿态控制达到预期的加速度,最后无人机通过传感器和外部传感设备将无人机运动状态反馈给

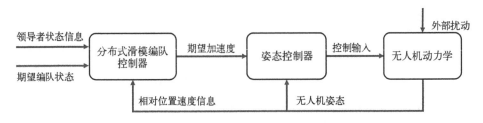

图 8-4　分布式滑模编队跟踪控制器示意图

控制器从而形成闭环。

基于终端积分滑模控制技术,设计控制器滑模面为

$$s_i(t) = e_{i2}(t) + \int_0^t (c_{i1}\mathrm{sig}^{\alpha_{i1}}(e_{i1}(T)) + c_{i2}\mathrm{sig}^{\alpha_{i2}}(e_{i2}(T)))\mathrm{d}T \qquad (8-11)$$

式中,c_{i1}、c_{i2}、α_{i1} 和 α_{i2} 是影响滑模面收敛速度的常数。此外,参数需要满足 $c_{i1} \geqslant 0$、$c_{i2} \geqslant 0$、$0 < \alpha_{i1} < 1$ 和 $\alpha_{i2} = 2\alpha_{i1}/(1+\alpha_{i1})$,参数的范围在对无人机编队稳定性的证明中将会用到。

定义跟随者无人机 i 的控制输入为

$$u_i(t) = -k_i\mathrm{sgn}\left(\sum_{i=1}^N a_{ij}(s_i(t) - s_j(t)) + b_i s_i(t)\right) \qquad (8-12)$$

式中,k_i 满足 $k_i \geqslant [\bar{b}\bar{u}_0 + \epsilon_i + \sqrt{N}D\lambda_{\max}(\bar{L}) + \bar{z}]/(\lambda_{\min}(\bar{L})/\sqrt{N})$。 $\bar{z}$ 和 $\bar{b}$ 分别满足 $\forall i = 1, 2, \cdots, N$,$\bar{z} = \max\{|c_{i1}e_{i1} + c_{i2}e_{i2}|\}$ 和 $\bar{b} = \max\{b_i\}$,参数的定义区间将会在稳定性证明环节中使用。式(8-12)中定义控制器使用的滑模面是由编队误差组成的,而编队误差中只包含相对位置和相对速度,因此,本节的控制器中没有全局状态信息,是完全分布式的控制方法。

下面描述无人机编队整体的状态信息。记 $C_1 = \mathrm{diag}\{c_{11}, c_{21}, \cdots, c_{N1}\}$,$S(t) = [s_1(t), s_2(t), \cdots, s_N(t)]^T$,$C_2 = \mathrm{diag}\{c_{12}, c_{22}, \cdots, c_{N2}\}$,$\Xi_1(t) = [\mathrm{sig}^{\alpha_{1,1}}(e_{11}(t)), \mathrm{sig}^{\alpha_{21}}(e_{21}(t)), \cdots, \mathrm{sig}^{\alpha_{N1}}(e_{N1}(t))]^T$ 和 $\Xi_2(t) = [\mathrm{sig}^{\alpha_{12}}(e_{12}(t)), \mathrm{sig}^{\alpha_{22}}(e_{22}(t)), \cdots, \mathrm{sig}^{\alpha_{N2}}(e_{N2}(t))]^T$。基于式(8-11),可以得到

$$S(t) = \xi_2(t) + \int_0^t (C_1\Xi_1(T) + C_2\Xi_2(T))\mathrm{d}T \qquad (8-13)$$

因此,所有的跟随者无人机控制输入可以表示为

$$U(t) = -\mathrm{diag}\{k_1, k_2, \cdots, k_N\}\mathrm{sgn}(\bar{L}S(t)) \qquad (8-14)$$

式中,$U(t) = [u_1(t), u_2(t), \cdots, u_N(t)]^T$ 表示所有无人机的控制输入。

8.2.3　编队跟踪稳定性分析

引理 8.5:向量 $S(t) \in \mathbb{R}^N$ 满足 $\lambda_{\min}(\bar{L})\|S(t)\|_2 \leqslant \|\bar{L}S(t)\|_2 \leqslant \lambda_{\max}(\bar{L})\|S(t)\|_2$。

证明:基于上面定义的拓扑和假设8.3,有 $\bar{L} = \bar{L}^T$ 和 $\bar{L} > 0$,存在 $y(t)$ 使得 $S(t) = Yy(t)$,其中,Y 是使得 $\bar{L}$ 对角化的对应酉矩阵。假设 $\lambda_1^2 \leqslant \lambda_2^2 \leqslant \cdots \leqslant \lambda_N^2$ 是 $\bar{L}^T\bar{L}$ 的特征根,其中,$\lambda_1 \leqslant \lambda_2 \leqslant \cdots \leqslant \lambda_N$ 是 $\bar{L}$ 的特征根。

基于范数的定义,可以得到

$$\| \bar{L}S(t) \|_2 = \sum_{i=1}^{N} \lambda_i^2 \mid y_i(t) \mid^2 \qquad (8-15)$$

$$\| S(t) \|_2 = \sum_{i=1}^{N} \mid y_i(t) \mid^2 \qquad (8-16)$$

此外,基于范数不等式有 $\sum_{i=1}^{N} \lambda_{\min} \leqslant \sum_{i=1}^{N} \lambda_i \leqslant \sum_{i=1}^{N} \lambda_{\max}$,将范数不等式与式(8-15)和式(8-16)结合后可以得到 $\lambda_{\min}(\bar{L}) \| S(t) \|_2 \leqslant \| \bar{L}S(t) \|_2 \leqslant \lambda_{\max}(\bar{L}) \| S(t) \|_2$,证毕。

定理 8.1: 在控制输入(8-12)下,在有限的收敛时间内,领导-跟随者多无人机编队跟踪系统将会在未知领导者机动加速度的情况下对领导者进行分布式时变编队跟踪。

证明: 对于滑模控制及基于滑模控制的各种改进控制方法,其稳定性证明主要分为两步。首先,证明在定义的控制输入下,系统的误差方程可以到达期望滑模面。其次,证明系统的误差方程在滑模面上滑动收敛。要证明系统是有限时间收敛的,需要首先证明系统在有限时间内收敛到滑模面,其次,需要证明系统在到达滑模面上后新的误差函数可以在有限时间内收敛。

对滑模面(8-13)求导后,可以得到

$$\dot{S}(t) = \dot{\xi}_2(t) + C_1 \varXi_1(t) + C_2 \varXi_2(t) \qquad (8-17)$$

考虑李雅普诺夫方程为

$$V_a(t) = \frac{1}{2} S^{\mathrm{T}}(t) S(t) \qquad (8-18)$$

式(8-18)对时间求导后,有

$$\dot{V}_a(t) = S^{\mathrm{T}}(t) \dot{S}(t) \qquad (8-19)$$

将式(8-5)、式(8-10)和式(8-17)代入式(8-19)后,得到李雅普诺夫函数对时间的导数为

$$\begin{aligned}
\dot{V}_a(t) &= S^{\mathrm{T}}(t) (\dot{\xi}(t)_2 + C_1 \varXi_1(t) + C_2 \varXi_2(t)) \\
&= S^{\mathrm{T}}(t) (\bar{L}(-\mathrm{diag}\{k_1, k_2, \cdots, k_N\} \mathrm{sgn}(\bar{L}S) + \Delta - \dot{f}_v(t) - \varLambda(t)) \\
&\quad - B 1_N \dot{x}_{0,2}(t) + C_1 \varXi_1(t) + C_2 \varXi_2(t)) \\
&= -\sum_{i=1}^{N} k_i \mid [\bar{L}S(t)]_i \mid + S^{\mathrm{T}}(t) (\bar{L}(\Delta - \dot{f}_v(t) - \varLambda(t)) \\
&\quad - S(t) B 1_N (u_0(t) + d_0(t)) + S^{\mathrm{T}}(t) C_1 \varXi_1(t) + S^{\mathrm{T}}(t) C_2 \varXi_2(t))
\end{aligned}$$

$$(8-20)$$

式中, $[\bar{L}S(t)]_i = \sum\limits_{j=1}^{N} a_{ij}(s_i(t) - s_j(t)) + b_i s_i(t)$ 。

根据范数的基本定义,范数为向量所有元素的绝对值的和,二范数为向量在空间中与原点的欧氏距离,有不等式:

$$\sum_{i=1}^{N} k_i \mid [\bar{L}S(t)]_i \mid \geqslant \bar{k} \parallel \bar{L}S(t) \parallel_1 \geqslant \bar{k} \parallel \bar{L}S(t) \parallel_2 \qquad (8-21)$$

式中, $\bar{k} = [\bar{b}\bar{u}_0 + \bar{\epsilon} + \sqrt{N}D\lambda_{\max}(\bar{L}) + \bar{z}]/(\lambda_{\min}(\bar{L})/\sqrt{N})$, $\bar{\epsilon} = \min \epsilon_i$,其中, ϵ_i 为证明环节中需要用到的每一个跟随者无人机的放缩变量。

根据引理 8.5,可以得到

$$\bar{k} \parallel \bar{L}S(t) \parallel_2 \geqslant \bar{k}\lambda_{\min}(\bar{L}) \parallel S(t) \parallel_2 \geqslant \frac{\bar{k}}{\sqrt{2}}\lambda_{\min}(\bar{L}) \parallel S(t) \parallel_1 \qquad (8-22)$$

结合式(8-21)和式(8-22),可以得到

$$-\sum_{i=1}^{N} k_i \mid [\bar{L}S(t)]_i \mid \leqslant -\frac{\bar{k}}{\sqrt{N}}\lambda_{\min}(\bar{L}) \parallel S(t) \parallel_1, \ N \geqslant 2 \qquad (8-23)$$

基于范数的基本不等式,即两矩阵相乘的任意范数大于两矩阵的任意范数相乘,可以得到

$$\begin{aligned} S^{\mathrm{T}}(t)\bar{L}(\Delta - \dot{f}_v(t) - \Lambda(t)) &\leqslant \parallel S^{\mathrm{T}}(t)\bar{L}(\Delta - \dot{f}_v(t) - \Lambda(t)) \parallel_1 \\ &\leqslant \parallel S(t) \parallel_2 \sqrt{N} \parallel \bar{L}(\Delta - \dot{f}_v(t) - \Lambda(t)) \parallel_2 \end{aligned}$$
$$(8-24)$$

将式(8-24)与引理 8.5 结合,有

$$\begin{aligned} \sqrt{N} &\parallel S(t) \parallel_2 \parallel \bar{L}(\Delta - \dot{f}_v(t) - \Lambda(t)) \parallel_2 \\ &\leqslant \parallel \sqrt{N}S(t) \parallel_2 \lambda_{\max}(\bar{L}) \parallel \Delta - \dot{f}_v(t) - \Lambda(t) \parallel_2 \end{aligned}$$
$$(8-25)$$

结合式(8-24)和式(8-25),可以得到

$$S^{\mathrm{T}}(t)\bar{L}(\Delta - \dot{f}_v(t) - \Lambda(t)) \leqslant \sqrt{N}D\lambda_{\max}(\bar{L}) \parallel S(t) \parallel_1 \qquad (8-26)$$

将式(8-23)和式(8-26)代入式(8-20),可以得到

$$\begin{aligned} \dot{V}_a &\leqslant -\frac{\bar{k}}{\sqrt{N}}\lambda_{\min}(\bar{L}) \parallel S(t) \parallel_1 + \sqrt{N}D\lambda_{\max}(\bar{L}) \parallel S(t) \parallel_1 \\ &\quad - S^{\mathrm{T}}(t)B1_N(u_0(t) + d_0(t)) + S^{\mathrm{T}}(t)C_1\Xi_1(t) + S^{\mathrm{T}}(t)C_2\Xi_2(t) \\ &\leqslant \sum_{i=1}^{N} \left(-\frac{\bar{k}}{\sqrt{N}}\lambda_{\min}(\bar{L}) + \bar{b}\bar{u}_0 + \sqrt{N}D\lambda_{\max}(\bar{L}) + \bar{z} \right) \mid s_i(t) \mid \end{aligned}$$
$$(8-27)$$

将 $\bar{k}$ 代入式(8-27),可以得到

$$\dot{V}_a \leqslant -\sum_{i=1}^{N}\bar{\epsilon}\mid s_i(t)\mid = -\bar{\epsilon}\parallel S(t)\parallel_1 \leqslant \bar{\epsilon}\parallel S(t)\parallel_2 = -2^{1/2}\bar{\epsilon}V_a^{1/2}(t) \quad (8-28)$$

基于引理8.1,在有限时间内编队跟踪误差可以达到滑模面,在到达滑模面后编队跟踪误差的状态可以表示为

$$\begin{cases}\dot{e}_{i1}(t) = e_{i2}(t)\\ \dot{e}_{i2}(t) = -c_{i1}\mathrm{sig}^{\alpha_{i1}}(e_{i1}(t)) - c_{i2}\mathrm{sig}^{\alpha_{i2}}(e_{i2}(t))\end{cases} \quad (8-29)$$

由于在到达滑模面上后,系统的误差方程发生变化,所以需要重新对李雅普诺夫函数进行设计,从而进一步证明系统的收敛性。

考虑新的李雅普诺夫函数为

$$V_b(t) = \frac{c_{i1}}{1+\alpha_{i1}}e_{i1}(t)\mathrm{sig}^{\alpha_{i1}}(e_{i1}(t)) + \frac{1}{2}e_{i2}^2(t) \quad (8-30)$$

将式(8-30)对时间求导后,可以得到李雅普诺夫函数的导数为

$$\dot{V}_b(t) = -c_{i2}e_{i2}(t)\mathrm{sig}^{\alpha_{12}}(e_{i2}(t)) \quad (8-31)$$

基于以上公式,由于 c_{i2} 在前面的定义是大于0的,所以式(8-31)小于等于0,即有 $\dot{V}_b(t) \leqslant 0$。此外,$\dot{V}_b(t) \equiv 0$ 表示 $e_{i2} \equiv 0$ 和 $e_{i1} \equiv 0$,通过拉塞尔不变性原理可知,e_{i2} 和 e_{i1} 可以全局渐近收敛到0。

为了证明在到达滑模面后系统可以在有限时间内收敛,定义方程:

$$f(\sigma^{r_1}e_{i1}, \sigma^{r_2}e_{i2}) = \begin{bmatrix} \sigma^{r_2}e_{i2} \\ -\sigma^{r_1\alpha_{i1}}c_{i1}\mathrm{sig}^{\alpha_{i1}}(e_{i1}(t)) - \sigma^{r_2\alpha_{i2}}c_{i2}\mathrm{sig}^{\alpha_{i2}}(e_{i2}(t)) \end{bmatrix} \quad (8-32)$$

令 $r_1 = 1$ 和 $r_2 = \dfrac{1+\alpha_{i1}}{2}$,可以得到

$$f(\sigma^{r_1}e_{i1}, \sigma^{r_2}e_{i2}) = \begin{bmatrix} \sigma^{r_2}e_{i2} \\ -\sigma^{\alpha_{i1}}c_{i1}\mathrm{sig}^{\alpha_{i1}}(e_{i1}(t)) - \sigma^{\alpha_{i1}}c_{i2}\mathrm{sig}^{\alpha_{i2}}(e_{i2}(t)) \end{bmatrix} \quad (8-33)$$

定义 Γ_1 与 Γ_2 分别满足 $\Gamma_1 + r_1 = \alpha_{i1}$ 和 $\Gamma_2 + r_2 = \alpha_{i1}$。通过解上面的方程,可以得到 $\Gamma_1 = \alpha_{i1} - 1$ 和 $\Gamma_2 = \dfrac{\alpha_{i1}-1}{2}$。通过代入 α_{i1},可以得到 $\Gamma_1 \in (-1, 0)$ 和 $\Gamma_2 \in (-0.5, 0)$。因此,得到 $\Gamma \in (-0.5, 0)$,其满足 $\Gamma + r_1 = \alpha_{i1}$ 和 $\Gamma + r_2 = \alpha_{i1}$ 的要求。将 σ 从公式中提出后可以得到

$$f(\sigma^{r_1}e_{i1}(t), \sigma^{r_2}e_{i2}(t)) = \sigma^{\Gamma+r_i}f(e_i(t)) \quad (8-34)$$

其满足了齐次系统的定义(引理 8.2)。

基于引理 8.3,在到达滑模面后编队跟踪误差将会在有限时间内收敛,这表明 $\lim_{t\to\infty} \| x_i(t) - f_{ip}(t) - x_0(t) \| = 0$,编队跟踪误差满足了式(8-6)的要求。综上,编队误差函数可以在有限时间收敛到滑模面,且可以证明在到达滑模面后的新误差方程也在有限时间内收敛。证毕。

8.2.4　ROS/GAZEBO 仿真验证

本节使用一个无人机作为虚拟领导者,设置五个跟随者无人机对领导者无人机进行编队跟踪。对于一个具有未知机动加速度的领导和五个跟随者的多无人机编队跟踪系统,基于 ROS/GAZEBO 的半实物虚拟仿真平台如图 8-5 所示。每个跟随者无人机根据通信拓扑结构获取邻居的状态信息,滑模控制器给出 x 和 y 方向上的期望加速度。此外,本节使用 PD 控制器来生成高度和偏航通道的控制信号。根据无人机动力学,计算期望姿态并将其传递给姿态控制器,姿态控制器对无人机施加控制力和力矩。多无人机编队跟踪控制的拓扑结构如图 8-6 所示,从拓扑结构可以看出,领导者的状态只能由跟随者 1、3 和 5 分别获取。

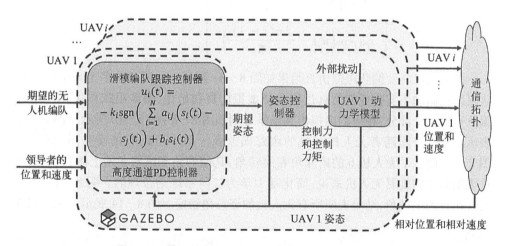

图 8-5　基于 ROS/GAZEBO 的半实物虚拟仿真平台

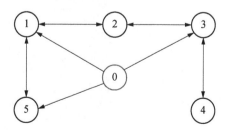

图 8-6　多无人机编队跟踪控制的拓扑结构

半实物虚拟仿真场景如图8-7所示。领导者无人机做半径为21 m、角速度为 $w_l = 0.107$ rad/s 的圆周运动。期望的编队跟踪向量做半径为10 m、角速度为 $w_f = 0.2$ rad/s 的圆周运动。各四旋翼的初始位置分别选择为 $x_0 = [-3, 0]$ m, $x_1 = [0, 0]$ m, $x_2 = [3, 0]$ m, $x_3 = [6, 0]$ m, $x_4 = [9, 0]$ m 和 $x_5 = [12, 0]$ m, 附加在跟随者四旋翼上的干扰设置为 $d_i = 10\sin(0.2t + 0.1)$ N。将无人机的控制器参数设置为 $c_{11} = 0.4$, $c_{12} = 0.6$, $c_{21} = 0.5$, $c_{22} = 0.7$, $c_{31} = 0.7$, $c_{32} = 0.7$, $c_{41} = 0.5$, $c_{42} = 0.6$, $c_{51} = 0.7$ 和 $c_{52} = 0.7$。滑模面的参数为 $\alpha_{i1} = 0.26$ 和 $\alpha_{i2} = 0.41$, 其中, $i = 1$, 2, …, 5。跟随者无人机与领导者无人机的期望相对位置为逆时针圆周运动, 圆周运动的角速度为 0.314 rad/s, 圆周运动的半径为 2 m。记 $f_i = [f_{ipx}(t), f_{ivx}(t), f_{ipy}(t), f_{ivy}(t)]^{\mathrm{T}}$, 实验的预期编队参考函数为

$$f_i = \begin{bmatrix} r_f\cos\left(w_f t + \dfrac{2\pi(i-1)}{5}\right) \\ -r_f w_f\sin\left(w_f t + \dfrac{2\pi(i-1)}{5}\right) \\ r_f\sin\left(w_f t + \dfrac{2\pi(i-1)}{5}\right) \\ r_f w_f\cos\left(w_f t + \dfrac{2\pi(i-1)}{5}\right) \end{bmatrix}, i = 1, 2, \cdots, 5 \quad (8-35)$$

多无人机时变编队跟踪仿真结果如图8-8~图8-14所示。多无人机时变编队跟踪控制的半实物虚拟仿真过程包括虚拟仿真初始化、编队跟踪和达到期望的编队形状三个部分, 相应的虚拟仿真场景分别如图8-8~图8-10所示。图8-11表示对于五个跟随者无人机形成的跟踪误差 δ_{all}, 从中可以看出误差迅速收敛。图8-12展示了无人机6的俯仰角和滚转角, 其俯仰角和滚转角的上限约为20°, 这表明对于四旋翼无人机来说, 简化动力学为二阶系统是合理的。图8-13表示无人机6的偏航角, 结果表明所有无人机的姿态角稳定。图8-14展示了无人机6

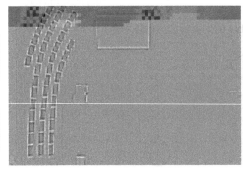

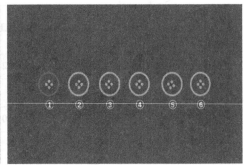

图8-7   半实物虚拟仿真环境   图8-8   多无人机时变编队跟踪仿真初始化

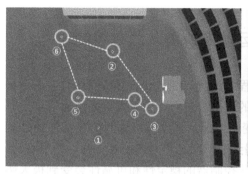

图 8-9　编队跟踪仿真开始

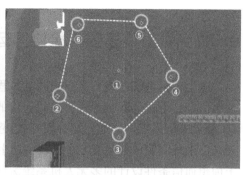

图 8-10　达到期望编队跟踪队形

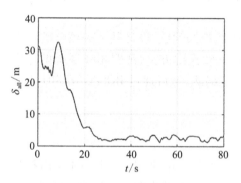

图 8-11　多无人机系统 80 s 内的
编队跟踪误差

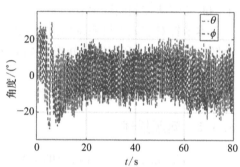

图 8-12　无人机 6 在 80 s 内的
俯仰角和横滚角

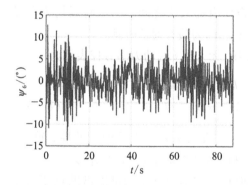

图 8-13　无人机 6 在 80 s 内的偏航角

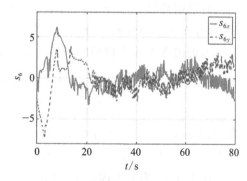

图 8-14　无人机 6 在 80 s 内的滑模面

在 x 和 y 轴上的滑模面,其在平衡点附近进行振荡。以上半实物虚拟仿真结果表明,多无人机编队跟踪系统实现了所需的时变编队跟踪效果。

8.3　离散时间多无人机协同运输系统编队跟踪控制

多无人机系统在进行实际编队的过程中,受作业所处地理位置影响,会遇到移动通信基站干扰等影响无人机之间通信的情形。进而导致无人机之间通信产生时延、多无人机系统网络通信拓扑发生改变等情况。多无人机之间的正常通信是多无人机系统间完成信息交互的前提,在遇到通信时延和网络拓扑切换等约束时,基于理想通信条件设计的多无人机系统编队控制器的稳定性和可靠性会受到极大影响。此外,实际系统通常采用离散化的数字信号进行通信,连续时间系统往往不适用于实际应用。因此,研究切换拓扑和通信时延约束下的多无人机系统离散时间下的时变编队控制问题很有必要。

本节针对多无人机系统离散时间编队跟踪控制问题,设计基于一致性的线性离散编队控制器,利用随机矩阵的特性和系统转换的方法,证明闭环系统的稳定性,保证了无人机系统能够按照期望实现时变编队,最后通过 ROS/GAZEBO 半实物虚拟仿真验证理论算法的可行性。

8.3.1　问题描述

本节研究的多无人机系统的通信拓扑是动态变化的。k 时刻的图 G 用符号 $G(k)$ 表示。记 $\Omega_N = \{G(k), k \in \mathbb{Z}^+\}$ 为所有可能图 G 的集合。$N_i(k)$ 代表节点 i 在 k 时刻所有邻居的集合。$L(k) = (l_{ij}(k))_{N \times N}$ 表示图 $G(k)$ 的拉普拉斯矩阵。对于所有可能的矩阵 $L(k)$ 而言,d_{max} 代表矩阵 $L(k)$ 的最大对角项。无人机 i 和 j 之间的通信时延用符号 $\tau_{ij} \in \mathbb{R}$,$i \neq j$ 表示。假设所有无人机之间的通信时延均为有界值,即存在 τ_{max} 使得 $\tau_{ij} \leqslant \tau_{max}$ 成立,其中,τ_{max} 称为最大通信时延。

考虑由 N 个无人机构成的多无人机系统,无人机 i 的动力学方程表示为

$$p_i((k+1)T) = p_i(kT) + Tv_i(kT)$$
$$v_i((k+1)T) = v_i(kT) + Tu_i(kT) \tag{8-36}$$

式中,$k \in \mathbb{Z}^+$;$T \in \mathbb{R}$ 是采样时间;$u_i(kT) \in \mathbb{R}^n$ 是无人机 i 在 kT 时刻的控制输入;$p_i(kT) \in \mathbb{R}^n$ 与 $v_i(kT) \in \mathbb{R}^n$ 分别代表无人机 i 在 kT 时刻的位置和速度。

在下文中,为了表述方便,令 $n = 1$。但是所有推导结果均可以借助克罗内克积扩展到更高维数的情况。为了方便记号,用 k 代替 kT。

令 $x_i(kT) = [p_i(kT), v_i(kT)]^T \in \mathbb{R}^2$,多无人机系统(8-36)可以表示为

$$x_i(k+1) = Ax_i(k) + Bu_i(k) \tag{8-37}$$

式中, $i = 1, 2, \cdots, N$;

$$A = \begin{bmatrix} 1 & T \\ 0 & 1 \end{bmatrix}, \ B = \begin{bmatrix} 0 \\ T \end{bmatrix} \qquad (8-38)$$

定义 8.2: 若存在 $f_R(k) \in \mathbb{R}^2$ 使下列方程成立,则称多无人机系统(8-37)实现了一致性:

$$\lim_{k \to +\infty} (x_i(k) - f_R(k)) = 0, \ \forall i = 1, 2, \cdots, N \qquad (8-39)$$

式中, $f_R(k)$ 是一个向量值函数,称为一致性参考函数。

记 $x(k) = [x_1(k)^\mathrm{T}, \ x_2(k)^\mathrm{T}, \ \cdots, \ x_N(k)^\mathrm{T}]^\mathrm{T}$, 以及令 $h(k) = [h_1(k)^\mathrm{T}, h_2(k)^\mathrm{T}, \cdots, h_N(k)^\mathrm{T}]^\mathrm{T}$ 为多无人机系统(8-37)的期望编队向量,其中, $h_i(k) = [h_{ip}(k), \ h_{iv}(k)]^\mathrm{T} \in \mathbb{R}^2$, $i = 1, 2, \cdots, N$ 是针对无人机 i 的编队向量函数。

定义 8.3: 如果存在 $h_R(k) \in \mathbb{R}^2$ 使得下列方程满足,那么称多无人机系统(8-37)实现了时变编队 $h(k)$:

$$\lim_{k \to +\infty} (x_i(k) - h_i(k) - h_R(k)) = 0, \quad \forall i = 1, 2, \cdots, N \qquad (8-40)$$

式中, $h_R(k)$ 是一个向量值函数,称为编队参考函数。

注释 8.1: 根据定义 8.2 和定义 8.3 可知,若 $h_i(k) \equiv 0$, 则多无人机系统(8-37)达到一致性和形成时变编队 $h_i(k)$ 是等价的。在此情况下,一致性参考函数 $f_R(k)$ 和编队参考函数 $h_R(k)$ 是一样的。扩展到更一般的情况,一致性问题可被视为时变编队问题的特例。

8.3.2　编队跟踪控制协议设计

对于考虑通信时延和切换拓扑的多无人机系统(8-37),为了使之形成期望的编队 $h(k)$, 考虑离散时间编队控制协议:

$$u_i(k) = K_1(x_i(k) - h_i(k)) + h_{ia}(k) + K_2 \sum_{j \in N_i(k)} a_{ij}(k)(x_j(k_\tau) - h_j(k_\tau) - x_i(k) + h_i(k)) \qquad (8-41)$$

式中, $i = 1, 2, \cdots, N$; $k_\tau = k - \tau_{ij}$;

$$h_{ia}(k) = (h_{iv}(k+1) - h_{iv}(k))/T \qquad (8-42)$$

$K_1 = [\bar{k}_{11}, \ \bar{k}_{12}] \in \mathbb{R}^{1 \times 2}$ 和 $K_2 = [\bar{k}_{21}, \ \bar{k}_{22}] \in \mathbb{R}^{1 \times 2}$ 是两个常数控制矩阵。

在控制协议(8-41)的作用下,多无人机系统(8-37)的闭环形式为

$$x_i(k+1) = (A + BK_1)x_i(k) + B(h_{ia}(k) - K_1 h_i(k))$$
$$+ BK_2 \sum_{j \in N_i(k)} a_{ij}(k)(x_j(k_\tau) - h_j(k_\tau) - x_i(k) + h_i(k)) \qquad (8-43)$$

令 $\varepsilon_i(k) = x_i(k) - h_i(k) = [\varepsilon_{ip}(k), \varepsilon_{iv}(k)]^{\mathrm{T}}$，式（8 - 43）可以转换为

$$\varepsilon_i(k+1) = (A + BK_1)\varepsilon_i(k) + BK_2 \sum_{j \in N_i(k)} a_{ij}(k)(\varepsilon_j(k_\tau) - \varepsilon_i(k))$$
$$+ Ah_i(k) + Bh_{ia}(k) - h_i(k+1) \tag{8 - 44}$$

针对每架无人机 i，子系统：

$$\varepsilon_i(k+1) = (A + BK_1)\varepsilon_i(k) + BK_2 \sum_{j \in N_i(k)} a_{ij}(k)(\varepsilon_j(k_\tau) - \varepsilon_i(k)) \tag{8 - 45}$$

可以得到如下引理。

引理 8.6：针对每架无人机 i，闭环系统（8 - 44）稳定的充分条件是

$$Ah_i(k) + Bh_{ia}(k) - h_i(k+1) = 0 \tag{8 - 46}$$

成立，且子系统（8 - 45）稳定。

式（8 - 46）称为编队可行性条件（formation feasibility condition），因为其中仅包含与编队向量 $h_i(k) = [h_{ip}(k), h_{iv}(k)]^{\mathrm{T}}$ 有关的量。将矩阵 A、B 和式（8 - 42）代入其中，可以得到如下更为紧凑的编队可行性条件：

$$h_{ip}(k+1) = h_{ip}(k) + Th_{iv}(k), \quad i = 1, 2, \cdots, N \tag{8 - 47}$$

注释 8.2：编队可行性条件用于判断利用控制协议（8 - 41）是否可以实现期望编队 $h_i(k)$。

8.3.3 编队跟踪稳定性分析

记 $\varepsilon(k) = [\varepsilon_1(k)^{\mathrm{T}}, \varepsilon_2(k)^{\mathrm{T}}, \cdots, \varepsilon_N(k)^{\mathrm{T}}]^{\mathrm{T}}$。假设上述编队可行性条件满足，则式（8 - 45）可改写为

$$\varepsilon(k+1) = \Xi(k)\varepsilon(k) + (Y_0(k) \otimes BK_2)\varepsilon(k) + (Y_1(k) \otimes BK_2)\varepsilon(k-1) + \cdots$$
$$+ (Y_{\tau_{\max}}(k) \otimes BK_2)\varepsilon(k - \tau_{\max})$$
$$\tag{8 - 48}$$

式中，

$$\Xi(k) = I_N \otimes (A + BK_1) - L_d(k) \otimes BK_2 \tag{8 - 49}$$

$L_d(k) = \mathrm{diag}(l_{11}(k), l_{22}(k), \cdots, l_{NN}(k))$ 是包含拉普拉斯矩阵 $L(k)$ 对角项的一个新对角矩阵。此外，有 $m = 0, 1, \cdots, \tau_{\max}$，$Y_m(k) \in \mathbb{R}^{N \times N}$。当 $m = \tau_{ij}$ 时，矩阵 $Y_m(k)$ 的第 (i, j) 项为 a_{ij}；否则，为零。矩阵 $Y_m(k)$ 代表具有通信时延 m 的无人机之间的通信权值。根据拉普拉斯矩阵 $L(k)$ 的定义，有

$$L(k) = L_d(k) - \sum_{m=0}^{\tau_{\max}} Y_m(k) \tag{8 - 50}$$

经过变换可以得到更紧凑的式子：

$$\varepsilon(k+1) = \varXi(k)\varepsilon(k) + \sum_{m=0}^{\tau_{max}}(Y_m(k) \otimes BK_2)\varepsilon(k-m) \quad (8-51)$$

令 $\bar{\varepsilon}_i(k) = [\varepsilon_{ip}(k), \varepsilon_{ip}(k) + R_K\varepsilon_{iv}(k)]^T$, $R_K = \bar{k}_{22}/\bar{k}_{21}$。记 $\bar{\varepsilon}(k) = [\bar{\varepsilon}_1(k)^T, \bar{\varepsilon}_2(k)^T, \cdots, \bar{\varepsilon}_N(k)^T]^T$, 有 $\bar{\varepsilon}(k) = (I_N \otimes P)\varepsilon(k)$, 其中

$$P = \begin{bmatrix} 1 & 0 \\ 1 & R_K \end{bmatrix}, P^{-1} = \begin{bmatrix} 1 & 0 \\ -\dfrac{1}{R_K} & \dfrac{1}{R_K} \end{bmatrix} \quad (8-52)$$

式(8-51)可以变换为

$$\bar{\varepsilon}(k+1) = \bar{\varXi}(k)\bar{\varepsilon}(k) + \sum_{m=0}^{\tau_{max}}(Y_m(k) \otimes \bar{B})\bar{\varepsilon}(k-m) \quad (8-53)$$

式中, $\bar{\varXi}(k) = (I_N \otimes \bar{A} - L_d(k) \otimes \bar{B})$,

$$\bar{A} = \begin{bmatrix} 1 - \dfrac{T}{R_K} & \dfrac{T}{R_K} \\ \bar{k}_{11}TR_K - (1+\bar{k}_{12}R_K)\dfrac{T}{R_K} & 1 + (1+\bar{k}_{12}R_K)\dfrac{T}{R_K} \end{bmatrix}$$

$$\bar{B} = PBK_2P^{-1} = \begin{bmatrix} 0 & 0 \\ 0 & \bar{k}_{22}T \end{bmatrix}$$

令 $\eta(k) = [\bar{\varepsilon}(k)^T, \bar{\varepsilon}(k-1)^T, \cdots, \bar{\varepsilon}(k-\tau_{max})^T]^T$, 式(8-53)可以变换为

$$\eta(k+1) = \varGamma(k)\eta(k) \quad (8-54)$$

式中, $\varGamma(k) = \begin{bmatrix} \varGamma_0(k) & \varGamma_1(k) & \cdots & \varGamma_{\tau_{max}-1}(k) & \varGamma_{\tau_{max}}(k) \\ I_N & 0 & \cdots & 0 & 0 \\ 0 & I_N & \cdots & 0 & 0 \\ \vdots & \vdots & & \vdots & \vdots \\ 0 & 0 & \cdots & I_N & 0 \end{bmatrix}$, 且 $\varGamma_0(k) = \bar{\varXi}(k) +$

$Y_0(k) \otimes \bar{B}$, 以及 $\varGamma_m(k) = Y_m(k) \otimes \bar{B}$, $m = 1, 2, \cdots, \tau_{max}$。

引理 8.7：多无人机系统(8-37)实现期望时变编队 $h(k)$ 的充分条件是系统(8-54)渐近稳定,即极限 $\lim_{k \to +\infty}\eta(k)$ 存在。

证明：考虑到 $\eta(k) = [\bar{\varepsilon}(k)^T, \bar{\varepsilon}(k-1)^T, \cdots, \bar{\varepsilon}(k-\tau_{max})^T]^T$, 当系统(8-54)渐近稳定时,极限 $\lim_{k \to +\infty}\bar{\varepsilon}(k)$ 是存在的。

进一步,因为有 $\varepsilon(k) = (I_N \otimes P^{-1})\bar{\varepsilon}(k)$ 成立,其中, P 是非奇异矩阵,则极限

$\lim\limits_{k \to +\infty} \varepsilon(k)$ 存在。

因为有 $\varepsilon(k) = x(k) - h(k)$，则可以证得极限 $\lim\limits_{k \to +\infty}(x(k) - h(k))$ 存在。这便意味着多无人机系统(8-37)实现了期望的时变编队 $h(k)$。 证毕。

下面通过引入两个引理来辅助证明系统(8-54)的稳定性。

引理8.8: 若 $\Gamma(k)$ 是一个随机矩阵，则对一个时间段 $[k_1, k_2]$，$k_2 > k_1$，k_1、$k_2 \in \mathbb{Z}^+$ 而言，图的交集 $\bigcup\limits_{k=k_1}^{k_2} G(k)$ 有生成树，进一步可以得到矩阵 $\prod\limits_{k=k_1}^{k_2} \Gamma(k)$ 是一个不可分解非周期矩阵。

引理8.9: 考虑一个有限的不可分解非周期矩阵集合 Ψ_1，Ψ_2，$\cdots$，$\Psi_m \in \mathbb{R}^{n \times n}$，并且对于每一个矩阵序列 Ψ_{j_1}，Ψ_{j_2}，$\cdots$，Ψ_{j_i}，$i > 1$ 而言，连乘矩阵 $\Psi_{j_i}\Psi_{j_{i-1}}\cdots\Psi_{j_1}$ 也是不可分解非周期矩阵。那么，对于任何一个无限的矩阵序列 Ψ_{j_1}，Ψ_{j_2}，$\cdots$ 而言，总可以找到一个常数向量 $c \in \mathbb{R}^n$ 使得式子 $\prod\limits_{i=1}^{+\infty} \Psi_{j_i} = 1c^{\mathrm{T}}$ 成立。

下面的定理给出了多无人机系统(8-37)实现期望时变编队 $h(k)$ 的充分条件。

定理8.2: 当下面两个条件同时成立时，多无人机系统(8-37)可以在控制协议(8-41)的作用下，实现时变编队 $h(k)$，

(1) $1 + (1 + \bar{k}_{12}R_K)\dfrac{T}{R_K} > d_{\max}\bar{k}_{22}T$，$T < R_K$，且 $1 + \bar{k}_{12}R_K < 0$。其中，$\bar{k}_{21} > 0$，$\bar{k}_{22} > 0$，$\bar{k}_{12} < 0$，$\bar{k}_{11} = 0$。

(2) 存在一个无穷的时间序列 $k_0 = 0$，k_1，k_2，$\cdots$，且有 m、$\mu \in \mathbb{Z}^+$，$0 < k_{m+1} - k_m \leqslant \mu$，使得图的交集 $\bigcup\limits_{k=k_m}^{k_{m+1}-1} G(k)$ 有生成树。

证明: 当编队可行性条件满足时，在控制协议(8-41)作用下，多无人机系统(8-37)可以转换为系统(8-54)。在条件(1)成立的情况下，可以得到矩阵 $\bar{A}$ 所有的项均为非负值，且矩阵 $\bar{A}$ 的行和为1，由此可得 $\bar{A}$ 是一个随机矩阵。

考虑到 $L(k) = L_d(k) - \sum\limits_{m=0}^{\tau_{\max}} Y_m(k)$，且 $L1 = 0$，有 $\Gamma(k)1 = 1$。更进一步，根据 $\Gamma(k)$ 的定义可知，矩阵 $\Gamma(k)$ 的所有项均为非负值，因此，$\Gamma(k)$ 也是随机矩阵。

将使得 $k_{m_k} \leqslant k$ 成立的最大整数记为 $m_k \in \mathbb{Z}^+$，其中，$k \geqslant 0$。令 $\Theta(m) = \Gamma(k_{m+1}-1)\Gamma(k_{m+1}-2)\cdots\Gamma(k_m)$，有 $\eta(k+1) = \Gamma(k)\cdots\Gamma(k_{m_k})\prod\limits_{m=0}^{m_k-1}\Theta(m)\eta(0)$。

鉴于 m、$\mu \in \mathbb{Z}^+$，$0 < k_{m+1} - k_m \leqslant \mu$，且图的交集 $\bigcup\limits_{k=k_m}^{k_{m+1}-1} G(k)$ 有生成树，由引理8.8可知，$\Theta(m)$ 是一个不可分解非周期矩阵。此外，对于一个给定整数 j，图

的集合 $\bigcup_{i=k_m}^{k_m+j-1} G(i)$ 有生成树,则 $\prod_{s=m}^{m+j+1} \Theta(s)$ 是一个不可分解非周期矩阵。

因为所有可能的通信拓扑图 $G(k)$ 组成有限集合 Ω_N,则所有的 $a_{ij}(k)$ 也会形成一个有限集合。进一步,有 $0 < k_{m+1} - k_m \leq \mu$,由此可知,所有可能的 $\Theta(j)$ 也会形成一个有限集合。那么,根据引理 8.9,一定存在常值向量 $c \in \mathbb{R}^{2(\tau_{max}+1)N}$ 满足 $\prod_{i=0}^{+\infty} \Theta(i) = 1c^{\mathrm{T}}$。

更进一步,有

$$\begin{aligned}\lim_{k\to+\infty} \eta(k+1) &= \lim_{k\to+\infty} (\Gamma(k)\cdots\Gamma(k_{m_k})) \\ &= \prod_{m=0}^{m_k-1} \Theta(m)\eta(0) \\ &= 1c^{\mathrm{T}}\eta(0) \end{aligned} \tag{8-55}$$

最终,可以得到 $\lim_{k\to+\infty} \bar{\varepsilon}(k) = 1c^{\mathrm{T}}\eta(0)$,且有

$$\lim_{k\to+\infty} (x(k) - h(k)) = \lim_{k\to+\infty} \varepsilon(k) = (I_N \otimes P^{-1})1c^{\mathrm{T}}\eta(0) \tag{8-56}$$

这便意味着多无人机系统实现了期望的编队跟踪证毕。

注释 8.3:通信时延和切换拓扑的存在会减慢闭环系统的收敛速度。更具体地说:通信时延越大,系统的收敛速度越慢。当两架无人机之间的通信时延达到一定程度之后,可以视为它们之间无法进行信息交换。在此情况下,对整个多无人机系统而言,相当于系统的通信拓扑发生了改变。从定理 8.2 的证明过程可以得出:当通信时延是均匀不变的,甚至为零时,期望的多无人机时变编队也是可以实现的。此外,当通信拓扑不发生改变时,若通信拓扑存在生成树,也可以实现期望的多无人机编队。

定理 8.3:若多无人机系统(8-36)实现了期望的时变编队 $h(k)$,则编队参考函数 $h_R(k)$ 满足

$$\lim_{k\to+\infty} h_R(k) = (I_N \otimes P^{-1})1c^{\mathrm{T}}\eta(0) \tag{8-57}$$

式中,$\eta(0) = 1 \otimes [(I_N \otimes P)(x(0) - h(0))]$。

证明:从定理 8.2 的证明过程可以得到

$$\lim_{k\to+\infty} \eta(k+1) = 1c^{\mathrm{T}}\eta(0) \tag{8-58}$$

此外,有 $\eta(0) = [\bar{\varepsilon}(0)^{\mathrm{T}}, \bar{\varepsilon}(-1)^{\mathrm{T}}, \cdots, \bar{\varepsilon}(-\tau_{max})^{\mathrm{T}}]^{\mathrm{T}}$。假设 $\bar{\varepsilon}(k \leq 0) = \bar{\varepsilon}(0)$,则可以得到

$$\eta(0) = 1 \otimes \bar{\varepsilon}(0) = 1 \otimes [(I_N \otimes P)(x(0) - h(0))] \tag{8-59}$$

根据定义 8.3,有

$$\lim_{k \to +\infty} h_R(k) = \lim_{k \to +\infty} (x_i(k) - h_i(k)) \tag{8-60}$$

从定理 8.2 的证明过程可以得到

$$\lim_{k \to +\infty} (x(k) - h(k)) = (I_N \otimes P^{-1}) 1 c^{\mathrm{T}} \eta(0) \tag{8-61}$$

联合式(8-59)~式(8-61),便可以得到编队参考式(8-57)的表达式。证毕。

注释 8.4:编队参考函数给出了整个多无人机系统编队中心的运动轨迹。从定理 8.3 可以看出编队参考函数 $h_R(k)$ 取决于系统状态 $x(k)$ 和编队函数 $h(k)$ 的初始值。

根据定理 8.2,给出算法 8.1 用于构建时变编队控制协议及确定控制器参数。

算法 8.1:时变编队协议设计过程

1:确定期望的时变编队函数 $h(k)$;

2:if 编队可行性条件得到满足 then

3: 根据所有可能的拉普拉斯矩阵 $L(k)$,计算 $d_{\max}$;

4: 令 $\bar{k}_{11} = 0$,并选择一个采样时间 T,例如,0.05 s 或 0.1 s;

5: 根据条件 $T < R_K$,确定合适的 $\bar{k}_{21}$ 和 $\bar{k}_{22}$ 使之满足 $\bar{k}_{21} > 0$ 和 $\bar{k}_{22} > 0$;

6: 选择合适的 $\bar{k}_{12} < 0$;

7: if $1 + (1 + \bar{k}_{12} R_K) \dfrac{T}{R_K} \leq d_{\max} \bar{k}_{22} T$ then

8: 返回步骤 5;

9: end if

10:else

11: 返回步骤 1;

12:end if

8.3.4 ROS/GAZEBO 仿真验证

考虑由 4 架无人机构成的多无人机系统,在切换拓扑和通信时延的通信约束下形成期望的时变编队队形。各无人机在同一高度水平面($X-Y$ 平面)运动,无人机动力学模型构建为式(8-36)中的离散二阶系统,编号分别为 1、2、3 和 4,采样周期设置为 $T = 0.005$ s。各无人机的期望高度和期望偏航角被设置为定值,分别为 5 m 和 0°,通过 PID 方法进行控制。

无人机的状态矢量定义为 $x_i(k) = [p_{iX}(k), v_{iX}(k), p_{iY}(k), v_{iY}(k)]^{\mathrm{T}}$,其中,

$i \in \{1, 2, 3, 4\}$，$p_{iX}(k)$ 和 $p_{iY}(k)$ 分别表示采样时刻 k 时无人机 i 在 X 方向和 Y 方向的位置，$v_{iX}(k)$ 和 $v_{iY}(k)$ 分别表示采样时刻 k 时无人机 i 在 X 方向和 Y 方向的速度。无人机的期望编队构型用向量 $h_i(k) = [h_{ipX}(k), h_{ivX}(k), h_{ipY}(k), h_{ivY}(k)]^{\mathrm{T}}$ 表示，$h_i(k)$ 设置如下：

$$h_i(k) = \begin{bmatrix} r\cos(\omega k + (i-1)\pi/2) \\ -\omega r\sin(\omega k + (i-1)\pi/2) \\ r\sin(\omega k + (i-1)\pi/2) \\ \omega r\cos(\omega k + (i-1)\pi/2) \end{bmatrix}, i \in \{1, 2, 3, 4\} \quad (8-62)$$

式中，$r = 10$ m 与 $\omega = 0.3$ rad/s 分别为期望圆形编队的半径和角速度。控制协议（8-41）中的参数设置为 $\bar{k}_{11} = -5$、$\bar{k}_{12} = -1$、$\bar{k}_{21} = 0.2$ 和 $\bar{k}_{22} = 0.4$。

　　无人机之间的通信关系由通信拓扑图 $G_{\sigma(t)}$ 表示，$\sigma(t)$ 表示切换信号。在 $t = 40$ s 内，各无人机之间的通信拓扑在图 8-15 所示的 G_1、G_2、G_3 和 G_4 中进行切换，图 8-16 展示了该过程中的切换信号变化。

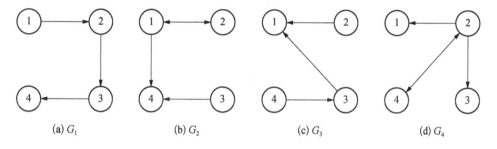

(a) G_1　　　　(b) G_2　　　　(c) G_3　　　　(d) G_4

图 8-15　各无人机之间的通信拓扑

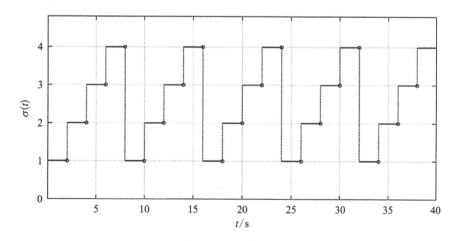

图 8-16　切换信号

　　4 架无人机之间的时延分别设置为

$$\tau_{12} = \tau_{21} = \tau_{23} = \tau_{32} = T$$
$$\tau_{13} = \tau_{31} = \tau_{34} = \tau_{43} = 2T \qquad (8-63)$$
$$\tau_{14} = \tau_{41} = \tau_{24} = \tau_{42} = 3T$$

　　图 8-17~图 8-20 分别展示了 4 架无人机在 $t = 0\,\text{s}$、$t = 10\,\text{s}$、$t = 20\,\text{s}$ 和 $t = 40\,\text{s}$ 时的位置。以无人机 1 为例,无人机 1 在 $X-Y$ 平面上的速度和控制输入分别如图 8-21 和图 8-22 所示。定义多无人机系统编队跟踪误差为 $\Delta f(k) = \parallel x(k) - h(k) \parallel_2$,图 8-23 展示了多无人机系统的编队误差。由图 8-17~图 8-23 可以看出,在控制协议(8-41)的作用下,多无人机系统形成了期望的半径为 5 m 的圆形时变编队,且多无人机系统的编队跟踪误差在 12 s 内快速收敛。

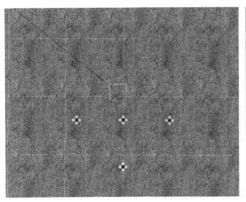

图 8-17　$t = 0\,\text{s}$ 时各无人机位置

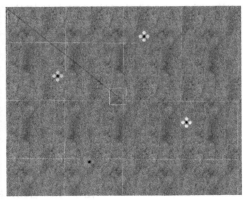

图 8-18　$t = 10\,\text{s}$ 时各无人机位置

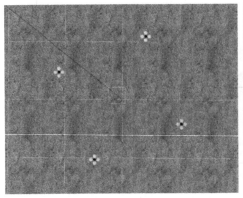

图 8-19　$t = 20\,\text{s}$ 时各无人机位置

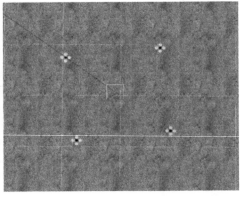

图 8-20　$t = 40\,\text{s}$ 时各无人机位置

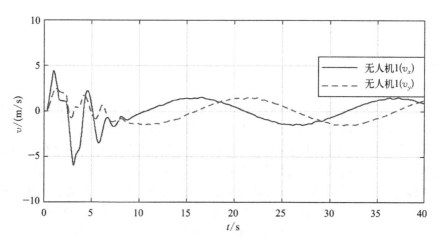

图 8-21　无人机 1 的速度变化

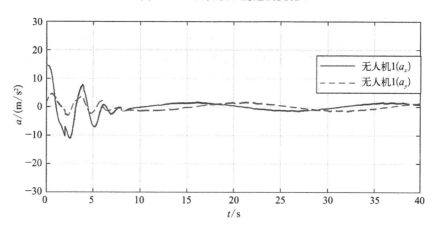

图 8-22　无人机 1 的控制输入变化

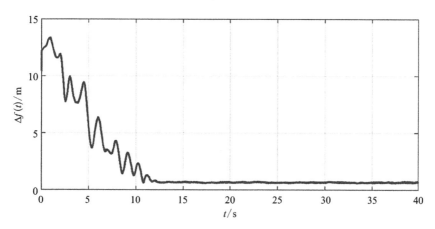

图 8-23　多无人机时变编队误差

8.4   本章小结

本章首先针对多无人机协同运输问题,通过把问题转化为领导者机动加速度未知的编队跟踪问题,基于积分终端滑模控制理论,设计全分布式的编队跟踪控制器,且证明其可以在有限时间内收敛。然后,针对带有通信时延和切换拓扑通信约束的多无人机离散时间编队跟踪控制问题,结合实时和时延的无人机状态信息,设计了离散化的编队控制协议,通过状态转换的方法,给出了多无人机系统实现期望的离散时变编队的充分条件,并通过理论推导证明了控制协议的有效性。

此外,本章利用实验室自主开发的 ROS/GAZEBO 半实物虚拟仿真平台,分别针对多无人机协同运输编队跟踪和离散时间下的多无人机编队跟踪开展了仿真验证工作。ROS/GAZEBO 半实物虚拟仿真平台相比于 MATLAB 数值仿真,可以更加具体地考虑到实际物理参量,仿真结果更加具有参考价值,缩短了仿真和实验之间的差距。本章针对仿真结果,给出了结果分析,说明了所提算法的可行性和有效性。

第 *9* 章

多无人机编队跟踪控制实验验证

9.1 引言

　　前述章节提出的多无人机编队跟踪控制算法仍处于理论研究阶段,其可行性和工程应用性需要通过集群编队跟踪实验进一步验证。为此,本章将介绍实验室自主搭建的无人机集群协同控制实验平台。该平台由 OptiTrack 室内定位系统、Tello 无人机集群、网络通信系统及地面控制站(ground control station,GCS)四部分构成,旨在实现集群协同控制算法的多无人机飞行应用。该平台利用反光球标记各无人机节点,无人机上的标记点将由 Motive 动作捕捉系统软件实现刚体构建,OptiTrack 动作捕捉相机通过识别标记点,并利用相应的姿态解算算法实现对实验场景内各刚体的位姿信息捕获;捕获得到的信息将通过交换机传递至地面站内,进而利用地面站中的协同控制算法解算出每架无人机的控制输入量;得到的控制输入将通过路由器传回至各无人机以实现协同控制。目前,该平台主要用于开展无人机集群协同控制算法的实验验证。

　　除此之外,通过平台改进与系统整合,无人机集群协同控制实验平台可扩展为大规模无人机虚实结合实验平台,用以实现大规模无人机的编队飞行展示等。该平台在无人机集群协同控制实验平台的基础上,利用 Cesium 仿真平台中的无人机物理模型增设多个虚拟无人机节点,与实验平台中的实物无人机节点协同实现虚实结合大规模无人机编队。该平台由 OptiTrack 室内定位系统、Cesium 仿真系统、虚实无人机节点、网络通信系统及地面站五部分构成,仿真系统与实物系统通过用户数据报协议(user datagram protocol,UDP)实现信息共享,这种虚实结合的实验平台弥补了大规模无人机集群协同算法验证中实验场地与实验设备上的局限性。大规模无人机编队可应用于大型无人机编队表演秀,实现低空威胁目标围捕任务及完成大规模物流运输等。

　　进一步地,本章将依次以多无人机时变编队与避障控制问题和大规模无人机最优编队跟踪控制问题为例,首先,针对低空或超低空编队飞行场景,给出多无人机编队避障控制问题描述、编队避障控制算法设计、多无人机系统稳定性分析及编队避障实验平台设置与结果分析。其次,考虑无人机编队的规模化趋势,给出大规模无人机编队跟踪控制问题描述、大规模编队跟踪控制算法设计、大规模无人机系统稳定性分析及大规模编队跟踪实验平台设置与结果分析。

9.2   多无人机时变编队与避障控制

现阶段大部分针对多无人机编队控制问题的研究多聚焦于空间约束较为简单的任务场景,但针对特定任务场景,例如,低空或超低空飞行场景的相关研究较少。在这类场景中,多无人机系统将面临空间障碍物的威胁,这对编队系统的自主避障能力提出了要求。由此,本节提出基于一致性的多无人机时变编队与避障控制算法,旨在实现多无人机系统在障碍场景下的安全飞行。该算法利用人工势场法构建空间虚拟势场,使多无人机系统在障碍物斥力与期望编队引力的合力作用下实现编队避障飞行。同时,引入事件触发机制,通过优化多无人机系统内的信息交互机制来减轻系统通信负担。本节将首先构建离散时间下的多无人机系统动力学模型。其次,结合事件触发机制和人工势场法,设计基于一致性的多无人机编队避障控制器,并给出相应的系统稳定性分析与证明。最后,利用 OptiTrack 室内定位系统搭建无人机集群协同控制实验平台,构建实际飞行任务场景,并使用 Tello 四旋翼无人机实现无人机编队飞行任务。

9.2.1   问题描述

针对多无人机时变编队与避障控制问题,给出了如图 9-1 所示的算法总体框架。首先,考虑多无人机系统中有限的通信资源与连续的通信需求之间的冲突,引入事件触发机制以减少无人机个体间的通信频次、实现系统通信资源的合理分配。

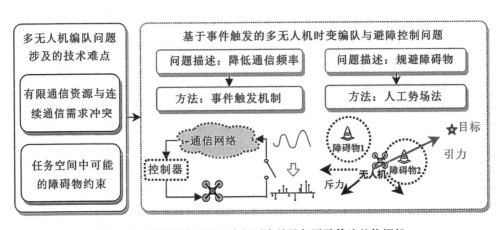

图 9-1   事件触发下多无人机时变编队与避障算法总体框架

其次,考虑任务场景中可能存在的障碍物约束,引入人工势场法构建空间虚拟引力场与斥力场,进而实现多无人机系统的编队安全飞行。

在离散时间下,无人机编队系统中包含 N 架无人机,使用集合 $V = \{v_1, \cdots, v_N\}$ 代表无人机节点集。针对系统中的每个无人机节点建立二阶动力学模型:

$$\begin{cases} p_i(k+1) = p_i(k) + v_i(k)T \\ v_i(k+1) = v_i(k) + u_i(k)T \end{cases}, \quad i \in V \tag{9-1}$$

式中,$p_i(k) = [p_{i1}(k), \cdots, p_{id}(k)]^{\mathrm{T}} \in \mathbb{R}^d$ 和 $v_i(k) = [v_{i1}(k), \cdots, v_{id}(k)]^{\mathrm{T}} \in \mathbb{R}^d$ 分别为无人机 v_i 的位置和速度向量;$u_i(k) = [u_{i1}(k), \cdots, u_{id}(k)]^{\mathrm{T}} \in \mathbb{R}^d$ 为无人机 v_i 的控制输入向量。其中,d 为无人机飞行的空间维度。为方便后续进行编队稳定性分析,设状态向量 $x(k) = [x_1^{\mathrm{T}}(k), \cdots, x_N^{\mathrm{T}}(k)]^{\mathrm{T}}$,其中,$x_i(k) = [x_{i1}^{\mathrm{T}}(k), \cdots, x_{id}^{\mathrm{T}}(k)]^{\mathrm{T}}$,$x_{il}(k) = [p_{il}(k), v_{il}(k)]^{\mathrm{T}} (l \in \{1, \cdots, d\})$,则无人机动力学模型(9-1)可以写为

$$x(k+1) = (I_N \otimes A)x(k) + (I_N \otimes B)u(k) \tag{9-2}$$

式中,

$$A = I_d \otimes \begin{bmatrix} 1 & T \\ 0 & 1 \end{bmatrix}, \quad B = I_d \otimes \begin{bmatrix} 0 \\ T \end{bmatrix}$$

符号 $\otimes$ 代表克罗内克积。定义期望编队 $h(k) = [h_1^{\mathrm{T}}, \cdots, h_N^{\mathrm{T}}]^{\mathrm{T}}$,为使无人机集群能够以期望编队 $h(k)$ 完成障碍环境下的安全飞行,多无人机系统需要满足下述条件。

假设 9.1:该多无人机系统对应的有向拓扑图 G 是含有生成树的。

定义 9.1:含有障碍物的空间区域为禁飞区 Θ,多无人机系统编队误差则被设计为 $\varpi(k) = \max_{\forall i,j} \|(x_i(k) - h_i(k)) - (x_j(k) - h_j(k))\|$。任意无人机 v_i 的位置向量需满足 $p_i(k) \notin \Theta$,则对于任意有界的初始状态向量 $x(0)$,若编队误差 $\varpi(k)$ 满足下列两种情况,该多无人机系统就能够实现预期编队。

(1)若 $\Theta = \emptyset$,$\lim_{k \to \infty} \varpi(k) = 0$,即多无人机系统在无障碍物空间内是渐近稳定的。

(2)若 $\Theta \neq \emptyset$,则存在一个常数 $\varpi_m \in \mathbb{R}$,使得 $\lim_{k \to \infty} \varpi(k) = \varpi_m$,则称多无人机系统能够在障碍区域保持稳定。

9.2.2 时变编队与避障协议设计

为实现无人机编队安全飞行任务,本节首先基于人工势场法设计无人机飞行空间内的虚拟势场,并给出无人机在该势场作用下所受势场力的形式。同时,考虑系统中有限的通信资源,进一步引入事件触发机制,给出基于事件触发的编队避障控制器设计。

考虑一个包含 l 个障碍物的约束空间 $\Theta = \Theta_1 \cup \cdots \cup \Theta_l$。为避免无人机 v_i 与约束空间 Θ_j 中的障碍物发生碰撞,针对无人机 v_i,定义人工势场 $U^{\theta_j}(p_i)$ 为

$$U^{\Theta_j}(p_i) = \frac{1}{3}\left(\frac{b}{d(p_i, p_{\Theta_j})} - \frac{1}{d_o}\right)^3 \qquad (9-3)$$

式中，p_i 与 p_{Θ_j} 分别代表无人机 v_i 和障碍空间 Θ_j 的位置；$d(p_i, p_{\Theta_j})$ 和 d_o 分别代表无人机 v_i 到障碍空间 Θ_j 的最小距离及势场 $U^{\Theta_j}(p_i)$ 的有效作用距离。常数 b 则用于调整 $d(p_i, p_{\Theta_j})$ 对势场（9-3）的影响。该势场所产生的势场力可推导为

$$F^{\Theta_j}(p_i) = -\nabla_{p_i} U^{\Theta_j}(p_i) = \frac{b}{d^2(p_i, p_{\Theta_j})}\left(\frac{b}{d(p_i, p_{\Theta_j})} - \frac{1}{d_0}\right)^2 k^i_{\Theta_j} \qquad (9-4)$$

式中，$k^i_{\Theta_j} \in \mathbb{R}^m$ 代表从障碍空间 Θ_j 指向无人机 v_i 的方向向量，可记作：

$$k^i_{\Theta_j} = \begin{pmatrix} \dfrac{d^1(p_i, p_{\Theta_j})}{d(p_i, p_{\Theta_j})} \\ \vdots \\ \dfrac{d^m(p_i, p_{\Theta_j})}{d(p_i, p_{\Theta_j})} \end{pmatrix} \qquad (9-5)$$

式中，$d^m(p_i, p_{\Theta_j})$ 表示 $d(p_i, p_{\Theta_j})$ 在 m 方向上的空间投影。

如图 9-2 所示，假设人工势场 $U^{\Theta}_j(p_i)$ 的有效作用范围为以无人机 v_i 的位置 p_i 为中心的蓝色球体，有效距离 d_o 为其半径，这意味着如果障碍区域 Θ_j 在这个范围之外，无人机 v_i 将不会受到任何影响。此外，根据式（9-4），势场力大小 $F^{\Theta}_j(p_i)$ 与 $d(p_i, p_{\Theta_j})$ 成反比。当无人机 v_i 无限接近障碍区域 Θ_j 时，力会突然达到无穷大，

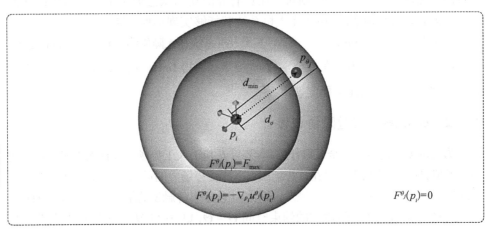

图 9-2　势场力的有效范围

因此,这时要设定一个最小距离 $d_{\min}$ 以避免控制输入发散。如果障碍区域在图中半径为 $d_{\min}$ 的红色球体内,F^{Θ_j} 将达到最大值 $F_{\max}$。综上所述,在障碍空间内,无人机 v_i 受到的势场力可以总结为

$$F^{\Theta_j}(p_i) = \begin{cases} F_{\max}, & d(p_i, p_{\Theta_j}) < d_{\min} \\ -\nabla_{p_i} U^{\Theta_j}(p_i), & d_{\min} \leqslant d(p_i, p_{\Theta_j}) \leqslant d_o \\ 0, & d(p_i, p_{\Theta_j}) > d_o \end{cases} \tag{9-6}$$

值得注意的是,在计算无人机 v_i 所受排斥力的过程中,当且仅当该无人机进入障碍区域作用范围时,障碍区域才会对无人机 v_i 产生明显的排斥力,否则障碍区域产生的排斥力可以忽略。另外,如果作用势场内含有多个障碍区域,无人机 v_i 受到的排斥力则是所有障碍物对无人机产生的势场力总和。

多无人机系统基于一致性的方法,利用其邻居在触发时刻的状态信息及期望编队信息,设计事件触发下的多无人机编队避障控制器:

$$u_i(k) = K_1(x_i(k) - h_i(k)) + K_2 \sum_{j \in N_i} \omega_{ij} [A^{k-k_t^i}(\hat{x}_i(k) - \hat{h}_i(k)) - A^{k-k_t^j}(\hat{x}_j(k) - \hat{h}_j(k))]$$
$$+ K_3 \sum_{\Theta_j = \Theta_1}^{\Theta_l} F^{\Theta_j}(p_i) + \eta_i(k)$$
$$\tag{9-7}$$

式中,

$$\begin{cases} \hat{x}_i(k) = x_i(k_t^i), & k \in [k_t^i, k_{t+1}^i) \\ \hat{h}_i(k) = h_i(k_t^i), & k \in [k_t^i, k_{t+1}^i) \end{cases} \tag{9-8}$$

$K_1 \in \mathbb{R}^{d \times 2d}$ 和 $K_2 \in \mathbb{R}^{d \times 2d}$ 是两个常数矩阵,而 $K_3 \in \mathbb{R}$ 是一个常数。在无障碍空间 $\Theta = \varnothing$,$F^{\Theta_j}(p_i) = 0$,而在障碍空间 $\Theta \neq \varnothing$,$F^{\Theta_j}(p_i)$ 由式(9-4)决定。向量 $\eta(k) = \{\eta_1^T(k), \cdots, \eta_N^T(k)\}^T$ 为补偿向量,其中,$\eta_i(k) \in \mathbb{R}^d$。触发时刻序列 $\{k_t^i\}_{t \in \mathbb{N}^+}$ 则是由以下触发条件决定的:

$$f_i(k, \epsilon_i(k)) = \| \epsilon_i(k) \| - \sigma \alpha^k \tag{9-9}$$

式中,$\epsilon_i(k) = A^{k-k_t^i}(\hat{x}_i(k) - \hat{h}_i(k)) - (x_i(k) - h_i(k))$ 为测量误差,常数 $\sigma > 0$,$0 < \alpha < 1$。需指出的是,对于任何无人机 v_i,其下一个触发时刻由 $k_{t+1}^i = \inf\{k \mid k > k_t^i, f_i(k, \epsilon_i(k)) > 0\}$ 决定。为便于后续理论分析,根据控制输入和测量误差,多无人机系统(9-2)可整理为

$$x(k+1) = (I_N \otimes (A+BK_1) + L \otimes BK_2)(x(k)-h(k)) + (L \otimes BK_2)\epsilon(k)$$
$$+ (I_N \otimes A)h(k) + (I_N \otimes BK_3)F + (I_N \otimes B)\eta(k)$$

$$(9-10)$$

式中，$F = \Big[\sum_{\Theta_j=\Theta_1}^{\Theta_l} F^{\Theta_j \mathrm{T}}(p_1), \cdots, \sum_{\Theta_j=\Theta_1}^{\Theta_l} F^{\Theta_j \mathrm{T}}(p_N) \Big]^{\mathrm{T}} \in \mathbb{R}^{Nd}$。

图 9-3 中展示了本节所设计的事件触发下多无人机编队与避障控制器设计示意图。对于任意一个无人机 v_i，其已知全局预期编队信息及局部自身状态信息，而由事件触发条件(9-9)可知,其相应状态信息仅在触发时刻广播给邻居。此外，每个无人机需要在每个采样时刻确定自己与障碍区域之间的相对距离,计算相应的势场力并加入控制器函数。

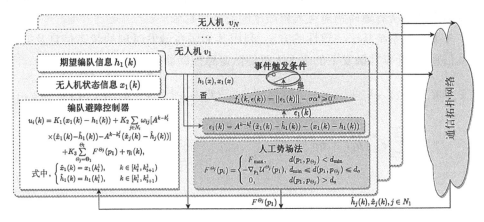

图 9-3　事件触发下多无人机时变编队与避障控制器设计示意图

9.2.3　时变编队与避障控制稳定性分析

根据 9.2.2 节设计的事件触发编队避障控制器(9-7),本节将进一步分析在该控制器作用下的多无人机系统稳定性,同时,给出相应的控制器参数设计方法。为方便分析系统稳定性,定义向量 $\tilde{x}(k)=x(k)-h(k)$ 和向量 $\xi(k)$：

$$\xi(k) = \tilde{x}(k) - (1_N \gamma^{\mathrm{T}} \otimes I_n)\tilde{x}(k)$$
$$= \left\{ \begin{bmatrix} 1-\gamma_1 & -\gamma_2 & \cdots & -\gamma_N \\ -\gamma_1 & 1-\gamma_2 & \cdots & -\gamma_N \\ \vdots & \vdots & & \vdots \\ -\gamma_1 & -\gamma_2 & \cdots & 1-\gamma_N \end{bmatrix} \otimes I_n \right\} \tilde{x}(k) \quad (9-11)$$
$$= (R \otimes I_n)\tilde{x}(k)$$

式中,常数向量 $\gamma = [\gamma_1, \cdots, \gamma_N]^T$ 满足 $L\gamma = 0_N$ 且 $\sum_{i=1}^{N} \gamma_i = 1$。从式(9-11)可以看出,当且仅当 $\xi(k) = 0$ 时,$\tilde{x}_1 = \cdots = \tilde{x}_N$,$\lim_{k\to\infty} \varpi(k) = 0$,即多无人机系统完成期望编队。为进一步给出系统稳定性定理,首先介绍定理中涉及的关键理论概念——舒尔稳定。

引理9.1(舒尔稳定):考虑一个矩阵 $S \in \mathbb{R}^{n\times n}$,若其对应特征多项式的所有特征根均位于以原点为圆心的单位圆内,则称该矩阵是满足舒尔稳定的,且其满足不等式:

$$\| S^k \| \leq \| U_S \| \| U_S^{-1} \| a_s b_s^k, \quad k > 0 \tag{9-12}$$

式中,矩阵 U_S 是可逆的,两个常数分别满足条件 $a_s > 0$,$\max_i | \lambda_S^i | < b_S < 1$。$\lambda_S^i$ 是矩阵 S 的特征根。那么由式(9-12)可知,当 $k \to \infty$ 时,$\| S^k \| \to 0$。

定理9.1:考虑一个含有 N 架无人机的多无人机系统。若对于拉普拉斯矩阵 L 的任意特征根 λ_i,都有矩阵 $(A + BK_1 + \lambda_i BK_2)$ 是舒尔稳定的,且 $\eta_i(k)$ 满足下述条件:

$$Ah_i(k) + B\eta_i(k) - h_i(k+1) = 0_n \tag{9-13}$$

那么,有以下两种情况。

情况一:在无障碍空间内,多无人机系统能够在控制器(9-7)作用下趋于稳定,其中,$F^{\Theta_j}(p_i) = 0$,触发条件如式(9-9)所示,并且有 $\lim_{k\to\infty} \varpi(k) = 0$。

情况二:在障碍空间下,多无人机系统能够在满足触发条件(9-9)的控制器(9-7)下保持稳定,且 $\lim_{k\to\infty} \varpi(k) < \varpi_m$,$\varpi_m \in \mathbb{R}$。

证明:情况一:在无障碍空间内,假设系统(9-10)满足条件(9-13),则式(9-11)可进一步化简为

$$\xi(k+1) = (I_N \otimes (A + BK_1) + L \otimes BK_2)\xi(k) + (L \otimes BK_2)\epsilon(k) \tag{9-14}$$

式中,化简过程用到了等式条件 $1_N \gamma^T L \equiv 0$ 和 $F = 0_{Nm}$。

假设矩阵 L 的约当标准形式是 J,其对应的相似转换矩阵为 U,那么有

$$J = U^{-1}LU = \begin{bmatrix} 0 & 0_{N-1}^T \\ 0_{N-1} & \Lambda \end{bmatrix} \tag{9-15}$$

式中,Λ 的特征根为 $\{\lambda_2, \cdots, \lambda_N\}$。由于 0 是 J 的单一特征根,令矩阵 $U^{-1} = [\gamma^T, \hat{U}]$,$\hat{U} \in \mathbb{C}^{(N-1)\times N}$。定义向量 $\zeta(k) = (U^{-1} \otimes I_n)\xi(k)$,则可以得到下述结论:

$$\begin{aligned}
\zeta_1(k) &= (\gamma^{\mathrm{T}} \otimes I_n)\xi(k) \\
&= (\gamma^{\mathrm{T}} R \otimes I_n)\tilde{x}(k) \\
&\equiv 0_n
\end{aligned} \tag{9-16}$$

式中,向量 $\zeta_i(k)$ 代表从向量 $\zeta(k)$ 的第 $(i-1)n+1$ 个元素到第 in 个元素。为了分析剩下的元素 $\zeta_2(k),\cdots,\zeta_N(k)$,我们对 $\zeta(k+1)$ 进行 k 次迭代,那么 $\zeta(k+1)$ 可写为

$$\begin{aligned}
\zeta(k+1) =& \sum_{j=0}^{k} (I_N \otimes (A + BK_1) + J \otimes BK_2)^{k-j}(U^{-1}L \otimes BK_2)\epsilon(j) \\
&+ [I_N \otimes (A + BK_1) + J \otimes BK_2]^{k+1}\zeta(0)
\end{aligned} \tag{9-17}$$

式中,$(I_N \otimes (A + BK_1) + J \otimes BK_2)$ 可拓展为以下形式:

$$\begin{bmatrix}
A + BK_1 & 0^{n \times n} & \cdots & 0^{n \times n} \\
\hline
0^{n \times n} & A + BK_1 + \lambda_2 BK_2 & \cdots & 0^{n \times n} \\
\vdots & \vdots & & \vdots \\
0^{n \times n} & 0^{n \times n} & \cdots & A + BK_1 + \lambda_N BK_2
\end{bmatrix} \tag{9-18}$$

将该分块矩阵的第二个对角块用矩阵 Y 代替。那么对于向量 $\zeta_{2 \mapsto N}(k+1) = [\zeta_2^{\mathrm{T}}(k+1),\cdots,\zeta_N^{\mathrm{T}}(k+1)]^{\mathrm{T}}$,我们有

$$\zeta_{2 \mapsto N}(k+1) = \sum_{j=0}^{k} Y^{k-j}(\Lambda \hat{U} \otimes BK_2)\epsilon(j) + Y^{k+1}\zeta_{2 \mapsto N}(0) \tag{9-19}$$

式中,计算中用到等式 $U^{-1}L = JU^{-1} = [0_N, \hat{U}^{\mathrm{T}}\Lambda^{\mathrm{T}}]^{\mathrm{T}}$。

由于矩阵 $(A + BK_1 + \lambda_i BK_2)(i \in \{2,\cdots,N\})$ 是舒尔稳定的,则有当 $k \to \infty$ 时,$(A + BK_1 + \lambda_i BK_2)^k \to 0$。进一步地,可以得出结论,当 $k \to \infty$ 时,$Y^k \mapsto 0$。此外,由触发条件(9-9),可得

$$\| \epsilon_i(k) \| \leqslant \sigma\alpha^k, \quad \sigma \in \mathbb{R}, 0 < \alpha < 1 \tag{9-20}$$

基于上述条件,可以得出当 $k \to \infty$ 时,$\zeta_{2 \mapsto N}(k) \to 0$,则向量 $\xi(k) = (U \otimes I_n)\zeta(k)$ 满足 $\lim_{k \to \infty}\xi(k) = 0_{2Nd}$,且多无人机系统能够形成预期编队。

情况二:在障碍空间中,假设系统(9-10)满足条件(9-13),则式(9-11)可进一步化简为

$$\xi'(k+1) = (I_N \otimes (A + BK_1) + L \otimes BK_2)\xi'(k) + (L \otimes BK_2)e(k) + (R \otimes BK_3)F(k) \tag{9-21}$$

与式(9-14)相比,式(9-21)还包括最后的势场力项 F。那么对向量

$\zeta(k+1)$ 进行 k 次迭代后,有

$$\zeta'(k+1) = \zeta(k+1) + \sum_{j=0}^{k} (I_N \otimes (A+BK_1) + J \otimes BK_2)^{k-j} (U^{-1}R \otimes BK_3) F(j)$$

$$(9-22)$$

式中, $\zeta'_1(k) \equiv 0_n$ 且

$$\zeta'_{2\to N}(k+1) = \sum_{j=0}^{k} Y^{k-j} (\hat{U}R \otimes BK_3) F(j) + \zeta_{2\to N}(k+1) \qquad (9-23)$$

式中,化简过程用到了等式条件 $U^{-1}R = [0_N, R^T \hat{U}^T]^T$,式(9-23)中的第一项是有界的,即 $\left\| \sum_{j=0}^{k} Y^{k-j} (\hat{U}R \otimes BK_3) \right\| \cdot \| F_{\max} \|$,其可被整理为

$$\begin{aligned} & \| \{Y^k + Y^{k-1} + \cdots + Y^0\} (\hat{U}R \otimes BK_3) \| \cdot \| F_{\max} \| \\ = & \| [I_{(N-1)n} - Y]^{-1} [I_{(N-1)n} - Y^{k+1}] (\hat{U}R \otimes BK_3) \| \cdot \| F_{\max} \| \qquad (9-24) \\ \xrightarrow{k \mapsto \infty} & \| [I_{(N-1)n} - Y]^{-1} (\hat{U}R \otimes BK_3) \| \cdot \| F_{\max} \| \end{aligned}$$

式中,当 $k \to \infty$ 时, $Y^{k+1} \to 0$,则 $\zeta'(k)$ 是有界的。存在常数 $\xi_m \in \mathbb{R}$ 和 $\varpi_m \in \mathbb{R}$ 使得向量 $\xi'(k) = (U \otimes I_n)\zeta'(k)$ 和编队误差 $\varpi(k)$ 分别满足:

$$\lim_{k \to \infty} \| \xi'(k) \| < \xi_m \qquad (9-25)$$

$$\begin{aligned} \lim_{k \to \infty} \varepsilon(k) &= \lim_{k \to \infty} \max_{\forall i,j} \| \tilde{x}_i(k) - \tilde{x}_j(k) \| \\ &\leq \lim_{k \to \infty} \max_{\forall i,j} \{ \| \tilde{x}_i(k) - (1_N \gamma^T \otimes I_n) \tilde{x}(k) \| \\ &\quad + \| \tilde{x}_j(k) - (1_N \gamma^T \otimes I_n) \tilde{x}(k) \| \} \\ &< 2\xi_m = \varpi_m \end{aligned} \qquad (9-26)$$

即证明了多无人机系统(9-2)在控制器(9-7)下能够保持稳定。

为满足定理9.1中的假设,即对于矩阵 L 的所有特征根 λ_i,矩阵 $A + BK_1 + \lambda_i BK_2$ 都是舒尔稳定的,下面给出引理来确定控制器(9-7)中增益矩阵 K_1 和 K_2 的取值。

引理9.2:若矩阵 $K_2 = -(B^T PB + I)^{-1} B^T P(A + BK_1)$,且矩阵 K_1 满足矩阵 $A + BK_1$ 的所有特征根位于以原点为圆心的单位圆内,则对于矩阵 L 的所有特征根 λ_i,有 $A + BK_1 + \lambda_i BK_2$ 是舒尔稳定的。其中,正定矩阵解 P 为

$$\begin{aligned} P = & (A + BK_1)^T P(A + BK_1) - (2\kappa - \kappa^2)(A + BK_1)^T PB \\ & \times (B^T PB + I)^{-1} B^T P(A + BK_1) + I_N, \quad \kappa > 0 \end{aligned} \qquad (9-27)$$

证明： 将增益 $K_2 = -(B^TPB + I)^{-1}B^TP(A + BK_1)$ 代入 $(A + BK_1 + \kappa BK_2)P(A + BK_1 + \kappa BK_2) - P$，可以得到

$$
\begin{aligned}
(A + BK_1 + \kappa BK_2)&P(A + BK_1 + \kappa BK_2) - P \\
&\leqslant (A + BK_1)^TP(A + BK_1) - (2\kappa - \kappa^2)(A + BK_1)^TPB \\
&\quad \times (B^TPB + I)^{-1}B^TP(A + BK_1) - P \\
&= -I_N < 0
\end{aligned}
\tag{9-28}
$$

那么对于任意 $\lambda_i (i \in \{2, \cdots, N\})$，有 $(A + BK_1 + \lambda_i BK_2)^TP(A + BK_1 + \lambda_i BK_2) < P$。假设 μ 是矩阵 $A + BK_1 + \lambda_i BK_2$ 的一个任意特征根，且其对应的特征向量与左特征向量分别为 y 和共轭转置 y^*，则有

$$
y^*(A + BK_1 + \lambda_i BK_2)^TP(A + BK_1 + \lambda_i BK_2)y = |\mu|^2 y^*Py \leqslant y^*Py
\tag{9-29}
$$

从上述不等式可以得出结论，矩阵 $A + BK_1 + \lambda_i BK_2$ 的所有特征值都在以原点为中心的单位圆内，也就是说，对于任意 λ_i，矩阵 $A + BK_1 + \lambda_i BK_2$ 都是舒尔稳定的。

算法 9.1 给出了时变编队与避障控制的实现过程。

算法 9.1： 时变编队与避障控制的实现过程

Data：（1）触发时刻序列 $\{k_t^i\}_{t \in \mathbb{N}^+}$；

（2）无人机状态向量 $x_i(k)(i \in \{1, 2, \cdots, N\})$；

（3）障碍空间 Θ_j 的位置 $p_{\Theta_j}(j \in \{1, 2, \cdots, l\})$。

Result：（1）触发时刻序列 $\{k_t^i\}_{t \in \mathbb{N}^+}$；

（2）无人机的控制输入 $u_i(k)(i \in \{1, 2, \cdots, N\})$。

1：初始化势场力 $F_j^\Theta(p_i) = 0$ 和无人机的状态信息 $x(0)$；

2：while 多无人机系统未收敛 do

3：　　for 每架无人机 v_i，$i \in \{1, 2, \cdots, N\}$ do；

4：　　　　计算无人机 v_i 与障碍空间 Θ_j 之间的相对距离 $d(p_i, p_{\Theta_j})$。

5：　　　　if $d(p_i, p_{\Theta_j}) \leqslant d_o$ then；

6：　　　　　　更新势场力 $F_j^\Theta(p_i)$。

7：　　　　end

8：　　　　计算触发条件 $f_i(k, \epsilon_i(k))$。

9：　　　　if $f_i(k, \epsilon_i(k)) > 0$ then

算法 9.1：时变编队与避障控制的实现过程

10：		记录该时刻至触发时刻序列 $\{k_t^i\}_{t \in \mathbf{N}^+}$ 中；
11：		更新该时刻对应的无人机状态 $x_i(k)$，$i \in \{1, 2, \cdots, N\}$。
12：	else	
13：		继续使用上一触发时刻对应的无人机状态 $x_i(k_t^i)$，$i \in \{1, 2, \cdots, N\}$。
14：	end	
15：	根据定理 9.1 选定控制器增益 K_1、K_2 和 K_3，并计算控制输入 $u_i(k)$。	
16：	end	
17：end		

9.2.4　OptiTrack/Tello 实验验证

为进一步验证算法的可靠性，本节介绍基于 OptiTrack 和 Tello 无人机的集群协同实验平台框架，选取 9.2.2 节中提出的多无人机时变编队与避障控制器作为示例，在室内实验场地内搭建含有多个障碍物的复杂实验场景，利用 4 架 Tello 四旋翼无人机完成多无人机编队避障飞行，并给出相应实验结果分析。

1. 无人机集群协同控制实验平台框架

无人机集群协同控制实验平台可实现无人机集群通信、姿态控制与轨迹控制。其中，通信依赖千兆位局域网及无人机内置的 Wi-Fi 连接模块；姿态控制依赖于无人机内置飞行控制器；轨迹控制则通过室内定位系统和地面站共同实现。本节所涉及的协同控制实验示例主要应用该平台的多无人机轨迹控制功能实现算法验证。该实验平台由四部分构成：OptiTrack 室内定位系统、Tello 无人机集群、网络通信系统和地面站。其中，各部分子系统内主要部件的关键特征参数如表 9-1 所示。

表 9-1　多无人机编队实验系统主要部件特征

系统组成部分	型　　号	关 键 参 数
室内定位系统	OptiTrack Prime 13	相机数量：14
		感应范围：12 m
		分辨率：0.1~1 mm
		时延：<10 ms

系统组成部分	型　号	关 键 参 数
四旋翼无人机系统	DJI Tello	重量：80 g
		大小：98 mm×92.5 mm×41 mm
		续航时间：13 min
路由器	RT－AC5300	传输速度：1 000 Mbit/s+2 167 Mbit/s+2 167 Mbit/s
交换机	GS728TPP	端口速度：10/100/1 000 Mbit/s
		端口数量：24 口
电池	Lipo	电压：3.8 V
		容量：1 100 m(A·h)
		重量：26 g

图 9-4 给出了无人机集群协同控制实验平台的总体结构框架并显示了系统内信号传递与控制流程。室内定位系统利用 14 台精度为 0.5 mm 的 OptiTrack 动作捕捉相机构建,该系统为无人机提供了全局定位地图,在地图中可包括无人机与场地内障碍物的全局位置坐标,定位系统的高精度保证了获取多无人机与障碍物位姿信息的准确度。利用交换机实现信号传递,将获取的无人机位姿信息及时地传递至地面站。基于地面站较强的计算与存储能力,无人机的位姿信息将被编队控制器及时处理并生成控制指令,生成的控制指令经路由器发送给网络下的各无人机节点,使得无人机集群实现期望编队。另外,利用地面站的数据存储功能,各无人机的实时位置信息、速度信息及控制指令等关键数据均可存储在地面站中,方

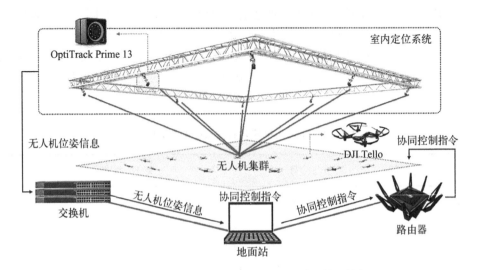

图 9-4　无人机集群协同控制实验平台的总体结构框架

便实验后期进行控制器参数调整与实验数据分析。

2. 多无人机时变编队与避障实验配置

为实现在障碍空间内的编队安全飞行,本节利用 9.2.2 节中提出的编队避障控制器(9-7)控制无人机模型在 X 轴、Y 轴方向上的飞行状态,并利用 PID 控制器实现无人机模型的高度和姿态保持。针对无人机姿态控制,该实验采用比例控制器来保持姿态角稳定不变。针对无人机高度控制,为抑制其在 Z 轴方向上的超调和振荡,该实验在比例控制器的基础上,加入微分环节以实现无人机在 Z 轴方向上的平稳飞行。本实验中使用的无人机期望编队函数 $h(k)$ 可描述为 4 架无人机以一个正方形编队绕圆形轨迹飞行:

$$h_i(k) = \begin{bmatrix} r\cos\left(\omega k + \dfrac{2(i-1)\pi}{4}\right) \\ -\omega r\sin\left(\omega k + \dfrac{2(i-1)\pi}{4}\right) \\ r\sin\left(\omega k + \dfrac{2(i-1)\pi}{4}\right) \\ \omega r\cos\left(\omega k + \dfrac{2(i-1)\pi}{4}\right) \end{bmatrix}, \ i \in \{1, \cdots, 4\} \qquad (9-30)$$

式中,$r = 1.2\,\mathrm{m}$,$\omega = 0.15\,\mathrm{rad/s}$。图 9-5 展示了所搭建的实验场景,其中,包含 5 个立方柱障碍及 4 架 Tello 四旋翼无人机。其他实验参数设置在表 9-2 中列出。

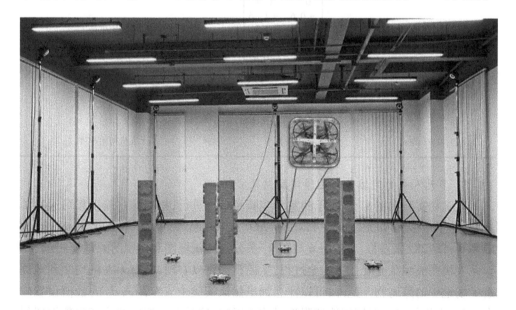

图 9-5 多无人机时变编队与避障实验场景

表 9-2   其他实验参数设置

参 数	数 值	描 述
N/架	4	无人机数量
d	3	无人机飞行维度
T/s	0.01	系统采样周期
K_1	$I_2 \otimes [-2, -1]$	控制器增益矩阵
K_2	$I_2 \otimes [-0.212, -0.156]$	控制器增益矩阵
K_3	0.03	控制器增益
σ	20	触发条件常数
α	0.999 999	触发条件常数
b	600	势场常数
d_o/m	10	安全距离
K_{zp}	0.4	高度控制比例系数
K_{zd}	0.2	高度控制微分系数
z_d/m	0.7	期望高度
K_{yaw}	50	姿态控制比例系数
yaw_d/(°)	0	期望偏航角
d_Θ/m	0.2	障碍物边长
$p_\Theta(0)$/m	$\begin{bmatrix} 0.5 & 0.9 \\ -0.6 & -1.15 \\ -0.8 & 0.7 \\ 0.3 & -0.45 \\ 1.45 & -0.92 \end{bmatrix}$	障碍物坐标
$p(0)$/m	$\begin{bmatrix} 1.51 & -0.15 \\ -0.22 & 1.24 \\ -1.39 & 0.07 \\ 0.27 & -1.62 \end{bmatrix}$	无人机初始位置
$v(0)$/(m/s)	$[0]_{4 \times 2}$	无人机初始速度

3. 多无人机时变编队与避障实验结果分析

该实物实验在图 9-5 所示的室内实验场景内进行,相应的实验视频可通过单击链接 https://youtu. be/P-mwEzWsAoI 或 https://www. bilibili. com/video/BV1ef4y1Z72K/来获取。图 9-6 与图 9-7 分别从正视图和俯视图的角度展示了 4 架无人机完成编队避障任务的全过程,从俯视图可以看出,所有无人机均顺利地规避了场地中的障碍物。此外,可以注意到虽然该实验中安全距离 d_o 的数值设置较大,但无人机仍然仅在期望轨迹附近时才受影响,这是控制器中的势场常数设置得较为恰当,使得远距离障碍物对无人机的斥力几乎可以被忽略。图9-8中给出了实验误差曲线,与物理仿真中类似,编队误差在无人机靠近障碍物时迅速增大,而在无人机飞离障碍物时迅速收敛到0。图9-9中则给出了4架无人机对应的触发

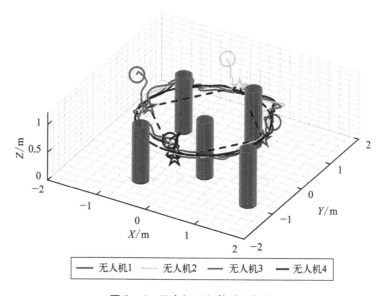

图9-6　无人机飞行轨迹正视图

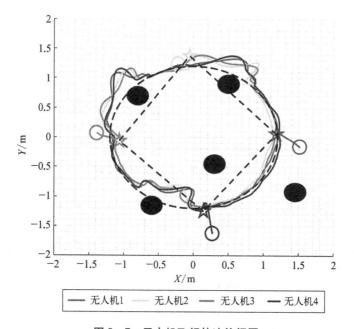

图9-7　无人机飞行轨迹俯视图

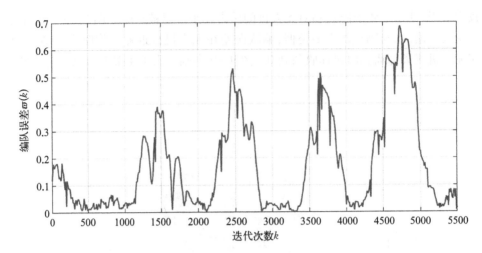

图 9 - 8　无人机集群编队误差

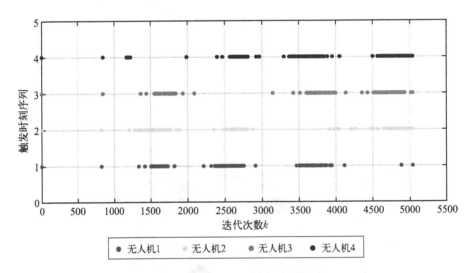

● 无人机1　● 无人机2　● 无人机3　● 无人机4

图 9 - 9　各无人机触发时刻序列

时刻序列,可以注意到当无人机靠近障碍物时会连续地向邻居个体广播自身状态信息,而在飞离障碍物时通信频次则迅速地下降。这是由于无人机受障碍物影响飞离期望轨迹,将会导致邻居节点预测的状态信息偏差增大,从而需要频繁地确认实时状态信息以确保维持期望的编队构型。表 9 - 3 室内障碍场景下各无人机的触发次数中列出了各无人机的触发次数,经计算在整段飞行过程中,每架无人机仅向邻居个体平均通信 1 100 次,也就是事件触发机制将通信频次降低至时间触发系统的 20% 左右,这很大程度地减轻了系统的通信压力。

表 9 - 3　室内障碍场景下各无人机的触发次数

无人机 1	无人机 2	无人机 3	无人机 4	平均值/总值
922	1 145	1 109	1 222	1 100/5 500

9.3　大规模无人机最优编队跟踪控制

考虑无人机实际飞行场景的复杂化和飞行任务的多样化,为保证多无人机系统在特定场景下的安全性与灵活机动能力,9.2 节利用经典控制理论研究了多无人机编队避障控制问题。然而,随着无人机编队规模的扩大,多无人机系统的编队资源分配与系统性能亟须进一步优化。学习驱动下的智能控制理论融合了经典控制理论的高可靠性和人工智能算法的自适应学习能力,凭借系统鲁棒性强、自适应能力好、计算学习能力强等优势初露头角,在规模化的编队控制问题中具有极大潜力。由此,本节将研究基于强化学习的多无人机最优编队跟踪控制问题,并引入事件触发机制,实现大规模无人机系统综合性能优化和计算资源的合理分配。本节将围绕大规模无人机最优编队问题中涉及的决策层与控制层技术难点展开,分别研究最优编队分配问题和最优编队跟踪控制问题。首先,基于匈牙利算法提出目标编队最优分配和最优轨迹生成算法。其次,基于强化学习算法求解最优编队跟踪控制器并给出相应系统稳定性分析。最后,引入 Cesium 仿真平台与 9.2 节中介绍的无人机集群协同控制实验平台相结合,构建虚实结合的无人机编队飞行场景,并实现大规模无人机编队飞行任务。

9.3.1　问题描述

本节针对大规模无人机最优编队跟踪控制问题,给出了如图 9 - 10 所示的算法总体框架。首先,面向决策层涉及的主要技术难点——如何分配目标编队中的各项角色和任务,引入匈牙利算法来解决线性分配问题,实现最优目标分配和轨迹生成。紧接着,面向控制层的主要技术难点——如何在有限的编队资源约束下实现系统性能最优化,引入事件触发机制和学习驱动的最优控制算法分别解决大规模编队的计算效率和控制性能优化问题,并进一步给出最优编队跟踪控制器设计,实现期望编队轨迹的实时跟踪。

首先,针对多无人机最优目标编队分配问题,考虑一个包含 N 架无人机的集群,假定其初始位置集合为 $G = \{g_i^{\mathrm{T}}\} \in \mathbb{R}^{N \times m}$,期望编队构型为 $S = \{s_j^{\mathrm{T}}\} \in \mathbb{R}^{N \times m}$,以及目标位置集合为 $H = \{h_j^{\mathrm{T}}\} \in \mathbb{R}^{N \times m}$,$h_j = \rho s_j + d$。其中,$\rho \in \mathbb{R}^+$ 为缩放因子,d 为平移向量。

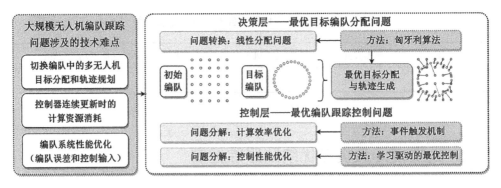

图9-10 事件触发下多无人机最优编队跟踪算法总体框架

引理9.3： 最优缩放因子 ρ^* 和平移向量 d^* 可通过式(9-31)计算得到

$$
\rho^* = \frac{\displaystyle\sum_{i=1}^{N} g_i \left(\sum_{j=1}^{N} s_j\right)^{\mathrm{T}} + N\kappa^*}{\displaystyle\sum_{j=1}^{N} s_j \left(\sum_{j=1}^{N} s_j\right)^{\mathrm{T}} - N\sum_{j=1}^{N} s_j s_j^{\mathrm{T}}} \tag{9-31}
$$

$$
d^* = \frac{\displaystyle\sum_{i=1}^{N} g_i - \rho^* \sum_{j=1}^{N} s_j}{N}
$$

算法9.2为最优目标分配算法。

算法9.2： 最优目标分配算法

Data：(1) 初始位置集合 $G = \{g_i^{\mathrm{T}}\} \in \mathbb{R}^{N \times m}$；

(2) 期望编队构型 $S = \{s_j^{\mathrm{T}}\} \in \mathbb{R}^{N \times m}$。

Result：(1) 最优分配列表 $\chi^* \in \mathbb{Z}^N$；

(2) 最小代价矩阵 $\kappa^* \in \mathbb{R}^{N \times N}$。

1： $\kappa_{ij} = -g_i s_j^{\mathrm{T}}$；

2： $(\chi^*, \kappa^*) = \text{Hungarian} - \text{LSAP}(\kappa)$。

算法9.2保证了无人机能够同时到达目标位置且无碰撞。假设无人机飞行过程中容许的最大飞行速度为 $v_{\max}$，那么编队飞行时长被定义为 $t_s = \max_{i \in [1, N]} \dfrac{\|g_i - h_{\chi(i)}\|_2}{v_{\max}}$，其中，$\chi(i)$ 为分配给无人机 i 的位置编号。那么无人机 i 对应的期望飞行轨迹可以写为

$$h_i(k) = g_i + \frac{h_{\chi(i)} - g_i}{t_s} kT, \quad k \in \left[0, \frac{t_s}{T}\right] \tag{9-32}$$

此外,为避免无人机之间发生碰撞,设无人机半径为 r,则无人机初始位置和期望编队构型应分别满足 $\|g_i - g_j\|_2 \geq 2\sqrt{2}r$, $\|s_i - s_j\|_2 \geq 2\sqrt{2}r$。利用上述算法,图 9-11 中给出了两组示例,可以看出在队形切换过程中,无人机目标位置分配合理且无碰撞。

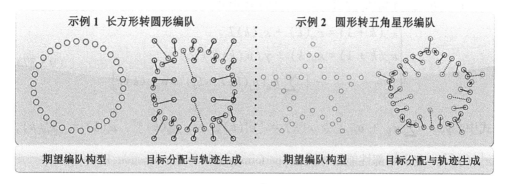

图 9-11　最优目标分配与轨迹生成示例

进一步地,针对多无人机最优编队跟踪控制问题,考虑离散时间下,大规模无人机系统包含 N 架跟随者无人机和一架虚拟领导者无人机,并将每架跟随者无人机建模为带有未知非线性项的二阶积分器模型:

$$\begin{cases} p_i(k+1) = p_i(k) + v_i(k)T \\ v_i(k+1) = v_i(k) + u_i(k)T + \varrho_i(p_i(k), v_i(k)) \end{cases} \tag{9-33}$$

式中,$p_i(k) \in \mathbb{R}^d$ 与 $v_i(k) \in \mathbb{R}^d$ 分别代表跟随者无人机 i 的位置和速度向量,d 为无人机的空间飞行维度;$u_i(k) \in \mathbb{R}^d$ 为跟随者无人机 i 的控制输入;$\varrho_i(\cdot)$ 为未知非线性模型项。针对虚拟领导者无人机,其动力学模型为

$$\begin{cases} p_0(k+1) = p_0(k) + v_0(k)T \\ v_0(k+1) = v_0(k) + u_0(k)T \end{cases} \tag{9-34}$$

式中,$p_0(k) \in \mathbb{R}^d$ 与 $v_0(k) \in \mathbb{R}^d$ 分别为领导者无人机的位置和速度向量;$u_0(k) \in \mathbb{R}^d$ 则为领导者无人机的控制输入。定义编队跟踪误差为 $\varpi_T(k)$,其中,编队位置和速度跟踪误差分别为

$$\begin{cases} \varpi_{Tpi}(k) = p_i(k) - p_0(k) - \eta_{pi}(k) \\ \varpi_{Tvi}(k) = v_i(k) - v_0(k) - \eta_{vi}(k) \end{cases} \tag{9-35}$$

式中，$\eta_i(k) = [\eta_{pi}^{\mathrm{T}}(k), \eta_{vi}^{\mathrm{T}}(k)]^{\mathrm{T}} \in \mathbb{R}^{2d}$ 为领导者与跟随者之间预期状态偏差。那么，定义跟随者无人机编队的分歧误差为

$$\begin{cases} \varepsilon_{pi}(k) = \sum_{j \in N_i} w_{ij}(\varpi_{Tpi}(k) - \varpi_{Tpj}(k)) + o_i \varpi_{Tpi}(k) \\ \varepsilon_{vi}(k) = \sum_{j \in N_i} w_{ij}(\varpi_{Tvi}(k) - \varpi_{Tvj}(k)) + o_i \varpi_{Tvi}(k) \end{cases} \quad (9-36)$$

进一步地，将编队分歧误差转换为闭环形式：

$$\begin{cases} \varepsilon_{pi}(k+1) = \varepsilon_{pi}(k) + \varepsilon_{vi}(k)T \\ \varepsilon_{vi}(k+1) = \varepsilon_{vi}(k) + \gamma_i(u_i(k)T + \varrho_i) \\ \qquad - \left\{ \sum_{j \in N_i} w_{ij}(u_j(k)T + \varrho_j) + o_i u_0(k)T \right\} \end{cases} \quad (9-37)$$

式中，$\gamma_i = \sum_{j \in N_i} w_{ij} + o_i$。令 $\varepsilon(k) = [\varepsilon_1^{\mathrm{T}}(k), \cdots, \varepsilon_N^{\mathrm{T}}(k)]^{\mathrm{T}}$，$\varepsilon_i(k) = [\varepsilon_{pi}^{\mathrm{T}}(k), \varepsilon_{vi}^{\mathrm{T}}(k)]^{\mathrm{T}}$。定义局部性能指标函数（performance indicator function, PIF）为

$$V_i(\varepsilon_i(k), u_i(k)) = \sum_{l-k}^{\infty} \beta^{l-k} R_i(\varepsilon_i(k), u_i(\varepsilon_i)) \quad (9-38)$$

式中，$R_i(\varepsilon_i(k), u_i(\varepsilon_i)) = \varepsilon_i^{\mathrm{T}}(k)\varepsilon_i(k) + u_i^{\mathrm{T}}(\varepsilon_i)u_i(\varepsilon_i)$ 为效能函数；$\beta \in (0, 1]$ 为折扣系数。对于任意容许控制变量 $u(k) \in U$，PIF 可写为如下贝尔曼方程形式：

$$V_i(\varepsilon_i(k), k) = \min\{R_i(\varepsilon_i(k), u_i(\varepsilon_i)) + \beta V_i(\varepsilon_i(k+1), k+1)\} \quad (9-39)$$

最优编队跟踪控制器可以定义为

$$u_i^* = \arg\min_{u_i(\varepsilon_i)}\{R_i(\varepsilon_i(k), u_i(\varepsilon_i)) + \beta V_i^*(\varepsilon_i(k+1))\} \quad (9-40)$$

9.3.2 最优编队跟踪控制协议设计

针对 9.3.1 节中提出的贝尔曼方程，最优编队跟踪控制器 $u_i^*(k)$ 为式(9-38)的唯一解，且 $u_i^*(k)$ 可利用方程 $\partial V_i(\varepsilon_i(k))/\partial u_i(k) = 0$ 求解，即

$$\frac{\partial R_i(\varepsilon_i(k), u_i(k))}{\partial u_i(k)} + \beta \frac{\partial V_i(\varepsilon_i(k+1))}{\partial \varepsilon_i(k+1)} \frac{\partial \varepsilon_i(k+1)}{\partial u_i(k)} = 0 \quad (9-41)$$

展开式(9-41)，有 $\beta \gamma_i T \dfrac{\partial V_i(\varepsilon_{vi}(k+1))}{\partial \varepsilon_{vi}(k+1)} + 2u_i(k) = 0$。最优控制器 $u_i^*(k)$ 可以写为

$$u_i^*(k) = -\frac{\beta\gamma_i T}{2}\frac{\partial V_i^*(\varepsilon_{vi}(k+1))}{\partial\varepsilon_{vi}(k+1)} \tag{9-42}$$

令 $\dfrac{\partial V_i^*(\varepsilon_{vi}(k+1))}{\partial\varepsilon_{vi}(k+1)} = \dfrac{2K_p\varepsilon_{pi}(k)}{\beta\gamma_i T} + \dfrac{2K_v\varepsilon_{vi}(k)}{\beta\gamma_i T} + \dfrac{V_i^0(\varepsilon_i)}{\beta\gamma_i T}$，其中，常数 $K_p > 0$，

$K_v > 0$，$V_i^0(\varepsilon_i) = -2K_p\varepsilon_{pi}(k) - 2K_v\varepsilon_{vi}(k) + \beta\gamma_i T\dfrac{\partial V_i^*(\varepsilon_{vi}(k+1))}{\partial\varepsilon_{vi}(k+1)}$。则有

$$u_i^*(k) = -K\varepsilon_i(k) - \frac{V_i^0(\varepsilon_i)}{2} \tag{9-43}$$

式中，$K = [K_p,\ K_v] \otimes I_m$。为近似拟合最优编队跟踪控制器和 PIF，本章引入 Actor-Critic NN，并给出其中涉及的径向基函数神经网络（radial basis function neural network，RBF NN）定义。

定义 9.2（RBF NN）：RBF NN 可以用来近似未知非线性函数 $\zeta(\Omega) = W^{*T}\psi(\Omega)$，其中，$W^* \in \mathbb{R}^s$ 为权值向量，$\psi(\Omega) \in \mathbb{R}^s$ 为基函数，$\psi(\Omega) = [\psi_1(\Omega),\ \cdots,\ \psi_s(\Omega)]^T$，$s \in \mathbb{Z}^+$ 代表隐藏层网络节点的个数。一般地，$\psi_i(\Omega)$ 通常选用高斯核函数：

$$\psi_i(\Omega) = \exp(-(\Omega - v_i)^T(\Omega - v_i)/2\iota_i^2),\ i = 1,\ \cdots,\ s \tag{9-44}$$

式中，v_i 为高斯核函数中心；ι_i 为核函数宽度参数，其用来控制函数的径向作用范围。进一步地，为近似 RBF NN，通常能够找到一个理想权值 $W^* = \arg_{\min W}\{\sup_\Omega \|\zeta(\Omega) - W^T\psi(\Omega)\|\}$，将未知函数 $\zeta(\Omega)$ 近似为

$$\zeta(\Omega) = W^{*T}\psi(\Omega) + \varXi(\Omega) \tag{9-45}$$

式中，$\varXi(\Omega)$ 为近似误差，$|\varXi(\Omega)| \leqslant \varXi_T$，$\varXi_T \in \mathbb{R}$。

Critic 网络设计：Critic 网络用来近似拟合 PIF，

$$\frac{\partial V_i^*(\varepsilon_{vi}(k+1))}{\partial\varepsilon_{vi}(k+1)} = \frac{2K\varepsilon_i(k)}{\beta\gamma_i T} + \frac{1}{\beta\gamma_i T}(W_{ci}^{*T}(k)\psi_i(\varepsilon_i) + \varXi_{ci,k}) \tag{9-46}$$

式中，$W_{ci}^* \in \mathbb{R}^{s\times m}$ 为 Critic 网络的理想权值向量；$\psi_i(\varepsilon_i) \in \mathbb{R}^s$ 为径向基函数；$\varXi_{ci,k} \in \mathbb{R}^m$ 为近似误差。由于 $W_{ci}^* \in \mathbb{R}^{s\times m}$ 在初始时刻是未知的，式（9-46）可以写为

$$\frac{\partial\hat{V}_i(\varepsilon_{vi}(k+1))}{\partial\varepsilon_{vi}(k+1)} = \frac{2K\varepsilon_i(k)}{\beta\gamma_i T} + \frac{1}{\beta\gamma_i T}\hat{W}_{ci}^T(k)\psi_i(\varepsilon_i) \tag{9-47}$$

式中，$\hat{W}_{ci} \in \mathbb{R}^{s\times m}$ 为 W_i^* 的近似值，且该近似值能够利用 Critic 网络进行更新：

$$\hat{W}_{ci}(k+1) = \hat{W}_{ci}(k) - \mu_{ci}T\psi_i(\varepsilon_i)\psi_i^T(\varepsilon_i)\hat{W}_{ci}(k) \tag{9-48}$$

式中，μ_{ci} 为 Critic 网络中的常数增益；权值估计误差为 $\tilde{W}_{ci}(k) = \hat{W}_{ci}(k) - W_{ci}^*$。

Actor 网络设计如下所示。Actor NN 被用来近似拟合最优编队跟踪控制器(9-43)：

$$u_i^*(k) = -K\varepsilon_i(k) - \frac{1}{2}\left(W_{ai}^{*\mathrm{T}}(k)\psi_i(\varepsilon_i) + \Omega_{ai,k}\right) \tag{9-49}$$

式中，$\Omega_{ai,k} \in \mathbb{R}^m$ 为近似误差，引入事件触发机制，式(9-49)可以写为

$$u_i^*(k) = \begin{cases} -K\varepsilon_i(k) - \dfrac{1}{2}\hat{W}_{ai}^{\mathrm{T}}(k)\psi_i(\varepsilon_i(k)), & k \in \{k_t^i\}_{l \in \mathbb{Z}^+} \\ u_i^*(k_t^i), & k \in [k_t^i, k_{t+1}^i) \end{cases} \tag{9-50}$$

式中，$\hat{W}_{ai} \in \mathbb{R}^{s \times m}$ 为 W_{ai}^* 的近似值，且该近似值能够利用 Actor 网络进行更新：

$$\hat{W}_{ai}(k+1) = \begin{cases} \hat{W}_{ai}(k) - \mu_{ai}T\psi_i(\varepsilon_i)\psi_i^{\mathrm{T}}(\varepsilon_i)(\hat{W}_{ai}(k) - \hat{W}_{ci}(k)), & k \in \{k_t^i\}_{l \in \mathbb{Z}^+} \\ \hat{W}_{ai}(k), & k \in [k_t^i, k_{t+1}^i) \end{cases}$$
$$\tag{9-51}$$

式中，μ_{ai} 为 Actor 网络中的常数增益。权值估计误差 $\tilde{W}_{ai}(k) = \hat{W}_{ai}(k) - W_{ai}^*$。$\hat{W}_{ai}$ 和控制器 $u_i(k)$ 仅在触发时刻计算更新，其他时刻则利用零阶保持器维持不变。触发时刻序列 $\{k_t^i\}_{l \in \mathbb{Z}^+}$ 由下述触发条件决定：

$$\begin{cases} f_i(k) = \|e_l^i(k)\|^2 - \dfrac{(1-2\varsigma^2)}{2\varsigma^2}\|\varepsilon_i(k)\|^2, & \varsigma \in \left(\dfrac{1}{2}, \dfrac{\sqrt{2}}{2}\right) \\ k_t^i = \inf\{k > k_{t-1}^i, f_i(k) > 0\} \end{cases} \tag{9-52}$$

针对该事件触发机制，给出下述引理，为后续的稳定性分析证明提供补充。

引理 9.4： 存在一个正常数 ς，使编队分歧误差 $\varepsilon_i(k)$ 满足下列不等式：

$$\|\varepsilon_i(k+1)\| = \|g_i(\varepsilon_i(k), u_i(k_t^i))\| \leqslant \varsigma\|\varepsilon_i(k)\| + \varsigma\|e_l^i(k)\| \tag{9-53}$$

式中，$e_l^i(k) = \varepsilon_i(k_t^i) - \varepsilon_i(k)$，$k \in [k_t^i, k_t^{i+1})$，且当事件触发时，$e_l^i(k) = 0$。

图 9-12 展示了基于事件触发的多无人机最优编队跟踪控制器学习框架。该框架采用基于事件触发机制的通信架构及基于 Actor-Critic 神经网络的学习策略。首先，计算事件触发条件 f_i，当且仅当触发条件时，依次更新编队分歧误差 $\varepsilon_i(k_t^i)$、控制器拟合结果 $u_i(k_t^i)$ 和 Actor 网络权值，否则沿用上一触发时刻拟合结果。随后，计算并更新 Critic 网络权值，实现系统局部性能指标 PIF 优化，如此往复，实现最优控制器求解和系统性能优化。

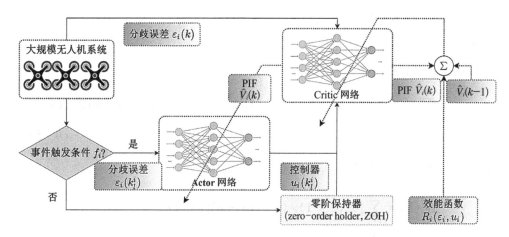

图 9-12　基于事件触发的多无人机最优编队跟踪控制器学习框架

9.3.3　最优编队跟踪控制稳定性分析

本节将针对 9.3.2 节中给出的基于事件触发的多无人机最优编队跟踪控制器拟合算法(9-51),分析在该控制器作用下的大规模无人机系统稳定性。为进一步给出系统稳定性定理,下面给出了定理中涉及的理论概念——最终一致有界(uniformly ultimately bounded,UUB)。

定义 9.3(最终一致有界):若存在正常数 δ 和 ρ,使得对于任意 $x(k_0) < \delta$,均存在 $T(\rho,\delta) \geqslant 0$,使得

$$\forall k > k_0 + T, \quad \| x(k) \| < \rho \tag{9-54}$$

则称该系统满足最终一致有界。

定理 9.2:考虑大规模无人机系统(9-33)中的任意无人机 i,假设其初始状态是有界的,并且受基于事件触发的最优编队跟踪控制器(9-50)的作用,若控制器中的 Actor-Critic 网络权值更新率分别满足式(9-48)和式(9-51),且网络中的常数增益满足下述条件:

$$\mu_{ci} > \mu_{ai} > 0, \quad 0 < T < \frac{\mu_{ci} - \mu_{ai}}{\mu_{ci}^2 \lambda_{\max \psi_i \psi_i^{\mathrm{T}}}} \tag{9-55}$$

式中,$\lambda_{\max \psi_i \psi_i^{\mathrm{T}}}$ 为 $\psi_i(k)\psi_i^{\mathrm{T}}(k)$ 的最大特征根。那么,编队分歧误差 $\varepsilon_i(k)$ 和 Actor-Critic 网络权值的估计误差 $\tilde{W}_{ai}(k)$、$\tilde{W}_{ci}(k)$ 均满足最终一致有界。

证明:该系统的稳定性分析将根据当前时刻是否为触发时刻分为两种情况,即触发时刻 $k \in \{k_t^i\}_{l \in \mathbf{Z}^+}$ 和两个触发时刻的间隔 $k \in [k_t^i, k_{t+1}^i)$。

情况一：对于 $\forall k \in [k_t^i, k_{t+1}^i)$，系统均满足条件 $f_i(k) \leqslant 0$，设计李雅普诺夫函数为

$$
\begin{aligned}
V(k) &= V_e(k) + V_{la}(k) + V_{lc}(k) \\
&= \sum_{i=1}^{N} \varepsilon_i^{\mathrm{T}}(k)\varepsilon_i(k) + \frac{1}{2}\sum_{i=1}^{N}\mathrm{tr}\{\tilde{W}_{ai}^{\mathrm{T}}(k)\tilde{W}_{ai}(k)\} + \frac{1}{2}\sum_{i=1}^{N}\mathrm{tr}\{\tilde{W}_{ci}^{\mathrm{T}}(k)\tilde{W}_{ci}(k)\}
\end{aligned}
$$
$$(9-56)$$

式中，$V_e(k)$、$V_{la}(k)$ 和 $V_{lc}(k)$ 的一阶差分分别为

$$
\begin{aligned}
\Delta V_e(k) &= \sum_{i=1}^{N}\left[\varepsilon_i^{\mathrm{T}}(k+1)\varepsilon_i(k+1) - \varepsilon_i^{\mathrm{T}}(k)\varepsilon_i(k)\right] \\
&= \sum_{i=1}^{N}\left(\|\varepsilon_i(k+1)\|^2 - \|\varepsilon_i(k)\|^2\right) \\
&\leqslant \sum_{i=1}^{N}\{2\varsigma^2\|\varepsilon_i(k)\|^2 + 2\varsigma^2\|e_l^i(k)\|^2 - \|\varepsilon_i(k)\|^2\} \\
&\leqslant 0
\end{aligned}
$$
$$(9-57)$$

$$
\begin{aligned}
\Delta V_{la}(k) &= \frac{1}{2}\sum_{i=1}^{N}\mathrm{tr}(\tilde{W}_{ai}^{\mathrm{T}}\tilde{W}_{ai}(k+1) - \tilde{W}_{ai}^{\mathrm{T}}\tilde{W}_{ai}(k)) \\
&\leqslant -\sum_{i=1}^{N}\frac{\mu_{ai}T}{2}\{\mathrm{tr}(\tilde{W}_{ai}^{\mathrm{T}}(k)\psi_i\psi_i^{\mathrm{T}}\tilde{W}_{ai}(k)) - \mathrm{tr}(\hat{W}_{ci}^{\mathrm{T}}(k)\psi_i\psi_i^{\mathrm{T}}\hat{W}_{ci}(k)) \\
&\quad - \mathrm{tr}(\tilde{W}_{ci}^{\mathrm{T}}(k)\psi_i\psi_i^{\mathrm{T}}\tilde{W}_{ci}(k))\}
\end{aligned}
$$
$$(9-58)$$

$$
\begin{aligned}
\Delta V_{lc}(k) &= \frac{1}{2}\sum_{i=1}^{N}\mathrm{tr}(\tilde{W}_{ci}^{\mathrm{T}}\tilde{W}_{ci}(k+1) - \tilde{W}_{ci}^{\mathrm{T}}\tilde{W}_{ci}(k)) \\
&\leqslant -\sum_{i=1}^{N}\frac{\mu_{ci}T}{2}\{\mathrm{tr}(\tilde{W}_{ci}^{\mathrm{T}}(k)\psi_i\psi_i^{\mathrm{T}}\tilde{W}_{ci}(k))(1 - \mu_{ci}T\lambda_{\max\psi_i\psi_i^{\mathrm{T}}}) \\
&\quad \times \mathrm{tr}(\hat{W}_{ci}^{\mathrm{T}}(k)\psi_i\psi_i^{\mathrm{T}}\hat{W}_{ci}(k)) - \mathrm{tr}(W_{ci}^{*\mathrm{T}}\psi_i\psi_i^{\mathrm{T}}W_{ci}^{*})\}
\end{aligned}
$$
$$(9-59)$$

利用下述不等式实现进一步化简：

$$
\mathrm{tr}(\tilde{W}_{ai}^{\mathrm{T}}(k)\psi_i\psi_i^{\mathrm{T}}\tilde{W}_{ci}(k)) \leqslant \frac{1}{2}\{\mathrm{tr}(\tilde{W}_{ai}^{\mathrm{T}}(k)\psi_i\psi_i^{\mathrm{T}}\tilde{W}_{ai}(k)) + \mathrm{tr}(\tilde{W}_{ci}^{\mathrm{T}}(k)\psi_i\psi_i^{\mathrm{T}}\tilde{W}_{ci}(k))\}
$$

$$
\begin{aligned}
\mathrm{tr}(\tilde{W}_{ci}^{\mathrm{T}}\psi_i\psi_i^{\mathrm{T}}\hat{W}_{ci}(k)) &= \frac{1}{2}\{\mathrm{tr}(\tilde{W}_{ci}^{\mathrm{T}}(k)\psi_i\psi_i^{\mathrm{T}}\tilde{W}_{ci}(k)) + \mathrm{tr}(\hat{W}_{ci}^{\mathrm{T}}(k)\psi_i\psi_i^{\mathrm{T}}\hat{W}_{ci}(k)) \\
&\quad - \mathrm{tr}(W_i^{*\mathrm{T}}\psi_i\psi_i^{\mathrm{T}}W_i^{*})\}
\end{aligned}
$$

则 $V(k)$ 的一阶差分可以整理为

$$
\begin{aligned}
\Delta V(k) \leqslant & - \sum_{i=1}^{N} \frac{\mu_{ai} T}{2} \mathrm{tr}(\tilde{W}_{ai}^{\mathrm{T}}(k) \psi_i \psi_i^{\mathrm{T}} \tilde{W}_{ai}(k)) \\
& - \sum_{i=1}^{N} \frac{(\mu_{ci} - \mu_{ai}) T}{2} \mathrm{tr}(\tilde{W}_{ci}^{\mathrm{T}}(k) \psi_i \psi_i^{\mathrm{T}} \tilde{W}_{ci}(k)) \quad (9-60) \\
& + \sum_{i=1}^{N} \frac{\mu_{ci} T}{2} \mathrm{tr}(W_{ci}^* \psi_i \psi_i^{\mathrm{T}} W_{ci}^*)
\end{aligned}
$$

式中,最后一项满足条件 $\displaystyle\sum_{i=1}^{N} \frac{\mu_{ci} T}{2} \mathrm{tr}(W_{ci}^* \psi_i \psi_i^{\mathrm{T}} W_{ci}^*) \leqslant \tau$, 常数 $\tau > 0$。令 $\vartheta = \min_{i \in [1,N]} \{\mu_{ai} T \lambda_{\max \psi_i \psi_i^{\mathrm{T}}}, (\mu_{ci} - \mu_{ai}) T \lambda_{\max \psi_i \psi_i^{\mathrm{T}}}\}$。则有

$$
\begin{aligned}
\Delta V(k) \leqslant & - \frac{\vartheta}{2} \sum_{i=1}^{N} \{\mathrm{tr}(\tilde{W}_{ai}^{\mathrm{T}}(k) \tilde{W}_{ai}(k)) + \mathrm{tr}(\tilde{W}_{ci}^{\mathrm{T}}(k) \tilde{W}_{ci}(k))\} + \tau \\
\leqslant & - \vartheta V_l(k) + \tau
\end{aligned} \quad (9-61)
$$

式中, $V_l = V_{la} + V_{lc}$, 将式(9-61)经过 k 次迭代,有

$$
V(k) \leqslant (1 - \vartheta)^k V_l(0) + \frac{\tau}{\vartheta}(1 - (1 - \vartheta)^k) - V_l(0) + \sum_{i=1}^{N} \varepsilon_i^{\mathrm{T}}(0) \varepsilon_i(0) \quad (9-62)
$$

结合不等式(9-57),分歧误差 $\varepsilon(k)$ 和 Actor-Critic 网络权值的估计误差 $\tilde{W}_{ai}(k)$、$\tilde{W}_{ci}(k)$ 均满足最终一致有界。

情况二:对于 $\forall k \in \{k_t^i\}_{l \in \mathbb{Z}^+}$,控制器 $u_i^*(k_t^i)$ 将在此刻更新,那么设计李雅普诺夫函数为

$$
\begin{aligned}
V'(k) &= V_e'(k) + V_{la}(k) + V_{lc}(K) \\
&= \sum_{i=1}^{N} \beta^k V_i(\varepsilon_i(k)) + \frac{1}{2} \sum_{i=1}^{N} \mathrm{tr}\{\tilde{W}_{ai}^{\mathrm{T}}(k) \tilde{W}_{ai}(k)\} + \frac{1}{2} \sum_{i=1}^{N} \mathrm{tr}\{\tilde{W}_{ci}^{\mathrm{T}}(k) \tilde{W}_{ci}(k)\}
\end{aligned} \quad (9-63)
$$

根据式(9-61), $V'(k)$ 的一阶差分 $\Delta V'(k)$ 可整理成

$$
\begin{aligned}
\Delta V'(k) &= -\beta^k \sum_{i=1}^{N} R_i(\varepsilon_i(k), u_i(k_t^i)) + \Delta V_{la}(k) + \Delta V_{lc}(k) \\
&\leqslant -\vartheta V_l(k) + \tau
\end{aligned} \quad (9-64)
$$

与情况一相似,经过 k 次迭代, $V'(k)$ 是有界的:

$$V'(k) \leqslant V_l(k) - V_l(0) + V'(0)$$

$$\leqslant (1 - \vartheta)^k V_l(0) + \frac{\tau}{\vartheta}(1 - (1 - \vartheta)^k) - V_l(0) + \sum_{i=1}^{N} V_i(\varepsilon_i(0))$$

$$(9-65)$$

　　由此,对这两种情况而言,编队分歧误差 $\varepsilon(k)$ 和所有的估计误差 $\tilde{W}_{ai}(k)$、$\tilde{W}_{ci}(k)$ 均满足最终一致有界,即大规模无人机系统能够实现事件触发下的最优编队跟踪控制。

　　为进一步总结本章理论成果,分别从决策层和控制层给出了相应算法流程(算法 9.3 和算法 9.4),以归纳大规模无人机最优编队跟踪控制的实现过程。

算法9.3：决策层——最优目标分配

Data：(1) 初始位置集合 $G = \{g_i^{\mathrm{T}}\} \in \mathbb{R}^{N \times m}$;

(2) 期望编队构型 $S = \{s_j^{\mathrm{T}}\} \in \mathbb{R}^{N \times m}$;

(3) 无人机数量 N。

Result：(1) 目标位置集合 $H = \{h_j^{\mathrm{T}}\} \in \mathbb{R}^{N \times m}$;

(2) 最优分配列表 $\chi^* \in \mathbb{Z}^N$;

(3) 期望轨迹 $h(k)$。

1：$[H, \chi^*, h(k)] = \text{Optimal\_Assignment}(G, S, N)$。

算法9.4：控制层——最优编队跟踪控制

Data：(1) 期望轨迹 $h(k)$;

(2) 编队分歧误差 $\varepsilon(k)$。

Result：(1) 最优编队跟踪控制器 $u(k)$;

(2) 触发时刻序列 $\{k_t^i\}_{l \in \mathbb{Z}^+}$。

1：初始化 Actor-Critic 神经网络;

2：根据式(9-52)计算无人机 i 的触发条件 $f_i(k)$;

3：if $f_i(k) > 0$ then

4：　利用 Actor 网络学习控制器 $u_i(k)$;

5：　计算并更新 Actor 网络权值;

6：　记录该时刻 k 到触发时刻序列 $\{k_t^i\}_{l \in \mathbb{Z}^+}$ 中。

7：else

8：　$u_i(k+1) = u_i(k)$;

算法 9.4：控制层——最优编队跟踪控制

9：　　　Actor 网络权值不更新。

10：end

11：计算并更新 Critic 网络权值；

12：近似系统性能指标。

9.3.4　虚实结合实验验证

为验证 9.3.2 节中提出的规模化无人机编队算法,本节介绍基于 Cesium 和 OptiTrack 的虚实结合实验平台框架。选取第 5 章提出的大规模无人机最优编队跟踪控制器作为示例,利用有限的室内实验场地和大面积的 Cesium 虚拟仿真环境共同搭建虚实结合的实验场景。并利用 4 架 Tello 四旋翼无人机和 116 架 Cesium 无人机虚拟节点共同完成大规模无人机编队表演秀,并给出相应的实验结果分析。

1. 大规模无人机虚实结合实验平台框架

图 9-13 中给出了基于 Cesium 和 OptiTrack 的无人机虚实实验平台框架。该平台引入虚拟仿真平台与上述实验平台结合,弥补了实际实验场地和设备上的局限。其中,实际实验场景通常仅能容纳有限架微小型 Tello 无人机,而虚拟仿真场景不受实际场地约束,可容纳成百上千的虚拟无人机节点。这些节点的动力学模型通常被设计为二阶线性模型,也可进一步地根据实际约束建立更复杂、更逼真的物理模型。该平台内的状态信息传递模式如图 9-13 所示,实物实验平台利用 OptiTrack 室内定位系统对实物无人机进行实时定位,并将状态信息经路由器实时

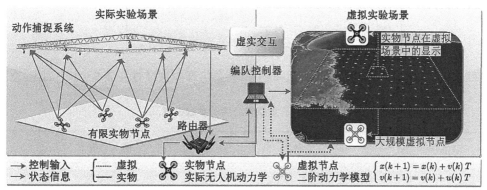

图 9-13　大规模无人机虚实结合实验平台框架

传递至地面站。相应地,虚拟仿真平台通过人为设定节点的初始状态信息并利用动力学模型计算实时状态信息。地面站基于 Simulink 搭建,其利用实时获取的虚实节点状态信息,解算出每个节点的控制指令。实物节点通过路由器获取该指令做出下一动作;虚拟节点则利用该指令及动力学模型解算出下个时刻的状态信息。为获得更直观的编队效果,在运行地面站的同时,运行实验室自主研发的 Potato-mini 平台,利用 UDP 实现地面站内的数据传输,即 Simulink 控制器平台向 Potato-mini 平台的状态信息传输。最后,利用 Potato-mini 平台下的 Cesium 显示端实时显示实物节点与虚拟节点的状态信息,实现虚实节点跨平台协同编队。

2. 大规模无人机最优编队跟踪实验配置

为实现虚实结合实验平台下的大规模无人机编队飞行表演,本节利用 9.3.2 节提出的最优编队跟踪控制器(9 - 42)控制这 120 架无人机在 X 轴、Y 轴方向上的飞行状态,利用比例微分控制器实现实物无人机 Tello 在 Z 轴方向上的高度保持,并利用比例控制器实现 Tello 的姿态保持。本实验设计了几组期望的编队构型,利用提出的最优目标分配算法,结合每架无人机当前的位置信息,为各无人机指派最佳的目标构型位置,同时解算出该无人机从当前位置运动至目标位置的最优轨迹。随后,将该轨迹视为各无人机相对于虚拟领导者的期望状态偏差,利用本章提出的基于强化学习的最优编队跟踪控制算法,通过不断迭代 Actor-Critic 网络中的权值参数,近似求解最优编队跟踪控制器,进而实现各无人机对其对应轨迹的实时跟踪。其中,该示例中应用的系统拉普拉斯矩阵为

$$
L = \begin{bmatrix}
4 & -1 & -1 & 0 & \cdots & 0 & -1 & -1 \\
-1 & 4 & -1 & -1 & 0 & \cdots & 0 & -1 \\
-1 & -1 & 4 & -1 & -1 & 0 & \cdots & 0 \\
0 & -1 & -1 & 4 & -1 & -1 & \cdots & 0 \\
\cdots & \ddots & \ddots & \ddots & \ddots & \ddots & \ddots & \cdots \\
\cdots & \ddots & \ddots & \ddots & \ddots & \ddots & \ddots & \cdots \\
-1 & -1 & 0 & \cdots & 0 & -1 & -1 & 4
\end{bmatrix} \in \mathbb{R}^{120 \times 120} \quad (9 - 66)
$$

对角矩阵 $O = \mathrm{diag}(\mathrm{mod}(120, 2))$。其余仿真参数设置在表 9 - 4 中列出。

表 9 - 4　虚实结合实验参数设置

参　数	数　值	描　述
N/架	120	无人机数量
r/m	0.14	无人机半径

续　表

参　数	数　值	描　述
T/s	0.01	系统采样周期
d	3	无人机飞行维度
ι_i	1	高斯核函数宽度
ν_i	$[-3, 3]$	高斯核函数中心
s	60	RBF NN 节点数量
$\hat{W}_{ai}(0)$	$\{0.3\}_{60\times 2}$	Actor 网络初始权值
$\hat{W}_{ci}(0)$	$\{0.3\}_{60\times 2}$	Critic 网络初始权值
μ_{ai}	6	Actor 网络常数增益
μ_{ci}	8	Critic 网络常数增益
α	$[6, 4]$	控制器参数
K_{zp}	0.4	高度控制比例系数
K_{zd}	0.2	高度控制微分系数
z_d/m	0.7	期望高度
K_{yaw}	50	姿态控制比例系数
$\mathrm{yaw}_d/(°)$	0	期望偏航角

3. 大规模无人机最优编队跟踪实验结果分析

该虚实结合大规模无人机实验视频可通过单击链接 https：//youtu. be/ PnNboHOgPS0 或 https：//www. bilibili. com/video/BV1c14y1h7Xx/来 获 取。 图 9-14 展示了大规模无人机编队在虚实实验平台中的编队飞行轨迹,可以看到 120 架无人机在最优编队跟踪控制器(9-42)的作用下能够无碰撞地跟踪预期编 队轨迹,该轨迹由最优目标分配与轨迹生成算法(9-32)计算得出,即无人机编队 从矩形构型转换为十字形构型,又转换为环形构型。

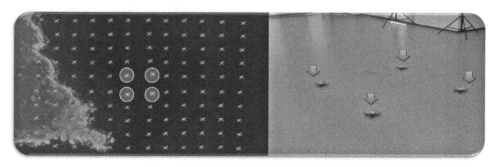

(a) 矩形编队构型

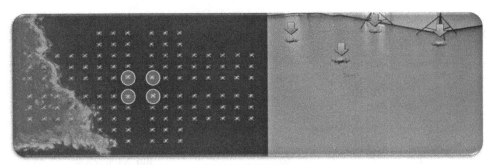

(b) 十字形编队构型

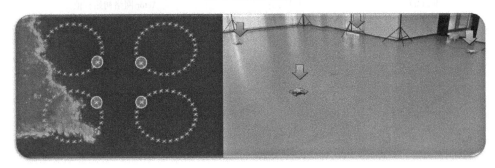

(c) 圆形编队构型

图 9 - 14   大规模无人机编队飞行轨迹

图 9 - 15 中为虚实结合实验下的大规模编队跟踪误差,可以注意到误差在队形切换的瞬间会瞬时增大,但随即又会快速收敛到 0。其中,在编队的后 30 s 内,由于大规模无人机编队以环形构型沿圆周轨迹飞行,运动范围较大,因此,误差相对较大,但整体来看编队跟踪误差始终是有界的。图 9 - 16 中列出了前 30 架无人

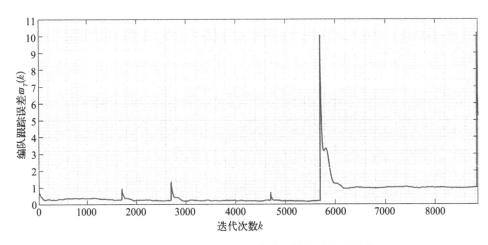

图 9 - 15   虚实结合实验下的大规模编队跟踪误差

机在最后 1 000 s 内的触发时刻序列图,且给出了事件触发效果对比图,可以看到事件触发机制能够有效地降低控制器和 Actor 网络权值的计算更新频率,该频率大致降低为原频率的 27%。图 9 - 17 给出了虚实结合实验下的 Actor-Critic 网络权值,可以看到每架无人机对应的网络权值均满足最终一致有界。该实验结果说明了该大规模无人机系统能够在系统资源有限的条件下,实现大型编队表演秀。

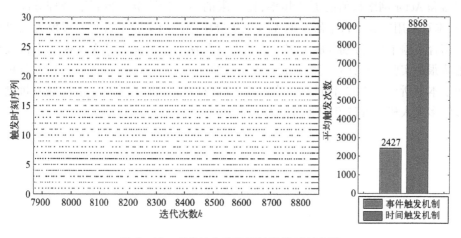

图 9 - 16 虚实结合实验下的触发时刻序列

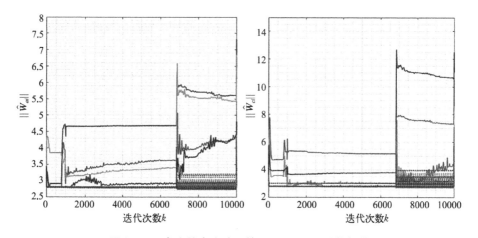

图 9 - 17 虚实结合实验下的 Actor-Critic 网络权值

9.4 本章小结

本章首先针对带有空间障碍物的特定任务场景,研究了事件触发下的多无人机时变编队与避障控制问题。本章给出了相应问题描述、算法设计及稳定性分析等理论成果。进一步地,针对大规模无人机编队问题,本章考虑规模化编队的系统资源有限且系统性能要求高,研究了事件触发下的多无人机最优编队跟踪控制问题。利用最优控制理论计算最优编队跟踪控制器,并使用 Actor-Critic 网络拟合该控制器函数,实现系统综合性能的优化。同时,引入事件触发机制有效地降低了控制器和 Actor 网络权值的更新频率,使有限的系统计算资源得到了合理分配。此外,本章利用实验室自主研发的无人机集群协同控制实验平台和大规模无人机虚实结合实验平台,分别开展了多无人机时变编队与避障实验和大规模无人机最优编队跟踪实验。并针对实物实验和虚实实验结果,给出了相应的结果分析,分析说明了本章所提算法的可行性、可靠性及工程应用性,同时也体现了事件触发机制在缓解多无人机系统计算和通信压力上的显著效果。

参考文献

[1] 姜振海,张作良,郭训薇,等. 无人机航摄仪摆扫机构系统的精度及稳定性研究[J]. 机械设计与制造,2020(7):265 - 269.

[2] 许卫卫. 复杂低空物流无人机路径规划技术研究[D]. 南京:南京航空航天大学,2020.

[3] 孙永生,金伟,唐宇超. 无人系统在新冠肺炎疫情防控中的应用实践[J]. 科技导报,2020,38(4):39 - 49.

[4] 袁政英. 美空军未来 20 年小型无人机发展路线图[J]. 防务视点,2016 (10):58 - 59.

[5] 宋怡然,申超,李东兵. 美国分布式低成本无人机集群研究进展 [J]. 飞航导弹,2016(8):17 - 22.

[6] 徐赞新,袁坚,王钺,等. 一种支持移动自组网通信的多无人机中继网络[J]. 清华大学学报(自然科学版),2011,51(2):150 - 155.

[7] 戴健,许菲,陈琪锋. 多无人机协同搜索区域划分与路径规划[J]. 航空学报,2020,41(S1):146 - 153.

[8] 李友松,乔福超. 复杂环境下的多无人机协同巡逻航路规划 [J]. 海军航空工程学院学报,2014,29(2):187 - 192.

[9] Sivakumar A, Tan K Y. UAV swarm coordination using cooperative control for establishing a wireless communications backbone [C]. Proceedings of International Conference on Autonomous Agents and Multi-agent Systems, Toronto, 2010:1157 - 1164.

[10] Yazdani S, Haeri M. Flocking of multi-agent systems with multiple second-order uncoupled linear dynamics and virtual leader [J]. IET Control Theory and Applications, 2016, 10(8):853 - 860.

[11] Abdelgawad A. Distributed Kalman filter with fast consensus for wireless sensor net-works[J]. International Journal of Wireless Information Networks, 2016, 23(1):82 - 88.

[12] 赵启伦,陈建,董希旺,等. 拦截高超声速目标的异类导弹协同制导律

[J]. 航空学报, 2016, 37(3): 936 – 948.

[13] Hu J, Lin Y S. Consensus control for multi-agent systems with double-integrator dynamics and time delays[J]. IET Control Theory and Applications, 2010, 4(1): 109 – 118.

[14] Zhou Y, Dong X W, Lu G, et al. Time-varying formation control for unmanned aerial vehicles with switching interaction topologies[C]. Proceedings of 2014 International Conference on Unmanned Aircraft Systems, Orlando, 2014: 1203 – 1209.

[15] Jiang W, Wen G G, Peng Z X, et al. Fully distributed formation-containment control of heterogeneous linear multi-agent systems[J]. IEEE Transactions on Automatic Control, 2019, 64(9): 3889 – 3896.

[16] Liang H J, Zhang H G, Wang Z S, et al. Reduced-order observer-based distributed tracking control for high-order multi-agent systems with heterogeneous leader[J]. Journal of the Franklin Institute, 2016, 353(11): 2511 – 2533.

[17] Wen G G, Huang J, Wang C Y, et al. Group consensus control for heterogeneous multi-agent systems with fixed and switching topologies[J]. International Journal of Control, 2016, 89(2): 259 – 269.

[18] Dong X W, Li Q D, Zhao Q L, et al. Time-varying group formation analysis and design for second-order multi-agent systems with directed topologies[J]. Neurocomputing, 2016, 205: 367 – 374.

[19] Dong X W, Shi Z Y, Lu G, et al. Formation-containment control for high-order linear time-invariant multi-agent systems[C]. Proceedings of Chinese Control Conference, Nanjing, 2014: 1190 – 1196.

[20] Wang J H, Han L, Dong X W, et al. Distributed sliding mode control for time-varying formation tracking of multi-UAV system with a dynamic leader[J]. Aerospace Science and Technology, 2021, 111: 106549.

[21] Cui Y L, Fei M R, Du D J. Event-triggered cooperative compensation control for consensus of heterogeneous multi-agent systems[J]. IET Control Theory and Applications, 2016, 10(13): 1573 – 1582.

[22] Vicsek T, Czirók A, Ben-Jacob E, et al. Novel type of phase transition in a system of self-driven particles[J]. Physical Review Letters, 1995, 75(6): 1226 – 1229.

[23] Olfati-Saber R, Murray R M. Consensus problems in networks of agents with switching topology and time-delays [J]. IEEE Transactions on Automatic

Control, 2004, 49(9): 1520 - 1533.

[24] Gao Y P, Kou K X, Zhang W J, et al. Consensus in networks of agents with cooperative and antagonistic interactions[J]. Mathematics, 2023, 11(4): 921.

[25] Zhang W J, Du H B, Chu Z B. Robust discrete-time non-smooth consensus protocol for multi-agent systems via super-twisting algorithm[J]. Applied Mathematics and Computation, 2022, 413: 126636.

[26] Xiao F, Wang L. State consensus for multi-agent systems with switching topologies and time-varying delays[J]. International Journal of Control, 2006, 79(10): 1277 - 1284.

[27] 朱旭. 基于信息一致性的多无人机编队控制方法研究[D]. 西安: 西北工业大学, 2014.

[28] Zong S H, Tian Y P. Consensus of multi-agent systems with unbounded time-varying delays[J]. Applied Sciences, 2021, 11(11): 4944.

[29] Yu M, Yan C, Xie D M, et al. Event-triggered tracking consensus with packet losses and time-varying delays[J]. IEEE/CAA Journal of Automatica Sinica, 2016, 3(2): 165 - 173.

[30] Porfiri M, Stilwell D J. Consensus seeking over random weighted directed graphs[J]. IEEE Transactions on Automatic Control, 2007, 52(9): 1767 - 1773.

[31] Xie G, Wang L. Consensus control for a class of networks of dynamic agents [J]. International Journal of Robust and Nonlinear Control, 2007, 17(10/11): 941 - 959.

[32] 宋莉, 伍清河. 具有多时变时滞的多智能体系统在切换拓扑下的平均一致性[J]. 控制与决策, 2013, 28(12): 1811 - 1816.

[33] Lin P, Jia Y M. Consensus of a class of second-order multi-agent systems with time-delay and jointly-connected topologies[J]. IEEE Transactions on Automatic Control, 2010, 55(3): 778 - 784.

[34] Yang Y, Si X F, Yue D, et al. Time-varying formation tracking of uncertain non-affine nonlinear multi-agent systems with communication delays[J]. IEEE Transactions on Industrial Electronics, 2021, 68(3): 2501 - 2509.

[35] Qin J H, Gao H J, Zheng W X. On average consensus in directed networks of agents with switching topology and time delay[J]. International Journal of Systems Science, 2011, 42(12): 1947 - 1956.

[36] Lin P, Jia Y. Robust H_∞ consensus analysis of a class of second-order multi-

agent systems with uncertainty [J]. IET Control Theory and Applications, 2010, 4(3): 487 - 498.

[37] Zhang Y, Tian Y P. Consensus of data-sampled multi-agent systems with random communication delay and packet loss [J]. IEEE Transactions on Automatic Control, 2010, 55(4): 939 - 943.

[38] Yu W W, Zheng W X, Chen G R, et al. Second-order consensus in multi-agent dynamical systems with sampled position data[J]. Automatica, 2011, 47 (7): 1496 - 1503.

[39] Yu W W, Chen G R, Cao M, et al. Second-order consensus for multi-agent systems with directed topologies and nonlinear dynamics[J]. IEEE Transactions on Systems, Man and Cybernetics, 2010, 40(3): 881 - 891.

[40] Liu K E, Xie G M, Ren W, et al. Consensus for multi-agent systems with inherent nonlinear dynamics under directed topologies[J]. Systems and Control Letters, 2013, 62(2): 152 - 162.

[41] Xiao F, Wang L. Consensus problems for high-dimensional multi-agent systems [J]. IET Control Theory and Applications, 2007, 1(3): 830 - 837.

[42] Xi J X, Shi Z Y, Zhong Y S. Consensus analysis and design for high-order linear swarm systems with time-varying delays [J]. Physica A Statistical Mechanics and Applications, 2011, 390(23/24): 4114 - 4123.

[43] Wang X, Saberi A, Stoorvogel A A, et al. Consensus in the network with uniform constant communication delay[J]. Automatica, 2013, 49(8): 2461 - 2467.

[44] Liu Y, Jia Y M. H_∞ consensus control of multi-agent systems with switching topology: A dynamic output feedback protocol [J]. International Journal of Control, 2010, 83(3): 527 - 537.

[45] 李猛, 付兴建. 事件触发的时滞二阶多 UAV 系统一致性控制[J]. 火力与指挥控制, 2023, 48(5): 25 - 32.

[46] 阳琴. 非线性多智能体系统一致性控制[D]. 广州: 广东工业大学, 2021.

[47] 邵俊倩, 李成凤, 田欣, 等. 随机延迟多无人机系统一致性跟踪控制[J]. 新余学院学报, 2021, 26(3): 19 - 24.

[48] 何胜煌. 基于局部信息的网络控制系统一致性控制研究[D]. 广州: 广东工业大学, 2021.

[49] Pang Q W, Chen Y, Wu Z H, et al. Research on consistency control of angular velocity of UAV swarm[J]. Journal of Physics: Conference Series, 2022, 2232 (1): 012002.

[50] Zhang N N, Niu W J, Li T T. Consistency control of multi-agent systems based on unknown input observer[J]. IFAC Papers Online, 2018, 51(31): 566 – 571.

[51] Oh K K, Ahn H S. Formation control and network localization via orientation alignment[J]. IEEE Transactions on Automatic Control, 2014, 59(2): 540 – 545.

[52] 李正平, 鲜斌. 基于虚拟结构法的分布式多无人机鲁棒编队控制[J]. 控制理论与应用, 2020, 37(11): 2423 – 2431.

[53] Antonelli G, Arrichiello F, Caccavale F, et al. Decentralized time-varying formation control for multi-robot systems[J]. The International Journal of Robotics Research, 2014, 33(7): 1029 – 1043.

[54] Lin Z Y, Wang L L, Han Z M, et al. Distributed formation control of multi-agent systems using complex Laplacian[J]. IEEE Transactions on Automatic Control, 2014, 59(7): 1765 – 1777.

[55] Wang C, Xie G M, Cao M. Controlling anonymous mobile agents with unidirectional locomotion to form formations on a circle[J]. Automatica, 2014, 50(4): 1100 – 1108.

[56] El-Hawwary M I. Three-dimensional circular formations via set stabilization[J]. Automatica, 2015, 54: 374 – 381.

[57] Xie G M, Wang L. Moving formation convergence of a group of mobile robots via decentralised information feedback[J]. International Journal of Systems Science, 2009, 40(10): 1019 – 1027.

[58] Jia Q, Tang W K S. Consensus of nonlinear agents in directed network with switching topology and communication delay[J]. IEEE Transactions on Circuits and Systems Ⅰ: Regular Papers, 2012, 59(12): 3015 – 3023.

[59] Wang X L. Distributed formation output regulation of switching heterogeneous multi-agent systems[J]. International Journal of Systems Science, 2013, 44(11): 2004 – 2014.

[60] Li J S, Li J M. Adaptive iterative learning control for coordination of second-order multi-agent systems[J]. International Journal of Robust and Nonlinear Control, 2014, 24(18): 3282 – 3299.

[61] Peng Z X, Wen G G, Rahmani A, et al. Distributed consensus-based formation control for multiple nonholonomic mobile robots with a specified reference trajectory[J]. International Journal of Systems Science, 2015, 46(8): 1447 – 1457.

[62] Ma C Q, Zhang J F. On formability of linear continuous-time multi-agent systems [J]. Journal of Systems Science and Complexity, 2012, 25 (1): 13 – 29.

[63] Liu Y, Jia Y M. Formation control of discrete-time multi-agent systems by iterative learning approach[J]. International Journal of Control, Automation and Systems, 2012, 10(5): 913 – 919.

[64] Dong X W, Xi J X, Lu G, et al. Formation control for high-order linear time-invariant multi-agent systems with time delays [J]. IEEE Transactions on Control of Network Systems, 2014, 1(3): 232 – 240.

[65] 雷艳敏, 冯志彬, 宋继红. 基于行为的多机器人编队控制的仿真研究[J]. 长春大学学报, 2008, 18(8): 40 – 44.

[66] 刘安东, 秦冬冬. 基于虚拟结构法的多移动机器人分布式预测控制[J]. 控制与决策, 2021, 36(5): 1273 – 1280.

[67] Gamage G W, Mann G K I, Gosine R G. Leader follower based formation control strategies for nonholonomic mobile robots: Design, implementation and experimental validation[C]. Proceedings of the American Control Conference, Baltimore, 2010: 224 – 229.

[68] Beard R W, Lawton J, Hadaegh F Y. A coordination architecture for spacecraft formation control [J]. IEEE Transactions on Control Systems Technology, 2001, 9(6): 777 – 790.

[69] Ren W. Consensus strategies for cooperative control of vehicle formations[J]. IET Control Theory and Applications, 2007, 1(2): 505 – 512.

[70] Ren W. Multi-vehicle consensus with a time-varying reference state [J]. Systems and Control Letters, 2007, 56(7/8): 474 – 483.

[71] Hernández R, de León J, Léchappé V, et al. A decentralized second order sliding-mode control of multi-agent system with communication delay[C]. 2016 14th International Workshop on Variable Structure Systems (VSS), Nanjing, 2016: 16 – 21.

[72] Ni W, Cheng D Z. Leader-following consensus of multi-agent systems under fixed and switching topologies[J]. Systems and Control Letters, 2010, 59(3/4): 209 – 217.

[73] Li Z K, Liu X D, Ren W, et al. Distributed tracking control for linear multi-agent systems with a leader of bounded unknown input[J]. IEEE Transactions on Automatic Control, 2013, 58(2): 518 – 523.

[74] 钱贝, 周绍磊, 肖支才, 等. 通信时延条件下的单一领导者多无人机系统

编队控制[J]. 电光与控制, 2023, 30(5): 66-72.

[75] Ren W, Sorensen N. Distributed coordination architecture for multi-robot formation control[J]. Robotics and Autonomous Systems, 2008, 56(4): 324-333.

[76] Guo J, Yan G F, Lin Z Y. Local control strategy for moving-target-enclosing under dynamically changing network topology[J]. Systems and Control Letters, 2010, 59(10): 654-661.

[77] Wang B, Dong X X, Chen B M, et al. Formation flight of unmanned rotorcraft based on robust and perfect tracking approach[C]. Proceedings of American Control Conference, Montreal, 2012: 3284-3290.

[78] Han L, Tan Q K, Dong X W, et al. Formation tracking of multi-agent systems with bearing-only measurement[C]. Proceedings of 34th Chinese Control Conference, Hangzhou, 2015: 7129-7142.

[79] Dong X W, Han L, Li Q D, et al. Time-varying formation tracking for second-order multi-agent systems with one leader[C]. Proceedings of Chinese Automation Congress, Hangzhou, 2015: 1046-1051.

[80] 王琳, 张庆杰, 陈宏伟. 有向拓扑下多无人机系统编队跟踪控制[J]. 电光与控制, 2023, 30(1): 53-56, 62.

[81] 王品, 姚佩阳, 梅权, 等. 一种基于蜂拥策略的分布式无人机编队控制方法[J]. 飞行力学, 2016, 34(2): 42-46.

[82] Cao L, Liu G, Zhang D. A leader-follower formation strategy for networked multi-agent systems based on the PI predictive control method[C]. 40th Chinese Control Conference, Shanghai, 2021: 57-62.

[83] 吴垠, 刘忠信, 陈增强, 等. 一种基于模糊方法的领导-跟随型多机器人编队控制[J]. 智能系统学报, 2015, 10(4): 533-540.

[84] Zhao Y, Duan Z S, Wen G H, et al. Distributed finite-time tracking for a multi-agent system under a leader with bounded unknown acceleration[J]. Systems and Control Letters, 2015, 81: 8-13.

[85] Li Z K, Liu X D, Feng G. Coordinated tracking of multi-agent systems with a leader of bounded unknown input using distributed continuous controllers[C]. Proceedings of International Conference on Control Automation Robotics and Vision, Guangzhou, 2012: 925-930.

[86] 周峰. 多自主体系统分布式一致性跟踪控制研究[D]. 北京: 北京理工大学, 2015.

[87] 张国秀, 邓宏彬, 赵娜, 等. 未知环境下基于模糊控制多机器人编队算法

[J]. 指挥与控制学报, 2016, 2(3): 182-187.

[88] Chan Y T, Hu A G C, Plant J B. A Kalman filter based tracking scheme with input estimation[J]. IEEE Transactions on Aerospace and Electronic Systems, 1979, AES-15(2): 237-244.

[89] Bogler P L. Tracking a maneuvering target using input estimation[J]. IEEE Transactions on Aerospace and Electronic Systems, 1987, AES-23(3): 298-310.

[90] Lee H G, Tahk M J. Generalized input-estimation technique for tracking maneuvering targets [J]. IEEE Transactions on Aerospace and Electronic Systems, 1999, 35(4): 1388-1402.

[91] Khaloozadeh H, Karsaz A. Modified input estimation technique for tracking manoeuvring targets[J]. IET Radar Sonar Navigation, 2009, 3(1): 30-41.

[92] Ali A A, Goel A, Ridley A J, et al. Retrospective-cost-based adaptive input and state estimation for the ionosphere – Thermosphere [J]. Journal of Aerospace Information Systems, 2015, 12(12): 767-783.

[93] 崔蓓蓓. 含有未知输入与时滞的离散系统估计器设计研究[D]. 济南: 山东师范大学, 2019.

[94] D'Amato A, Springmann J, Ali A, et al. Adaptive state estimation for nonminimum phase systems with uncertain harmonic inputs[C]. Proceedings of AIAA Guidance, Navigation, and Control Conference, Portland, 2011: 6315-6329.

[95] Gupta R, D'Amato A, Ali A, et al. Retrospective-cost-based adaptive state estimation and input reconstruction for a maneuvering aircraft with unknown acceleration[C]. Proceedings of AIAA Guidance, Navigation, and Control Conference, Minneapolis, 2012: 4600-4623.

[96] Wang X H, Yadav V, Balakrishnan S N. Cooperative UAV formation flying with obstacle/collision avoidance[J]. IEEE Transactions on Control Systems Technology, 2007, 15(4): 672-679.

[97] Gu Y, Seanor B, Campa G, et al. Design and flight testing evaluation of formation control laws[J]. IEEE Transactions on Control Systems Technology, 2006, 14(6): 1105-1112.

[98] Mercado D A, Castro R, Lozano R. Quadrotors flight formation control using a leader-follower approach [C]. Proceedings of 2013 European Control Conference, Zurich, 2013: 3858-3863.

[99] Wang J L, Wu H N. Leader-following formation control of multi-agent systems

under fixed and switching topologies [J]. International Journal of Control, 2012, 85(6): 695 - 705.

[100] Linorman N H M, Liu H H T. Formation UAV flight control using virtual structure and motion synchronization [C]. Proceedings of American Control Conference, Seattle, 2008: 1782 - 1787.

[101] Kushleyev A, Mellinger D, Powers C, et al. Towards a swarm of agile micro quadrotors[J]. Autonomous Robots, 2013, 35(4): 287 - 300.

[102] Bayezit I, Fidan B. Distributed cohesive motion control of flight vehicle formations[J]. IEEE Transactions on Industrial Electronics, 2013, 60(12): 5763 - 5772.

[103] Dydek Z T, Annaswamy A M, Lavretsky E. Adaptive configuration control of multiple UAVs[J]. Control Engineering Practice, 2013, 21(8): 1043 - 1052.

[104] de La Cruz C, Carelli R. Dynamic model based formation control and obstacle avoidance of multi-robot systems[J]. Robotica, 2008, 26(3): 345 - 356.

[105] Sharma R K, Ghose D. Collision avoidance between UAV clusters using swarm intelligence techniques[J]. International Journal of Systems Science, 2009, 40(5): 521 - 538.

[106] Abdessameud A, Tayebi A. Formation control of VTOL unmanned aerial vehicles with communication delays[J]. Automatica, 2011, 47(11): 2383 - 2394.

[107] Seo J, Kim Y, Kim S, et al. Consensus-based reconfigurable controller design for unmanned aerial vehicle formation flight [J]. Journal of Aerospace Engineering, 2012, 226(7): 817 - 829.

[108] Turpin M, Michael N, Kumar V. Decentralized formation control with variable shapes for aerial robots [C]. IEEE International Conference on Robotics and Automation, Saint Paul, 2012: 23 - 30.

[109] Dong X W, Yu B C, Shi Z Y, et al. Time-varying formation control for unmanned aerial vehicles: Theories and applications[J]. IEEE Transactions on Control Systems Technology, 2015, 23(1): 340 - 348.

[110] Królikowski H. The use of unmanned aerial vehicles in contemporary armed conflicts - selected issues[J]. Politeja-Pismo Wydziału Studiów Międzynarodowych i Politycznych Uniwersytetu Jagiellońskiego, 2022, 19(79): 17 - 34.

[111] Mohsan S A H, Othman N Q H, Li Y, et al. Unmanned aerial vehicles (UAVs): practical aspects, applications, open challenges, security issues, and future trends[J]. Intelligent Service Robotics, 2023, 16(1): 109 - 137.

[112] Hodge V J, Hawkins R, Alexander R. Deep reinforcement learning for drone navigation using sensor data[J]. Neural Computing and Applications, 2021, 33(6): 2015-2033.

[113] Azzam R, Boiko I, Zweiri Y. Swarm cooperative navigation using centralized training and decentralized execution[J]. Drones, 2023, 7(3): 193.

[114] Kouzeghar M, Song Y, Meghjani M, et al. Multi-target pursuit by a decentralized heterogeneous UAV swarm using deep multi-agent reinforcement learning[J]. arXiv preprint arXiv: 2303.01799, 2023.

[115] Kaushik P, Garg A, Jha S S. On learning multi-UAV policy for multi-object tracking and formation control [C]. 2021 IEEE 18th India Council International Conference, Guwahati, 2021: 1-6.

[116] Wang X H, Deng Y M, Duan H B. Edge-based target detection for unmanned aerial vehicles using competitive bird swarm algorithm[J]. Aerospace Science and Technology, 2018, 78: 708-720.

[117] Xie Y X, Han L, Dong X W, et al. Bio-inspired adaptive formation tracking control for swarm systems with application to UAV swarm systems [J]. Neurocomputing, 2021, 453: 272-285.

[118] Dong X W, Li Y F, Lu C, et al. Time-varying formation tracking for UAV swarm systems with switching directed topologies[J]. IEEE Transactions on Neural Networks and Learning Systems, 2019, 30(12): 3674-3685.

[119] Zhang J L, Yan J G. A novel control approach for flight-stability of fixed-wing UAV formation with wind field[J]. IEEE Systems Journal, 2021, 15(2): 2098-2108.

[120] Luo S Y, Xu X, Liu L, et al. Leader-following consensus of heterogeneous linear multiagent systems with communication time-delays via adaptive distributed observers[J]. IEEE Transactions on Cybernetics, 2022, 52(12): 13336-13349.

[121] Rosier L. Homogeneous Lyapunov function for homogeneous continuous vector field[J]. Systems and Control Letters, 1992, 19(6): 467-473.

[122] Bhat S P, Bernstein D S. Geometric homogeneity with applications to finite-time stability[J]. Mathematics of Control, Signals and Systems, 2005, 17: 101-127.

[123] Wen G X, Chen C L P, Dou H, et al. Formation control with obstacle avoidance of second-order multi-agent systems under directed communication topology[J]. Science China Information Sciences, 2019, 62: 1-14.